최신판 | Professional Engineer Air-Conditi  hinery

공조냉동기계
기술사 문제풀이

양경엽 저

PROFESSIONAL
ENGINEER

이 책의 특징

• 기출문제와 다양한 연습문제를 수록
• 주로 출제되는 주제를 쉽게 파악할 수 있도록 정리
• 관련 문제를 하나로 통합하여 분석할 수 있도록 구성

예문사

공조냉동기술은 산업과 문화가 발달할수록 더욱더 필수적인 기술로서 인간에게 쾌적한 환경을 제공하고 다양한 산업현장에 필요한 환경을 조성하기 위해 냉난방, 제빙, 식품저장, 가공 분야뿐만 아니라 경공업, 중화학공업, 의료업, 축산업, 원자력공업 등 광범위한 분야에 응용되고 있다. 공조냉동기술은 단독으로 또는 다른 기술과 병합하여 활용 범위가 매우 넓고 다양해서 이를 전문적으로 다룰 기술인력이 요구되고 있다.

공조냉동기술사는 이러한 분야의 공학적인 이론을 바탕으로 산업현장에서 요구되는 공정, 기계 및 기술과 관련된 직무를 수행할 수 있는 지식과 실무경력을 갖춘 전문기술인을 말한다. 그래서 흔히 기술사를 기술 자격증의 꽃이라고 부르기도 한다.

필자가 처음 기술사에 관심을 가지고 시험 준비를 하였을 때 교재 선택에 많은 어려움이 있었던 것으로 기억한다. 시중에 나와 있는 수험서가 많지도 않을뿐더러 대부분 저자의 서브 노트 형식으로 되어 있어서 처음 시험을 준비하는 입장에서는 큰 도움이 되지 않았고 저자의 주관적 요소가 들어 있는 요약식 교재는 오히려 혼란만 줄 뿐이었다. 그래서 기술사 시험을 준비하면서 처음 공부를 시작하는 수험생들을 위한 체계적인 기본교재의 필요성을 절실히 느꼈다. 이러한 이유로 공조냉동기계기술사 기본서와 함께 문제풀이 해설서를 집필하게 되었다.

이 책은 실제 기출문제와 연습문제를 수록하여 수험생들이 실제 시험장에서 깊이 있는 내용을 기술할 수 있도록 구성되었다. 기출문제를 분석해보면, 문제의 유형은 여러 형태로 변형되어 출제되지만 주요 내용은 단순하게 압축될 수 있다. 즉, 출제자마다 문제의 요구 조건은 조금씩 다를 수 있지만 기본적인 내용은 큰 틀에서 벗어나지 않는다. 따라서 기본서(양경엽, 『공조냉동기계기술사』, 예문사, 2020)를 완벽히 공부한 다음에 이 책으로 문제풀이에 익숙해지는 연습을 충분히 하길 바란다.

또한, 이 책에는 문제를 분석하는 연습을 할 수 있도록 관련 문제를 같이 수록하였다. 문제를 읽으면서 출제자가 어떤 취지로 문제를 출제하였는가를 스스로 파악하고 관련된 지식과 경험, 최근 동향 및 문제점 등을 수험자의 개인적 의견과 현업에서 경험했던 사례들을 반영하여 이론적 내용과 함께 개요, 본론, 결론 순으로 논리적으로 서술해 나간다면 높은 점수를 획득할 수 있을 것이다. 아울러 다른 수험서와 대학 기본서, 각종 기술 학회지 및 기술 관련 신문 등을 꾸준히 공부할 것을 추천한다.

기술사 시험은 기사 자격증 시험처럼 짧은 기간에 끝낼 수 있는 것은 아니다. 대부분의 수험생이 직장에 근무하면서 시험을 준비하는데, 직장생활과 가정생활을 병행하면서 시험을 준비하는 것이 결코 쉽지 않기 때문이다. 그래서 기술사 시험은 자신과의 싸움이라고 한다. 공부하는 과정에서 여러 가지 변수들이 공부를 중단하게 할 수 있지만, 여러 어려움을 극복하고 꾸준히 공부하다 보면 어느 순간 합격의 영광을 누릴 수 있을 것이다. 그러니 수험생 여러분들은 절대 포기하지 말고 끝까지 노력하여서 기술사 합격의 영광을 느껴보시길 기원하는 바이다.

기술사는 기술 직종에 종사하는 엔지니어들에게 있어서 누구나 한 번쯤 꿈꿔볼 수 있는 자격증이다. 하지만 꿈을 가진다고 누구에게나 합격의 영광이 주어지는 것은 아니다. 체계적으로 장기 계획을 세워서 중간에 포기하지 않고 한 걸음 한 걸음 나아가다 보면 어느새 합격하는 순간이 다가올 것이다.

부디 수험생 여러분들 모두에게 좋은 결과가 있기를 바라며, 이 책이 출판되기까지 여러모로 도움을 주신 예문사 담당자분들에게 진심으로 감사하는 바이다.

저자 **양경엽**

≫ 공조냉동기계기술사

공조냉동기술은 인간의 편리하고 쾌적한 생활환경을 위한 필수적 기술로서 단독으로 혹은 다른 기술과 병합되어 다양한 분야에서 활용되며, 생활수준의 향상과 더불어 그 활용범위가 계속 확대됨. 이처럼 공조냉동기술의 중요성이 더해짐에 따라 공조냉동분야 공학이론을 바탕으로 공정, 기계 및 기술과 관련된 직무를 수행할 수 있는 지식과 실무경력을 겸비한 풍부한 기술인 양성이 필요하게 됨

≫ 공조냉동기계기술사 자격시험 안내

- 자격명 : 공조냉동기계기술사
- 영문명 : Professional Engineer Air-conditioning Refrigerating Machinery
- 관련부처 : 국토교통부
- 시행기관 : 한국산업인력공단

▶ 시험수수료
- 필기 : 67,800원
- 실기 : 87,100원

▶ 출제경향
공조냉동기계와 관련된 전문지식 및 응용능력 – 기술사로서의 지도감리 · 경영관리능력, 자질 및 품위

▶ 취득방법
① 시행처 : 한국산업인력공단
② 관련학과 : 대학의 냉동공조공학, 기계공학 등 관련학과
③ 시험과목 : 냉난방장치, 냉동기, 공기조화장치 및 기타 냉난방 및 냉동기계에 관한 사항
④ 검정방법
- 필기 : 단답형 및 주관식 논술형(매교시당 100분, 총 400분)
- 면접 : 구술형 면접(30분 정도)
⑤ 합격기준 : 100점을 만점으로 하여 60점 이상

▶ 검정현황

연도	필기			실기		
	응시	합격	합격률(%)	응시	합격	합격률(%)
2019	294	21	7.1%	59	21	35.6%
2018	226	21	9.3%	56	24	42.9%
2017	194	16	8.2%	66	25	37.9%
2016	229	47	20.5%	52	23	44.2%
2015	209	17	8.1%	29	17	58.6%
2014	207	25	12.1%	49	27	55.1%
2013	186	30	16.1%	57	27	47.4%
2012	204	24	11.8%	42	22	52.4%
2011	214	14	6.5%	41	19	46.3%
2010	210	33	15.7%	64	28	43.8%
2009	220	42	19.1%	85	39	45.9%
2008	238	19	8%	48	22	45.8%
2007	204	27	13.2%	51	23	45.1%
2006	212	12	5.7%	37	14	37.8%
2005	220	32	14.5%	83	38	45.8%
2004	214	29	13.6%	115	53	46.1%
2003	259	81	31.3%	101	37	36.6%
2002	244	22	9%	54	31	57.4%
2001	249	36	14.5%	59	26	44.1%
1988~2000	2,685	460	17.1%	647	458	70.8%
소 계	6,918	1,008	14.6%	1,795	974	54.3%

>>> 공조냉동기계기술사 출제기준

▶ 필기시험

직무분야	기계	중직무분야	기계장비설비 · 설치	자격종목	공조냉동기계기술사	적용기간	2019.1.1.~2022.12.31.

직무내용 : 공조냉동기계(공기조화 및 냉동장치) 및 응용분야에 관한 고도의 전문지식과 실무경험에 입각한 계획, 연구, 설계, 분석, 시험, 운영, 시공, 평가 또는 이에 관한 지도, 감리 등의 직무 수행

검정방법	단답형/주관식 논문형	시험시간	400분(1교시당 100분)

시험과목	주요항목	세부항목
냉난방장치, 냉동기, 공기조화장치, 그 밖에 냉난방 및 냉동기계에 관한 사항	1. 설비공학 이해	1. 단위 및 물리상수 2. 열공학 기초 3. 유체역학 및 유체기계 4. 열원 및 공조설비의 제어 5. 실내환경 및 쾌적성 6. 설비 관련 시뮬레이션 7. 공조냉동 설비 재료
	2. 공기조화	1. 공기조화의 개념 2. 공기조화 계획 3. 공기조화 방식 4. 공조부하 및 계산 5. 습공기 및 공기선도
	3. 공조기기 및 응용	1. 열원기기 2. 공조기 3. 순환계통의 기기 4. 덕트 계통 및 설계 5. 수배관 계통 및 설계 6. 증기 및 기타 배관 7. 가습기 및 필터 8. 공조 소음 및 진동
	4. 환기 및 공기청정	1. 환기의 목적 2. 환기 방식의 분류 3. 제연 4. 환기 계통 및 설계 5. 클린룸 6. 공기청정장치 7. 실내공기질 관리

시험과목	주요항목	세부항목
	5. 냉동이론	1. 냉동사이클 2. 증기압축식 냉동 3. 흡수식 냉동 4. 기타 냉동 방식(흡착식, 전자식 등) 5. 냉매 및 브라인
	6. 냉동기기	1. 압축기 2. 응축기 3. 증발기 4. 팽창밸브 5. 냉각탑 6. 기타 냉동장치 및 기기
	7. 냉동응용	1. 냉동부하 계산 2. 냉동 · 냉장창고 3. 열펌프 4. 냉온수기 5. 운송 및 특수냉동 설비
	8. 에너지 · 환경	1. 신 · 재생에너지 2. 에너지 절감안 도출 3. 에너지계획 수립 4. 친환경에너지계획 수립 5. 녹색건축물 인증계획 수립 6. 온실가스 감축 7. 에너지 사용 측정 및 검증
	9. 시공, 유지 보수 및 관리	1. 시공계획 수립 2. 건설사업관리 3. 설치검사 4. 빌딩 커미셔닝 5. TAB 6. 유지보수계획 및 관리
	10. 공조 · 냉동 관련 규정, 제도, 기타	1. 에너지 평가 2. 신기술 인증 관련 3. 경제성 평가(VE) 4. 에너지관리 5. 설비 관련 법령의 이해

▶ 면접시험

직무 분야	기계	중직무 분야	기계장비 설비 · 설치	자격 종목	공조냉동기계기술사	적용 기간	2019.1.1.~2022.12.31.

직무내용 : 공조냉동기계(공기조화 및 냉동장치) 및 응용분야에 관한 고도의 전문지식과 실무경험에 입각한 계획, 연구, 설계, 분석, 시험, 운영, 시공, 평가 또는 이에 관한 지도, 감리 등의 직무 수행

검정방법	구술형 면접	시험시간	15~30분 내외

면접항목	주요항목	세부항목
냉난방장치, 냉동기, 공기조화장치, 그 밖에 냉난방 및 냉동기계에 관한 전문지식/기술	1. 설비공학 이해	1. 단위 및 물리상수 2. 열공학 기초 3. 유체역학 및 유체기계 4. 열원 및 공조설비의 제어 5. 실내환경 및 쾌적성 6. 설비 관련 시뮬레이션 7. 공조냉동 설비 재료
	2. 공기조화	1. 공기조화의 개념 2. 공기조화 계획 3. 공기조화 방식 4. 공조부하 및 계산 5. 습공기 및 공기선도
	3. 공조기기 및 응용	1. 열원기기 2. 공조기 3. 순환계통의 기기 4. 덕트 계통 및 설계 5. 수배관 계통 및 설계 6. 증기 및 기타 배관 7. 가습기 및 필터 8. 공조 소음 및 진동
	4. 환기 및 공기청정	1. 환기의 목적 2. 환기 방식의 분류 3. 제연 4. 환기 계통 및 설계 5. 클린룸 6. 공기청정장치 7. 실내공기질 관리

면접항목	주요항목	세부항목
	5. 냉동이론	1. 냉동사이클 2. 증기압축식 냉동 3. 흡수식 냉동 4. 기타 냉동 방식(흡착식, 전자식 등) 5. 냉매 및 브라인
	6. 냉동기기	1. 압축기 2. 응축기 3. 증발기 4. 팽창밸브 5. 냉각탑 6. 기타 냉동장치 및 기기
	7. 냉동응용	1. 냉동부하 계산 2. 냉동 · 냉장창고 3. 열펌프 4. 냉온수기 5. 운송 및 특수냉동 설비
	8. 에너지 · 환경	1. 신 · 재생에너지 2. 에너지 절감안 도출 3. 에너지계획 수립 4. 친환경에너지계획 수립 5. 녹색건축물 인증계획 수립 6. 온실가스 감축 7. 에너지 사용 측정 및 검증
	9. 시공, 유지 보수 및 관리	1. 시공계획 수립 2. 건설사업관리 3. 설치검사 4. 빌딩 커미셔닝 5. TAB 6. 유지보수계획 및 관리
	10. 공조 · 냉동 관련 규정, 제도, 기타	1. 에너지 평가 2. 신기술 인증 관련 3. 경제성 평가(VE) 4. 에너지관리 5. 설비 관련 법령의 이해
품위 및 자질	11. 기술사로서 품위 및 자질	1. 기술사가 갖추어야 할 주된 자질, 사명감, 인성 2. 기술사 자기 개발 과제

▶ Carnot Cycle에 대하여 $P-V$선도와 $T-S$선도를 그리고 각각의 가정에 대하여 설명하시오.

▶ 역카르노 사이클을 그리고 설명하시오.

1 카르노 사이클

① 이상적인 열기관 사이클

② 카르노 사이클의 열효율은 동작유체의 종류 및 압력이나 체적과는 무관하고 단지 고열원과 저열원의 온도에 의해서만 결정된다.

③ 고열원의 온도가 높을수록, 저열원의 온도가 낮을수록 열효율이 커진다.

④ 두 개의 열저장소에서 작동하는 가역과정이라 가정한다.

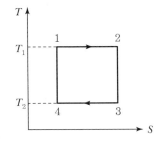

$1 \rightarrow 2$: 등온팽창
$2 \rightarrow 3$: 단열팽창
$3 \rightarrow 4$: 등온압축
$4 \rightarrow 1$: 단열압축

고열원 수열량 : Q_1 고열원 온도 : T_1
저열원 방열량 : Q_2 저열원 온도 : T_2

2개의 등온과정과 2개의 단열과정으로 둘러싸인 면적 $1-2-3-4$는 동작유체가 행한 한 사이클 동안의 일의 크기 : W

$$Q_1 = Q_2 + W(\text{열역학 제1법칙})$$
$$W = Q_1 + Q_2$$

$$\text{카르노 사이클의 열효율 } \eta_c = \frac{W}{Q_1} = \frac{Q_1 - Q_2}{Q_1} = 1 - \frac{Q_2}{Q_1} = 1 - \frac{T_2}{T_1}$$

② 역카르노 사이클

① 이상적인 냉동기 및 열펌프 사이클
② 카르노 사이클과 반대로 작동한다.
③ 외부로부터 동작유체가 일(W)을 받고, 저열원에서 열량 Q_2를 얻어서 이들의 합인 $W + Q_2 = Q_1$을 고열원에 이동시킨다.
④ 두 개의 등온과정과 두 개의 단열과정으로 구성된다.

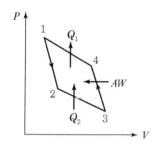 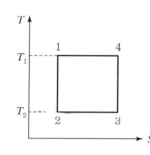

1 → 2 : 단열팽창
2 → 3 : 등온팽창
3 → 4 : 단열압축
4 → 1 : 등온압축

$$역카르노\ 사이클의\ 성적계수\ \ \varepsilon = \frac{Q_2}{AW} = \frac{Q_2}{Q_1 - Q_2} = \frac{T_2}{T_1 - T_2}$$

 카르노 사이클

- 고열원의 온도 T_1, 저열원의 온도 T_2가 결정되었을 때 그 사이에서 움직이는 열기관 중에서 가장 효율이 높은 가역 사이클을 말한다.
- 2개의 등온변화와 2개의 단열변화로 구성된다.
- 열효율은 작동유체의 종류와는 관계없이 T_1, T_2, 즉 온도에만 관계된다.
- 실제 기관에서는 마찰이나 열전도 때문에 사이클이 성립되지 않는다.
- 어떻게 하면 가장 우수한 열기관을 제작할 수 있는가의 이론적 방향을 제시한다.
- 카르노 사이클의 일은 그래프에서 면적에 해당한다.
- 카르노 : 프랑스의 물리학자. 파리 이공계대학 졸업 후 육군 공병장교로 복무 중인 1824년 「불의 동력 및 그 힘의 발생에 적당한 기계에 관한 고찰」을 발표하여 열역학의 기초를 닦았다.

다음 그림은 관 내 증발방식의 만액식 증발기를 사용한 냉동장치도이다. 운전조건이 아래와 같을 때 물음에 답하시오.

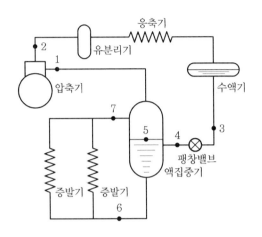

- 압축기 흡입증기 비엔탈피
  $h_1 = 397 \mathrm{kJ/kg}$

- 수액기 출구냉매액 비엔탈피
  $h_3 = 240 \mathrm{kJ/kg}$

- 증발기 입구냉매 비엔탈피
  $h_6 = 177 \mathrm{kJ/kg}$

- 증발기 출구냉매 비엔탈피
  $h_7 = 380 \mathrm{kJ/kg}$

- 압축기 냉매순환량
  $G_c = 0.23 \mathrm{kg/s}$

1) 냉동능력(kW)을 구하시오.
2) 증발기 냉매순환량(kg/s)를 구하시오.
3) 증발기 출구 냉매건도 x_7을 구하시오.

1 만액식 증발기(Flooded Type Evaporator)

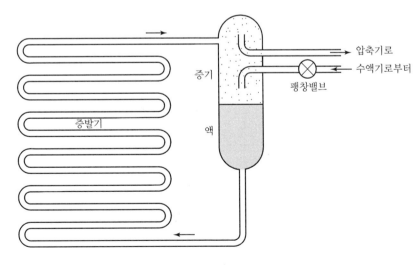

‖ 만액식 증발기 ‖

① 증발기 내에 냉매액 75%, 가스 25%가 존재한다.
② 냉매액량이 많으므로(전열면이 거의 냉매액과 접촉하고 있기 때문에) 전열작용이 양호하다.
③ 액체 냉각용에 주로 사용한다.
④ 증발기 내에는 냉매액이 항상 가득 차 있고 증발된 가스는 액 중에서 기포가 되어 상승하여 분리된다.
⑤ 냉매 충전량이 많다.
⑥ 증발기 내에 액을 가득 채우기 위하여 액면 제어장치가 필요하며, 액과 증기를 분리시키는 액분리기가 필요하다.
⑦ 전열관군이 증발하는 냉매액 속에 항상 잠겨있도록 Float Valve로 냉매유면을 제어한다.
⑧ 관 내측이 피냉각물, 관 외측이 냉매이다.(셀 & 튜브 구조)
⑨ 용기 상부에 증발된 포화기체상태 냉매가 압축기로 흡입된다.
⑩ 냉매 유속이 느린데도 불구하고 전열특성이 비교적 우수하다.
⑪ 냉매의 압력강하가 비교적 적다.

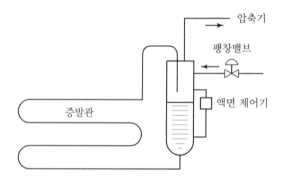

2 만액식 증발기의 냉동능력, 냉매순환량, 냉매건도

• 수액기로부터 팽창밸브를 거쳐 교축팽창된 냉매액 중에서 Flash 가스는 증발기에서 증발한 냉매가스와 함께 압축기로 유입되고 냉매액만 증발기로 공급된다.
• 증발기 출구 냉매액은 습증기 상태이다.

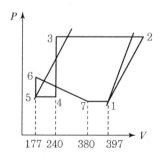

1) 냉동능력 Q_e

$$Q_e = G_c(h_1 - h_5)\left(1 - \frac{h_4 - h_5}{h_1 - h_5}\right)$$

$$= G_c(h_1 - h_4)$$

$$= 0.23 \times (397 - 240) = 36.11\text{kW}$$

2) 증발기 냉매순환량 G_e

$$G_e = G_c \times \frac{h_1 - h_4}{h_1 - h_5}$$

$$= 0.23 \times \frac{397 - 240}{397 - 177}$$

$$= 0.164\text{kg/s}$$

3) 증발기 출구 냉매건도 x_7

$$x_7 = \frac{h_7 - h_5}{h_1 - h_5} = \frac{380 - 177}{397 - 177} = 0.9227$$

> ▶ 보일러 급수처리에 대해서 설명하시오.
>
> ▶ 경도(Hardness)란 무엇인가? 만약 보일러의 급수에 경도가 높은 물을 사용하면 어떠한 현상이 발생하는지 설명하시오.
>
> ▶ 보일러수와 관련하여 다음 물음에 답하시오.
> 1) 보일러 수처리의 목적
> 2) 보일러수에 함유되어 있는 불순물의 종류와 이로 인한 장해요인

1 개요

보일러는 고온 고압의 압력용기로서 일단 사고가 발생하면 대형화하기 쉽다. 이러한 사고 중에는 운전 부주의를 비롯한 많은 원인이 있으나, 그중 가장 빈발하는 것은 부식에 의한 장해이다. 부식은 종류가 다양한 만큼 발생주기가 단기 또는 장기간에 걸쳐서 나타나므로 평소에 주기적인 수질관리가 가장 중요하다. 산업체의 대형 보일러는 그나마 전문 기술자들에 의해 보전 관리되고 있으나, 중소형 특히 소규모 보일러는 아직 그 기술적 관리가 미치지 못하고 있다.

2 수질에 의한 보일러 장해

1) 원수(Raw Water)를 직접 보일러에 공급 시 문제점

① Scale의 생성
② 부식
③ Carry Over 발생

2) 장해현상

① 보일러의 효율 저하
② 기기의 손상
③ 설비의 정지

3 전열면의 스케일

보일러 내부에 유입된 불순물(칼슘, 마그네슘, 실리카 등)이 전열부 등에 석출하여 부착하는 현상으로, 효율의 저하와 전열부의 과열이 원인이다.

1) 스케일의 성분

① 급수에 의해 유입되는 경도성분, 실리카, 유지류 및 기타 불순물과 계통 내에서 생성되는 재질의 부식 생성물

② 수처리를 목적으로 주입된 약품성분이 수중의 다른 성분과 반응하여 염을 형성하여 스케일이 된다.

③ 보일러수 기수공발에 의해 보일러수 중의 용해고형물이 증기 중에 운반되어 대부분 과열기에 부착하고 과열기에 부착되지 않는 일부와 실리카, 구리 등이 증기 중에 용해된 상태로 운반되어 터빈 날개에 부착된다.

2) 스케일에 의한 장해

① 열효율의 저하
  • 스케일의 열전도율은 전열관 재질 자체에 비해 극히 낮다.
  • 전열면에 스케일이 부착되면 노 내 열원과 보일러수 사이를 단열재로 막아 놓은 것과 같은 결과가 되어 열의 전도가 감소하고 보일러 열효율이 저하된다.
② 압력손실 증대
  스케일은 튜브 내 물의 흐름을 방해하게 되는데, 부착 두께에 따라 압력손실이 증가한다.
③ 과열에 의한 튜브 파열

4 부식

1) 부식의 정의

금속체의 구성원자가 산화를 받아 산화물로 되는 현상을 말한다. 즉, 금속이 금속 본래의 상태로 되돌아가려는 행위라고 할 수 있다. 부식에 영향을 미치는 요소에는 pH, 용존산소, 온도, 용해염류, 유속, 잔류응력(Residual Stress) 등이 있다.

2) 부식의 원리

보일러수와 접촉하고 있는 전열면은 그 조성이나 조직이 불균일한 부분에 전위차가 생겨 국부적인 전지를 구성하여 부식이 진행된다.

3) 부식의 종류

(1) 전면부식

가장 일반적인 부식형태로 부식이 금속표면 전반에 걸쳐 고르게 일어나며 진행속도가 느리다. 부식생성물이 금속표면에 비교적 균일하고 치밀하게 형성되므로 보호피막의 역할을 할 수 있으며 양극부와 음극부가 아주 근접해 있어서 부식전지가 구성되기 어렵다. 전면부식은 대체로 미소하여 적절한 수처리에 의해 그 양을 줄일 수 있으므로 운전상 크게 문제삼지 않는다.

(2) 국부부식(Local Corrosion)

부식이 금속표면의 일부에 집중하여 일어나며 진행이 빨라 보일러 운전상 심각한 문제를 초래하기도 한다.

① 전지부식(Galvanic Corrosion)

접촉부식이라고도 하며, 전극전위 또는 이온화 경향이 다른 두 금속이 전해질 수용액 중에서 서로 접하거나 도선으로 연결되어 있을 때 두 금속 사이에 전자의 이동과 전류를 수반하면서 전지가 구성되어 진행되는 부식

② 틈새부식(Crevice Corrosion)

부식성 용액이 노출된 금속면에 있는 흠집이나 구조적 틈새에서 발생되는 부식으로 동일 금속이 서로 다른 환경, 즉 틈새와 그 주변 이물질의 농도 차이로 인한 농담전지(濃淡電池) 구성에 의해 진행되는 부식

③ 점식(Pitting Corrosion)

화학적 활성도가 비교적 큰 금속면 부위에 집중적으로 발생하는 부식으로, 화학적 활성도가 크게 되는 예는 다음과 같다.

㉠ 재질의 성분이 일정하지 못한 부위, 즉 비균질 부위

㉡ 보호 피막이 부분적으로 파괴된 부위

㉢ 금속면에 이물질이 부착된 부위

㉣ 용액 중에 염소이온과 용존산소가 공존하는 부위

점식(點蝕)은 한번 부식이 시작되면 작은 구멍 또는 균열이 급격히 일어나 큰 파괴력을 보이며 보일러 튜브의 누설이나 파열사고를 초래한다.

④ 응력부식(Stress Corrosion)

금속 자체의 내부응력과 부식성 물질이 공존하는 환경에서 부식과 함께 재질에 균열이 일어나는 현상

⑤ 알칼리부식(Caustic Corrosion)

보일러수 중에 유리알칼리(NaOH)가 필요 이상으로 존재하면 pH가 높아져 관재를 용해하여 진행되는 부식

4) 기계적 작용에 의한 부식

① 부식성 유체와 금속면 간 상대적 동작에 의한 충격으로 금속면이 훼손되고 그 정도가 증가되는 현상

② 공동(空洞 : Cavitation), 수격(水擊 : Fretting) 등을 들 수 있고 이와 같은 현상을 일으키는 인자로는 유속(Velocity), 난류(Turbulance), 공동(Cavitation) 등이 있다.

③ 마모부식이 많이 발생되는 기기들로는 엘보(Elbow), 티(Tee), 펌프, 밸브, 팬, 교반기(Agitator), 오리피스(Orifice), 열교환기 튜브, 터빈 날개(Blade) 등을 들 수 있다.

5 캐리오버(Carry Over) 장해

증기 중에 보일러수가 혼입되어 증기의 품질이 저하하는 현상

1) 종류

① 포밍(Forming) 현상 : 보일러수 농축, 유분의 혼입에 의한 기포 발생

② 프라이밍(Priming) 현상 : 급격한 부하 변동 등에 의한 대량의 비수 발생

※ 캐리오버 장해는 증기의 질이 저하됨은 물론 경도성분, 실리카 등이 함입되면 증기를 사용하는 기기 등에 부착하여 중대한 고장을 일으킬 수 있다.

2) 대책

① 적절한 블로 다운 실시

② 철저한 급수처리(경수연화처리, 청관제)

6 보일러 수처리

1) 급수

① 주로 pH를 조절하거나 용존산소를 제거한다.

② pH 조절에는 일반적으로 암모니아와 하이드라진을 사용한다.

③ 용존산소 제거는 탈기기에 의한 기계적 탈기 외에 화학적인 탈산소제로 하이드라진이 사용된다.

2) 보일러수

pH 조절이 필요할 때는 인산나트륨(Na_3PO_4)을 사용한다.

3) 화학처리

(1) 화학처리계통

보일러 화학처리계통은 급수계통과 보일러계통으로 나누어 처리하게 되는데, 드럼 보일러의 화학처리는 드럼에 주입하게 된다. 급수계통은 산소 제거와 pH 유지 약품이 주입되며, 드럼에는 pH 유지 및 스케일 제거용 약품이 주입된다.

(2) 약품 종류

① pH 조절제

휘발성 약품인 암모니아(NH_4OH), 하이드라진(N_2H_4)과 비휘발성 약품인 Na_3PO_4과 Na_2HPO_4이 있다.

② 탈산소제

주로 하이드라진(N_2H_4)을 사용한다.

③ 연화제

경도성분이 보일러에 유입되면 온도 상승에 의한 용해도 감소로 스케일을 형성하는데, 이와 같은 현상을 방지하기 위하여 경도성분을 슬러지 상태로 전환해주는 약품을 연화제라고 한다. 주로 사용하는 약품으로는 인산염계통의 연화제가 있다.

4) 용존기체 제거

(1) 물리적 처리

기체의 액성에 대한 용해도는 압력에 비례하고 온도에 반비례한다. 이러한 특성을 역이용하는 것이 기계적 탈기기(Deaerator)이다. 저압과 고압 가열기 사이에 탈기기를 설치하여 가열탈기 방식으로 용존기체를 제거하고, 복수기에서는 진공탈기 방식으로 용존기체를 제거하고 있다.

(2) 탈기 방식

① 가열탈기

탈기기 내로 들어오는 복수를 증기로 가열하고 수온을 용기압력에 대응하는 포화온도(비점)까지 상승시켜 기화하는 기체를 증기와 함께 장치 밖으로 배출시켜 탈기하는 방법이다. 증기를 공급하여 급수를 스프레이나 필름 형태로 변화시킴으로써 증기는 응축되고 용존가스는 배출된다.

② 진공탈기

감압용기 내에서 그때의 수온에 대응하는 물의 증기압 정도로 용기 내에 진공을 걸어준다. 진공도가 그때 증기압에 가까울수록 탈기효율은 좋아진다.

5) 보일러수의 블로 다운(Blow Down)

보일러 드럼에서 배출 위치에 따라 표면(Surface)블로와 바닥(Bottom)블로로 나누어진다. 표면블로는 보일러수의 표면으로부터 행하는 블로로 농축수, 부유물, 유지 등의 배출을 목적으로 한다. 바닥블로는 보일러 저부로부터 큰 유량으로 단시간 내에 보일러 저부에 있는 슬러지의 배출을 목적으로 하부 헤더 드레인(Header Drain)을 열어 단시간에 블로한다. 표면블로는 연속블로와 간헐블로로 구분되지만 연속블로 쪽이 보일러수 농도를 일정하게 유지시키기 쉽고 열의 회수에 유리하다.

(1) 블로 다운의 필요성

급수 중의 불순물과 처리약제의 고형물질 등은 보일러 내에서 일부는 불용물이 되고, 그 외의 물질은 보일러관 내에 농축되어 보일러 운전시간이 길어짐에 따라 고형물질의 농도가 높아져 하부에 슬러지로 침전되거나 스케일로 부착되어 보일러관 내에 많은 문제를 일으킨다. 또, 관수의 농도가 높아지면 캐리오버에 의한 과열기, 터빈, 각 라인 등에 장해사고가 유발되고 관부식 및 스케일도 생성된다.

따라서, 이들의 장해를 예방하기 위해서 보일러 외처리로 불순물을 제거하고, 내처리로 가능한 필요 이상의 약제를 주입하지 않아야 하지만 보일러에 농축된 고형물질을 제거하기 위해서는 반드시 블로 다운을 실시해야 한다.

(2) 블로 다운 실시방법

① 연속 블로 다운 : 가동 중에 연속적으로 배출시키는 방법
② 반 블로 다운 : 가동상태, 열효율을 고려하여 간헐적으로 실시하는 방법
③ 전 블로 다운 : 보일러를 완전정지 후 적정압력(증기압 $1{\sim}2kg/cm^2$)에서 단시간 내 배출시키는 것으로 하부에 퇴적된 슬러지 등을 제거함을 주목적으로 한다.

TIP 경수연화장치

1. 경수와 연수
   1) 경수 : 칼슘, 나트륨, 마그네슘, 철, 구리, 석회염, 질산염, 염화염, 실리콘 등의 광물질을 포함하고 있는 물(경도 110ppm 이상)
   2) 연수 : 녹아 있는 광물질의 양이 낮은 물(경도 90ppm 이하)

2. 경도(Hardness)
   물속에 용해되어 있는 2가 양이온 금속, 즉 칼슘(Ca^{2+}), 마그네슘(Mg^{2+}), 철(Fe^{2+}), 망간(Mn^{2+}), 스트론튬(Sr^{2+})의 이온량을 이에 대응하는 $CaCO_3$으로 환산하여 mg/L(ppm)으로 나타낸 값으로 일시경도(Temporary Hardness)와 영구경도(Permanent Hardness)가 있다.
   1) 종류
      ① 총경도 : 수중의 칼슘이온 및 마그네슘이온에 의한 경도
      ② 칼슘경도 : 수중의 칼슘이온에 의한 경도

③ 마그네슘경도 : 수중의 마그네슘이온에 의한 경도

④ 일시경도(탄산염경도)
- 물속의 Ca^{2+}, Mg^{2+}이 탄산염, 중탄산염으로 존재 시 나타내는 경도
- 오래 끓여서 탄산염으로 침전시켜 제거시킬 수 있으므로 일시경도라 한다.

⑤ 영구경도(미탄산염경도)
- 물속의 Ca^{2+}, Mg^{2+}이 황산염, 질산염, 염산염으로 존재 시 나타내는 경도
- 끓여도 침전되지 않기 때문에 영구경도라 한다.

2) 경도가 높을 때의 영향
① 스케일을 발생시킨다.
② 전열효율을 저하시켜 보일러 과열의 원인이 된다.
③ 관 단면적을 축소시켜 마찰손실이 증대하여 펌프 소비동력이 증가한다.
④ 열전달의 저하로 연료소비량이 증가한다.
⑤ 보일러 효율이 저하한다.
⑥ 밸브, Strainer, 각종 제어기기의 막힘과 조작동의 원인이 된다.
※ 우리나라 음용수 기준(용량분석)은 300ppm 이하로 되어 있으나 실제로는 100ppm 이하가 좋다.

3) 경도 제거방법
(1) 일시경도
① 소량의 물은 끓여서 제거한다.
② 소량의 석회수를 투입한다.($CaO + CO_2 \rightarrow CaCO_3$, 불용성 침전물↓)
(2) 영구경도
탄산나트륨을 투입한다.($NaNO_3 + SO_4^{2-} \rightarrow NaCO_4$, 부식·스케일이 발생하지 않음)

3. 스케일(Scale)
1) 정의
물속에 용해되어 있는 각종 이온들이 화학적으로 결합하여 배관, 열교환기, 보일러 벽에 고착하여 발생된 고형물

2) 조성
$2(HCO^{3-}) + Ca^{2+} \rightarrow CaCO_3\downarrow + CO_2\uparrow + H_2O + Q$
경수에서는 Ca^{2+}가 많아 Scale 생성이 많다.

3) Scale의 생성요소
① 고온일수록 잘 생성된다.
② 용존산소량이 많을수록 잘 생성된다.
③ Ca^{2+} 농도가 많을수록 잘 생성된다.

4) Scale의 방지대책
① 연수를 사용한다.
② 경수연화제(CaO)를 사용한다.
③ 수처리장치를 사용한다.

4. 경수연화장치(Water Softening Apparatus, 硬水軟化裝置)
1) 개요
물속에 용해되어 있는 경도 성분인 칼슘, 마그네슘 등을 Na^+형 강산성 양이온 교환수지(Cation Exchange Resin)를 사용하여 원수 중의 경도성분(Ca, Mg)을 제거하여 연수로 만드는 장치이다. 센 물을 부드러운 연수로 바꿔 세제 절감과 피부 보호 등에 효과를 볼 수 있어 각종

산업용 용수로 광범위하게 사용되는 시스템이다. 일정한 주기에 다다르면 수지가 갖는 연수능력이 저하되므로 이때에는 재생제인 소금물을 일정 농도로 투입하여 연수능력을 복구시킨다.

2) 목적

칼슘, 마그네슘, 철분, 망간 등의 실리카 성분을 흡착, 제거하여 경수를 연화해 보급함으로써 배관의 스케일(Scale) 방지 및 사용하는 모든 제품의 수명을 연장하는 데 큰 기여를 한다.

3) 용도

① Boiler Scale 방지
② 화학세관 비용 절약
③ 염색, 표백공장 원색 보존
④ 제지, 방적, 식품제조 용수
⑤ 각종 보일러 등

4) 원리

이온교환수지를 이용한 수처리 중 가장 간단한 방법이며, 원수(경수)를 Na형의 양이온 교환수지에 통과시켜 원수 중의 경도 성분을 제거하고 이러한 치환반응이 진행되어 수지의 치환능력이 소멸되면 10%의 식염으로 재생하여 계속적으로 사용할 수 있다.

> 연화반응식
>
> $$2R(-SO_3Na) + CaCl_2 \rightarrow R(-SO_3)_2Ca + 2NaCl$$
> $$2R(-SO_3Na) + MgSO_4 \rightarrow R(-SO_3)_2Mg + 2NaCO_4$$

5) 경수연화장치 운전

통수공정과 재생공정으로 운전된다. 통수공정은 원수 중의 경도 성분을 양이온 교환수지로 제거하여 연수를 채수하는 공정이다. 재생공정은 통수에 의해 이온교환능력을 잃어버린 양이온 교환수지를 재생제(NaCl)를 사용하여 이온교환 능력을 회복시키는 공정이다.

어느 유체가 1지점에서 2지점으로 흐르고 있다. 정상류(Steady Flow)가 성립되기 위한 조건에 대하여 설명하시오. 또한 이상유체와 실제유체의 차이점에 대하여 베르누이 방정식을 기준으로 설명하시오.

1 정상류와 비정상류

유체가 흐르고 있는 과정에서 임의의 한 점에서 유체의 모든 특성(성질)이 시간이 경과하여도 변하지 않는 흐름의 상태를 정상류(Steady Flow)라 하고, 어느 한 가지 성질이라도 변하게 되면 비정상류(Unsteady Flow)라고 한다.

① 유체 흐름의 성질 : 밀도(ρ), 압력(P), 온도(T), 속도(V) 등

② 정상류 : $\dfrac{\partial \rho}{\partial T} = 0$, $\dfrac{\partial P}{\partial t} = 0$, $\dfrac{\partial T}{\partial t} = 0$, $\dfrac{\partial V}{\partial t} = 0$

③ 비정상류 : $\dfrac{\partial \rho}{\partial t} \neq 0$ 또는 $\dfrac{\partial P}{dt} \neq 0$ 또는 $\dfrac{\partial T}{\partial t} \neq 0$ 또는 $\dfrac{\partial V}{\partial t} \neq 0$

2 베르누이 방정식

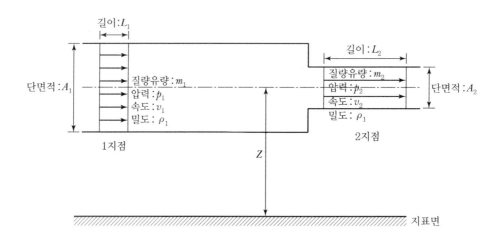

1) 에너지 보존의 법칙

유선상의 임의의 한 점에서 단위중량의 유체가 가지는 속도에너지(운동에너지), 압력에너지, 위치에너지의 합, 즉 전수두(Total Head)는 언제나 일정하다.

$$\boxed{\text{압력에너지} + \text{운동에너지} + \text{위치에너지} = \text{일정}}$$

또는

$$\boxed{\begin{array}{l} \text{압력에너지}(1) + \text{운동에너지}(1) + \text{위치에너지}(1) \\ = \text{압력에너지}(2) + \text{운동에너지}(2) + \text{위치에너지}(2) \end{array}}$$

2) 가정(완전유체, 이상유체)

① 유선을 따르는 비점성 흐름

② 정상상태의 흐름

③ 마찰이 없는 흐름

④ 비압축성 유체의 흐름(밀도가 일정)

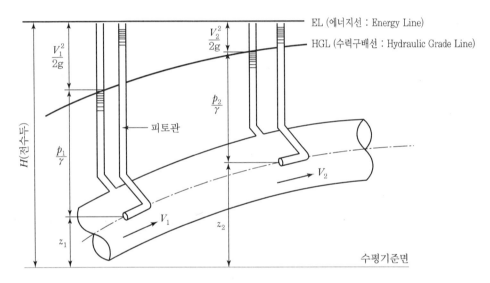

‖ 베르누이 방정식에서의 수두 ‖

관로상의 각 점에서의 압력수두의 높이를 연결한 선을 수력구배선(Hydraulic Grade Line), 전 수두의 높이를 연결한 선을 에너지선(Energy Line)이라 한다.

③ 실제 유체에서의 베르누이 방정식(배관마찰손실)

실제 유체에서는 유체의 마찰이 고려되어야 한다. 직관에서 임의의 지점 1과 2를 정하고 이를 각각 상류와 하류의 지점(또는 입구와 출구)이라고 할 때 이 두 지점에서의 압력차가 바로 1지점과 2지점 사이의 압력손실이 된다. 이 압력손실 값을 유체에 관한 베르누이 정리(Bernoulli's Theorem)를 들어 설명하면,

$$\frac{P_1}{\gamma_1} + \frac{V_1^{\,2}}{2g} + Z_1 = \frac{P_2}{\gamma_2} + \frac{V_2^{\,2}}{2g} + Z_2 + h_l \quad (\text{수정 베르누이 방정식})$$

위 식에서 1지점과 2지점의 압력이 각각 P_1, P_2이고, 배관이 수평이며, 직경이 같다면

$Z_1 = Z_2$, $V_1 = V_2$

$$\therefore \ \frac{(P_1 - P_2)}{\gamma} = h_l$$

손실수두(h_l)는 배관의 크기(직경), 내부 표면상태(조도), 배관의 계통(System) 및 연결 상태 등 여러 가지 요인에 의하여 결정되는 값이며, 마찰손실수두(h_f)와 부차적 손실수두(h_b)를 합한 종합 손실수두이다.

$$h_l = h_f + h_b$$

마찰손실수두(h_f)는 관 내부에서 유동마찰에 의한 손실수두를 말하며 다음 식으로 산출한다.

$$h_f = \sum \left(f \times \frac{L}{d} \times \frac{V^2}{2g} \right) \quad (\text{Darcy}-\text{Weisbach 방정식})$$

여기서, f : 관마찰손실계수(도표 또는 경험식으로 구함)
  L : 관 길이(m)
  g : 중력가속도(9.8m/sec^2)
  V : 관 내의 평균유속(m/sec)
  d : 관 내경(m)

부차적 손실수두(h_b)는 관 입구의 형상, 배관 부품의 종류와 이음매 등 관의 연결상태에 의하여 부차적으로 발생하는 저항손실수두이다.

$$h_b = \sum \left(k \times \frac{V^2}{2g} \right)$$

여기서, k : 부차적 저항손실계수

위의 식에서 알 수 있듯이 배관 내의 상·하류 압력차에 따라 유속이 변하고, 그 유속에 의하여 발생하는 손실수두(h_l)가 상·하류 압력수두차와 일치한다.

4 연속방정식

1지점을 통과하는 유체의 질량과 2지점을 통과하는 유체의 질량은 같다. 즉, 질량유량은 1지점과 2지점에서 같다.

1지점 : $A_1 \times v_1 \times \rho_1$

여기서, A : 단면적(m^2), v : 속도($\mathrm{m/s}$), ρ : 밀도($\mathrm{kg/m}^3$)

2지점 : $A_2 \times v_2 \times \rho_2$

여기서, A : 단면적(m^2), v : 속도($\mathrm{m/s}$), ρ : 밀도($\mathrm{kg/m}^3$)

$$A_1 \times v_1 \times \rho_1 = A_2 \times v_2 \times \rho_2$$

다음 공조기 블록선도처럼 겨울철에 외기 ① (t_1, x_1)만을 예열하여 새로운 외기 ③ $(t_3, x_3 = x_1)$이 되고, 이때 실내공기 ② (t_2, x_2)와 단열혼합시켜 ④ (t_4, x_4)가 된 후, 실제 가습기 효율 η_S를 고려한 물(수)분무$(t' = $일정$)$로 가습시켜 ⑤ (t_5, x_5)가 되고, 이를 다시 재열시켜 ⑥ 취출점 (t_6, x_6)이 되는 과정에 대하여 다음 물음에 답하시오.

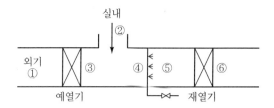

1) $i-x$ 선도를 공조기 블록선도 번호로 작성하시오.
2) 1)의 $i-x$ 선도와 같이 가습기 효율 η_S를 고려한 작도법에 대해 설명하시오.
   (단, 전풍량 G(kg/h)에 대한 외기풍량 G_F(kg/h)의 비율(KF $= \dfrac{G_F}{G}$)과 SHF, 취출구 온도차 Δd를 이용할 것)

---

1 $i-x$ 선도

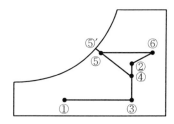

2 작도법

1. 공기선도상에 외기상태점 ①과 실내상태점 ②를 표시한다.
2. 외기공기 ①을 실내공기온도(t_2)까지 예열한다.$(t_2 = t_3)$
3. ②의 상태점과 ③의 상태점을 직선으로 연결하고 $\overline{③④} : \overline{②③} = G_F : G$인 점 ④를 구한다.
   또는, $\dfrac{G_F \cdot x_3 + G_R \cdot x_2}{G} = x_4$로 ④점을 구한다.$(G_R = G - G_F)$

4. 혼합공기 ④의 공기는 습구온도선상을 이동하여 포화상태 ⑤까지 상태변화하나, 실제로는 가습효율(또는 콘택트 팩터 CF = 1 − BF) $\eta_s = \dfrac{\overline{④⑤}}{\overline{④⑤'}}$ 에 의해 ⑤의 상태로 된다.

   여기서, 가습량 $L = G(x_5 - x_4)$이다.

5. $t_6 = t_2 + \dfrac{q_s}{G}$ 식에 의해 ⑥점을 구한다.

   이때, ⑤ → ⑥의 상태변화는 재열과정이다.

6. ⑥ → ②의 과정은 실내 현열비(SHF) 상태선이다.

> ▶ 공조설비 Commissioning의 필요성과 각 단계별 수행업무에 대해 설명하시오.
>
> ▶ 건물의 생애 에너지 소비 절감을 위하여 빌딩커미셔닝(Building Commissioning) 기법을 도입할 필요가 있다. 빌딩커미셔닝에 대하여 설명하시오.

1 공조설비 Commissioning의 개요

커미셔닝은 건축물에서 중요한 요소인 에너지와 관련된 시스템에 대해 설계단계에서부터 시공 또는 준공 후 일정기간 동안에 이르기까지의 전 과정에 걸쳐 건축주 요구조건에 맞도록 시스템의 계획, 설계, 시공, 성능시험 등을 검토 및 확인하여 운전 및 유지보수관리자에게 제공하여 준공 후 설비 성능이 건축주 요구조건에 부합되도록 검증하고 문서화하는 과정을 말한다. 건축물 시스템 중에서 복잡하게 구성되어 있는 기능들을 유기적으로 구성하여 공조설비의 최적성능을 발휘할 수 있도록 하여 건축주의 시스템 이용에 효과적으로 대처할 뿐만 아니라 건축물의 가치 향상에도 기여하게 된다.

2 커미셔닝의 효과

건축물의 기획, 시공, 사용, 개보수 및 철거에 이르기까지 전체 라이프사이클을 통해 공조설비시스템 가동에 따른 에너지 비용이 대부분을 차지하는 실정으로 공조설비의 효율적인 시스템 구성 및 성능 확보, 운전 등을 통해 건축물 에너지 사용량을 20~40%까지 절약 가능하다.

1) 커미셔닝 업무 항목별 기대 효과

① 건축물 시스템의 설계의도 부합여부 검토 : 건축물 시스템의 운영 효율 증가
② 건축물 시스템이 최고 효율을 발휘할 수 있도록 시스템 간 최적 연동화 작업 수행
   : 건축물 에너지 사용량 20~40% 절약에 따른 운영비 절감
③ 건축물의 전반적인 하자를 준공 전 조기 발견 및 조치
   : 건축물 사용 중 하자 보수 감소로 공사 효율 증가
④ 건축물 시스템의 시험가동을 통한 문제점 발견 및 해결
   : 건축물 운영자 및 사용자의 하자 보수 최소화
⑤ 건축물 시스템의 최적운영에 대한 유지관리자 교육 및 운영방안 문서화
   : 에너지 비용의 절감효과를 지속화하며 시스템의 수명 연장

2) 기타

① 공조설비의 부적절한 선정 및 가동 예방

② 실내공기질 향상

③ 건축물 가치 향상 등

3 각 단계별 커미셔닝 업무 및 내용

1) 설계도서 검토

설계도서가 건축주 의도에 부합하는지 여부를 검토한다.

① 설계의도 및 설계기준에 적합한 성능발휘 여부 검토

② 장비 유지관리 적정성

③ 설치공간 확보

④ TAB 및 커미셔닝을 수행하는 데 방해가 되는 장비 배치 및 설계상 문제점

2) 커미셔닝 계획서 작성

커미셔닝 계획서 작성 시 내용은 다음과 같다.

① 커미셔닝 관리자의 책임

② 커미셔닝팀 조직표

③ 커미셔닝 일정표

④ 각종 예비성능시험 체크리스트

⑤ 각종 성능확인시험 체크리스트

⑥ 현장 내 각 팀 간의 연락 및 보고 지시에 관한 내용

3) 시공 전 검토사항

① 각종 도면, 시방서, 장비승인서 검토(TAB, 커미셔닝, 유지관리 측면 장애요인 검토)

② 검토보고서 작성 및 제출

4) 예비성능시험

① 현장 내 각종 시스템에 대한 설치 및 가동시험 실시 및 보고서 작성

② 도면 및 시방서와 다르게 시공된 부분이 있는지 여부 확인

③ 각 항목별 체크리스트 작성

5) 시험조정평가(TAB : Testing Adjusting and Balancing)

현장 공조설비가 설계 의도대로 운영되는지 시험, 조정, 평가업무 실시

6) 성능확인시험

① 현장 내 각종 시스템에 대한 성능확인 시험 실시
② 각 시스템 및 다른 시스템과 상호 작용을 전반적으로 점검할 수 있는 체크리스트 작성

7) 운전 및 유지관리 지침서

① 시공자가 제출한 운전 및 유지관리 지침서 완료 여부 및 적정성 검토
② 현장 설치된 장비에 대한 운전관리 절차서, 예비품, 조립분해도, 배선도 등 각종 기술자료

8) 운전관리자 교육

① 시공자 및 장비제작사의 운전원 교육 내용 및 교육과정 검토
② 필요시 교육과정을 영상자료로 작성하여 추후 이용

9) 커미셔닝 보고서

① 커미셔닝 전 과정에 대한 문서 편집 및 완성보고서
② 예비성능시험, 성능확인시험 및 체크리스트, 각종 검토보고서, 점검 및 문제점 보고서 등

10) 시스템 메뉴얼

① 시공자의 각종 시스템에 대한 매뉴얼 작성 지원
② 각종 시스템에 대한 개념, 운영 및 유지관리에 대한 필요 자료, 건축주 요구조건, 설계기초 자료, 시방서, 커미셔닝 계획서, 각종 승인문서, 각종 성능시험 체크리스트, 운전 및 유지관리 지침서, 준공도면, 교육자료 및 커미셔닝 보고서 등

11) 준공 후 커미셔닝

① 공조설비에 대한 계절별 성능확인시험 수행
② 커미셔닝 수행 시의 계절과 반대되는 계절에도 시스템 성능 유지 확인

4 결론

커미셔닝은 특히 효율적인 건물 에너지 관리를 위한 가장 중요한 요소로서 건축물의 계획, 설계, 시공, 시공 후 설비의 시운전 및 유지관리를 포함한 전 공정을 효율적으로 검증하고 문서화하여 에너지의 낭비 및 운영상의 문제점을 최소화하는 공정 기술이고, 이에 소요되는 추가적 투자비는 설비시공비의 1~3%로 평균 투자비 회수 기간은 3년 미만으로 평가되고 있다. 체계적인 커미셔닝 기법을 적용하면 부실 시공으로 인한 엄청난 유지·관리·보수비 투입이나 건축물의 해체로 인한 막대한 재산상의 손실, 부실을 제때 발견치 못하여 발생되는 인명과 재산상의 수난을 예방할 수 있을 것이다.

1USRT는 몇 kcal/h인지 BTU 및 lb 단위를 이용하여 계산하시오.

1 냉동톤

냉동톤(RT : Refrigeration Ton)이란 단위시간에 냉각하는 냉각열량(kcal/h), 즉 증발기 내를 흐르는 냉매가 피냉각물체로부터 단위시간에 흡수하는 열량(kcal/h)을 말한다.

2 냉동톤의 단위

1) 일본 냉동톤

1RT는 0℃의 물 1ton(1,000kg)을 24시간 동안에 0℃의 얼음으로 만들 때 냉각해야 할 열량으로, 얼음의 응고열 또는 융해열은 79.68kcal/kg이므로 물 1ton(1,000kg)의 응고열은 79,680kcal 이다. 따라서 $1RT = \dfrac{79.68kcal/kg \times 1,000kg}{24} = 3,320kcal/h$이 된다. 이것을 일본 냉동톤(JRT) 또는 CGS 냉동톤이라고 한다.

2) 미국 냉동톤

미국, 영국 등 인치단위를 사용하는 국가에서의 냉동톤을 알아보면, 1USRT는 32℉의 물 2,000lb를 24시간 동안에 32℉의 얼음으로 만드는 데 제거해야 할 열량으로 물 1ton은 2,000lb이며 1lb의 물의 융해 또는 응고 잠열은 144BTU/lb이다. 따라서 $1USRT = \dfrac{2,000lb \times 144BTU/lb}{24}$ $= 12,000BTU/h$이 된다. 미국 냉동톤(USRT)을 kcal로 환산하면 1kcal=3.968BTU이므로 $1USRT = \dfrac{12,000BTU/h}{3.968} = 3,024kcal/h$이 된다.

3) 우리나라의 경우

인치단위계를 사용하는 미국 등과 같은 국가의 중량톤으로 나타낸 냉동톤을 kcal로 환산하여 변환된 값을 사용한다.

3 결론

1냉동톤(USRT)은 0℃의 물 1ton(1,000kg)을 24시간 동안에 0℃의 얼음으로 만들 때 냉각해야 할 열량으로 미국 냉동톤을 사용한다. 통상적으로 1RT라 하면 1USRT를 말하는 것이며 1USRT =3,024kcal/h이다.

제빙톤에 대하여 설명하시오.

1 제빙톤

하루의 얼음 생산능력을 ton으로 나타낸 것으로 25℃의 원수 1ton을 24시간 동안에 −9℃의 얼음으로 만드는 데 제거해야 할 열량을 냉동능력으로 나타낸 것이다. 이때 제빙과정 중의 외부 열손실을 제거열량의 20%로 가산한다.

2 환산식

$$25℃ \text{ 물} \overset{①}{\rightarrow} 0℃ \text{ 물} \overset{②}{\rightarrow} 0℃ \text{ 얼음} \overset{③}{\rightarrow} -9℃ \text{ 얼음}$$

① $Q_1 = G \times C \times \Delta t = 1,000 \times 1 \times (25 - 0) = 25,000 \text{kcal/day}$

② $Q_2 = G \times r = 1,000 \times 79.68 = 79,680 \text{kcal/day}$

③ $Q_3 = G \times C \times \Delta t = 1,000 \times 0.5 \times (0 - (-9)) = 4,500 \text{kcal/day}$

제거 열량에 열손실(20%) 및 시간을 고려하면

$$Q(T) = \frac{(25,000 + 79,680 + 4,500) \times 1.2}{24} = 5,459 \text{kcal/h}$$

제빙능력을 냉동톤으로 환산하면

1RT = 3,320kcal/h이므로

5,459kcal/h = 1.65RT

즉, 물 1ton을 제빙하려면 1.65RT의 제빙능력을 갖는 냉동기를 사용해야 한다.

1제빙톤 = 1.65RT

> 공조급기 계통의 풍량을 측정한 결과, 측정풍량이 18,000CMH, 송풍기의 회전수는 800RPM으로 나타났다. 이에 대한 다음 물음에 답하시오.
> 1) 설계풍량이 20,000CMH인 경우에 비해, 설계풍량 대비 측정풍량이 부족한 것으로 설계풍량(20,000CMH)을 얻기 위하여 송풍기의 회전수(RPM)는 얼마로 변화시켜야 하는지 구하시오.
> 2) 송풍기의 풍량을 변화시키는 방법을 축동력이 가장 적게 소요되는 순서대로 열거하고 이에 대한 각각의 특징을 설명하시오.
>
> ▶ 공기조화에 있어서 송풍기의 풍량제어 방법 및 그 특징에 대하여 설명하시오.

1 송풍기의 상사법칙

회전수 변화에 따른 풍량, 압력, 축동력의 변화

① 풍량은 회전수에 비례 : $Q'' = \left(\dfrac{N''}{N'}\right) \times Q'$

② 정압은 회전수의 2승에 비례 : $P'' = \left(\dfrac{N''}{N'}\right)^2 \times P'$

③ 축동력은 회전수의 3승에 비례 : $L'' = \left(\dfrac{N''}{N'}\right)^3 \times L'$

> 여기서, N' : 최초의 회전수, N'' : 변화 후의 회전수
> Q' : 최초의 풍량, Q'' : 변화 후의 풍량
> L' : 최초의 축동력, L'' : 변화 후의 축동력

2 송풍기 풍량 제어

1) 회전수 제어

송풍기 회전수를 변화시키면 다음 식이 성립한다.

$$\frac{n_2}{n_1} = \frac{O_2}{Q_1}$$

여기서, n_1, n_2 : 회전수, Q_1, Q_2 : 풍량

송풍기 특성곡선이 비슷하게 변화하므로 항상 최고 효율점 부근에서 운전이 가능하여 각종 제어방식 중 동력 절약이 가장 크다.

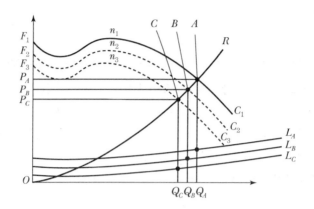

① 작동

- 회전수를 $n_1 \rightarrow n_2 \rightarrow n_3$으로 감소시키면, 특성곡선은 $(F_1 \sim C_1) \rightarrow (F_2 \sim C_2) \rightarrow (F_3 \sim C_3)$로 변화하며, 운선상태점은 $A \rightarrow B \rightarrow C$로 변화한다.
- 송풍량은 $Q_A \rightarrow Q_B \rightarrow Q_C$로 감소하고, 전압은 $P_A \rightarrow P_B \rightarrow P_C$로 낮아진다.

② 송풍기의 회전수를 변화시키는 방법

- 유도전동기의 2차 측 저항을 조절
- 정류자 전동기에 의한 조절
- 극수변화 전동기에 의한 조절
- 가변 풀리(Pulley)에 의한 조절
- V풀리, 직경비를 변경하는 조절
- VVVF(Variable Voltage Variable Frequency) : 가변전압 가변주파수 변환장치

③ 장점

- 일반 범용 전동기에 적용할 수 있다.
- 에너지 절약효과가 높고 자동화에 적합하다.
- 소용량에서 대용량까지 적용범위가 넓다.
- 송풍기 운전이 안정된다.

④ 단점

- 설비비가 고가이다.
- 전자 Noise에 의한 장애가 있다.

2) 흡입 Vane 제어

송풍기 흡입구 Casing 입구에 8~12매의 가동 흡입 베인(Variable Inlet Vane)을 부착하여 Vane의 기울기를 변화시킴으로써 풍량 조절을 행한다. 풍량이 큰 범위(80% 전후까지)에서는 스피드컨트롤에 의거하는 것보다도 효율이 좋고 오히려 경제적이다. 그러나 다익송풍기나 플레이트팬과 같은 날개를 갖은 송풍기로는 그다지 효과가 없고, Limit Load Fan이나 Turbo

Fan으로는 효과를 유감없이 발휘한다. 섹션베인컨트롤은 수동으로도 되나 온도, 습도에 따라서 자동적으로 컨트롤할 수 있다. 섹션베인컨트롤에 의한 Limit Load Fan의 성능은 토출댐퍼에 의한 조절보다 경제적이다.

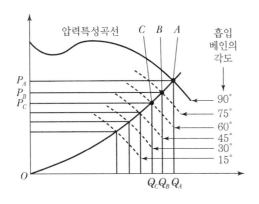
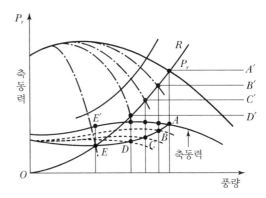

① 작동
- 흡입 Vane을 완전히 열었을 때의 운전상태점은 A이다.
- Vane을 조금씩 닫으면 압력특성곡선이 점차 낮아져 운전상태점은 $A \to B \to C$로 변화된다.
- 송풍량은 $Q_A \to Q_B \to Q_C$로 감소하고, 전압은 $P_A \to P_B \to P_C$로 낮아진다.

② 적용
- 풍량 70% 이상에서의 풍량조절효과는 양호하다.
- Limit Load Fan, Turbo Fan 등에 사용된다.

③ 장점
- 회전수 제어방식에 비해 설비비가 저렴하다.
- 원심식 송풍기에 광범위하게 사용된다.
- 비교적 동력이 절약된다.

④ 단점
- Vane의 정밀성이 요구된다.
- 보수가 조금 어렵다.
- 설비비가 비싸다.

3) 흡입 Damper 제어

흡입 Damper의 동력변화는 토출 측에 Damper를 설치한 경우와 유사하다. 흡입구 댐퍼에 의한 조절의 경우 토출압은 흡입댐퍼의 조정에 따라서 감소해가므로 섹션베인컨트롤의 경우와 같은 성능을 나타내나, 동력은 흡입압의 강화에 의해 풍량이 감소한 비율만큼 동력도 작아질 것이므로 일반공조용의 송풍기와 같이 저압의 것으로는 그 영향이 거의 없고 다음에 기술하는 토출댐퍼에 의한 경우와 변함이 없다.

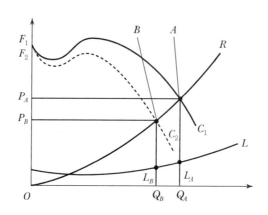

① 작동
- 송풍기 흡입 측에 있는 Damper를 조이면 압력특성 곡선은 낮아지며, 송풍량은 감소된다.
- 운전상태점은 B가 되며 송풍량은 $Q_A \rightarrow Q_B$로 감소하고, 송풍전압은 $P_A \rightarrow P_B$로 낮아진다.

② 장점

공사비가 저렴하고, 설치가 간단하다.

③ 단점

과도한 제어 시 Over load에 주의해야 한다.

4) 토출 Damper 제어

가장 일반적이고 간단한 방법이지만 Damper에서의 압력강하는 바로 압력손실이 되므로 가장 효율이 나쁜 방법이다. 가장 일반적이며 염가이고, 다익송풍기나 소형송풍기에 적절하며 또 즐겨 채용되고 있다. 계획풍량에 얼마간의 여유를 계산해 놓고, 실제 사용 시에 댐퍼를 조정해서 소정 풍량으로 조절할 경우에 사용된다.

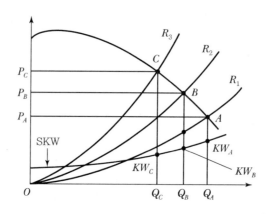

① 작동
- 압력특성곡선과 장치저항곡선 $O \sim R_1$의 교점 A상태에서 운전된다. 즉, 송풍기는 압력 P_A, 풍량 Q_A로 운전된다.
- Damper를 조이면 저항곡선은 $O \sim R_1$로 변화되어, 운전상태점은 A에서 B로 이동한다.
- 풍량은 $Q_A \to Q_B$로 감소하고, 송풍전압은 $P_A \to P_B$로 높아진다.

② 적용

가장 일반적인 방법으로 다익송풍기, 소형송풍기에 적용된다.

③ 장점
- 공사가 간단하고 투자비가 저렴하다.
- 소형설비에 적당하다.

④ 단점
- Surging의 가능성이 있다.
- 가장 효율이 나쁘다.
- 소음이 발생한다.

5) 가변피치(Variable Pitch) 제어

가변피치에 의한 조절은 임펠러 날개 취부각도를 바꾸는 방법으로서, 원심송풍기에서는 그 구조가 복잡해져서 비용이 많이 들므로 실용화되지 않고 단지 축류송풍기에만 채용되고 있다. 그림은 축류송풍기가 가변피치컨트롤(Control)인 경우의 성능을 나타낸다. 그림에서 알 수 있는 것과 같이 항상 최고의 효율점에서 사용되고, 용량에 대한 최고 효율점의 변동치는 다른 용량제어보다도 항상 크며 다음에 서술하는 스피드컨트롤과 조합시킴으로써 가장 경제적인 컨트롤이 된다.

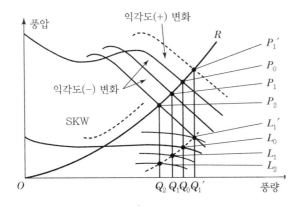
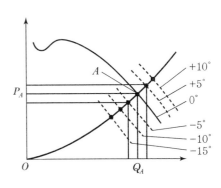

① 장점
- 에너지 절약이 우수하다.
- VVVF 방식에 비해 설비비가 적다.

② 단점
- 축류송풍기이므로 감음장치가 필요하다.
- 날개각 조정용 Actuator에 많은 Power가 필요하므로 가급적 공기식 제어 방식을 사용한다.

③ 축동력이 적게 소요되는 순서

회전수 제어 < 가변피치 제어 < 흡입베인 제어 < 흡입댐퍼 제어 < 토출댐퍼 제어

④ 송풍기의 회전수 계산

$$N'' = N' \times \frac{Q''}{Q'}$$

$$= 800 \times \frac{20,000}{18,000}$$

$$= 888.9 \fallingdotseq 889 \text{rpm}$$

건구온도 10℃, 상대습도 50%인 공기 1,000kg/h을 증기코일로 가열 및 증기가습
에 의해 건구온도 38℃, 상대습도 50%로 변화시키는 경우에 대해 다음 질문에 답하
시오.

1) 가열 후, 가습 전의 상태점을 공기선도를 활용하여 작도하고 상태점(건구온도)
   을 구하시오.(단, 첨부된 공기선도를 활용하여 이를 답안지에 작도하고 설명하
   시오.)

2) 가열코일의 필요증기량을 구하시오.(단, 증기온도는 100℃, 가습효율은 100%,
   공기의 정압비열은 $C_p ≒ 1.01$kJ/kg·K, 0℃에서 물의 증발잠열은 2,501kJ/kg,
   100℃ 증기온도에서 물의 증발잠열은 2,257kJ/kg이다.)

■ 가열 전후의 상태점 변화

① 상태의 공기를 증기코일로 가열하여 온도를 상승시킨 후(현열 증가, 절대습도 일정), ② 상태에
서 증기 가습하여 ③ 상태까지 상태변화한다.

이때 증기 가습에 의해 온도와 습도가 변한다.(열수분비선을 따라 엔탈피 증가, 온도 증가, 절대습
도 증가)

$$\text{열수분비} \quad u = \frac{dh}{dx} = \frac{\Delta x(2,501 + 1.805 t_s)}{\Delta x}$$

여기서, 2,501kJ/kg : 0℃ 포화수의 증발잠열
        1.805kJ/kg : 수증기의 정압비열

$u = 2,501 + 1.805 × 100 = 2,681.5$kJ/kg

③ 상태점과 열수분비선(2,681.5kJ/kg)과 평행하게 그은 선이 ① 상태의 변화선과 만나는 점이
② 상태점이 된다.(t_2 : 약 35℃ 정도)

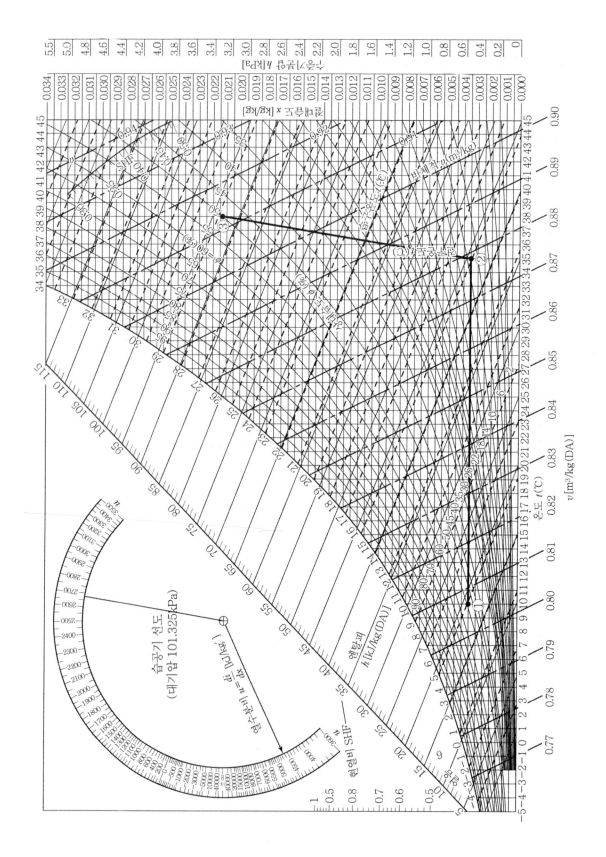

② 가열코일의 증기량

① → ② 상태까지 가열에 필요한 증기량

$$L = \frac{q}{\gamma} = \frac{1{,}000\text{kg/h} \times 1.01\text{kJ/kg} \cdot \text{K} \times (35-10)\text{K}}{2{,}257\text{kJ/kg}} = 11.187\text{kg/h}$$

또는

$$(45-19.8)\text{kJ/kg} \times 1{,}000\text{kg/h} = 25{,}000\text{kJ/h}$$

$$\frac{25{,}200\text{kJ/h}}{2{,}257\text{kJ/kg}} = 11.165\text{kg/h}$$

열수분비(Moisture Ratio)를 정의하고, 순환수와 온수 및 증기에 의한 가습을 습공기 선도를 이용하여 상태점으로 설명하시오.

1 열수분비의 정의

열수분비(u)는 공기의 상태가 변할 때 절대습도 증가량(Δx)에 대한 엔탈피 증가량(Δu) 비율을 말하며 이는 실내 가습 시 가습 후의 실내공기 취출점을 구하는 기준 기울기가 된다.

2 가습

가습이란 절대습도를 상승시키는 방법으로 순환수, 온수, 증기 등을 이용하는 방법 등이 있으며 각각의 가습방법에 따라 상태변화가 달라지게 된다.
• 순환수 가습(단열가습, 세정) : 등엔탈피선을 따라 변화
• 온수가습 : 열수분비선을 따라 변화
• 증기가습 : 가습효율이 가장 좋으며 열수분비선을 따라 변화

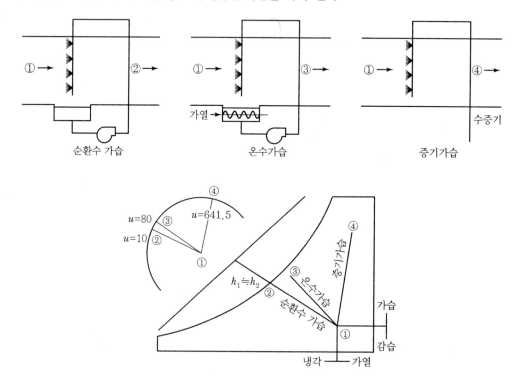

가습에 의한 공기상태변화는 공기선도상에서 열수분비로 표시된다.

- 순환수 가습 : $u = C \cdot t(t$: 온수의 온도$)$ ① → ②
- 온수가습 : $u = t_w(t_w$: 온수의 온도$)$ ① → ③
- 증기가습 : $u = 597.3 + 0.441t_S(t_S$: 증기의 온도$)$ ① → ④

1) 순환수에 의한 가습

① 물을 가열하거나 냉각하지 않고, Pump로 노즐을 통하여 물을 공기 중에 분무하는 방법이다.

② 분무되는 물이 수증기 상태로 되기 위하여 주위 공기로부터 증발잠열을 흡수하고 이를 다시 공기에 되돌려주는 단열변화로 간주한다.

③ 온도가 저하되고 절대습도가 상승한다.

📗 15℃의 순환수를 분무하면 습공기 선도상에서 가습방향은 $u = 15$에 평행하게 ⓐ → ⓑ로 이동한다.

$u = C \cdot t = 1 \times 15 = 15\text{kcal/kg}(C$: 물의 비열, t : 물의 온도(℃)$)$

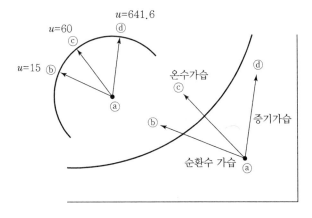

‖ 습공기 선도상 표시 ‖

2) 온수에 의한 가습

① 순환수를 가열하여 분무하는 방법으로 순환수에 의한 단열가습선보다 위쪽으로 변화한다.

② 건구온도는 떨어지고 절대습도는 증가하여 전체적으로 엔탈피가 증가한다.

③ 열수분비 $u = t_w(t_w$: 온수의 온도)의 직선과 평행하게 변화한다.

📗 60℃ 온수로 분무 가습하면 습공기 선도상에서 가습방향은 $u = 60$에 평행하게 ⓐ → ⓒ로 이동한다.

$u = C \cdot t = 1 \times 60 = 60\text{kcal/kg}$

3) 증기에 의한 가습

① 증기를 분무하여 가습하는 방법으로 공기의 가열을 동반한다.

② 열수분비

$$u = \frac{h}{X} = \frac{X(597.5 + 0.441\,t_s)}{X}$$

$$u\,(\mathrm{kcal/kg}) = 597.3 + 0.441 t_s$$
$$u\,(\mathrm{kJ/kg}) = 2501 + 1.85 t_s$$

여기서, t_s : 증기의 온도

예 100℃ 포화증기의 열수분비

$u = 597.5 + 0.441 \times 100 = 641.6 \mathrm{kcal/kg}$

그림과 같은 공조시스템이 아래의 조건으로 가동되고 있을 때 물음에 답하시오.(단, 펌프동력 및 배관에서의 열손실은 무시한다.)

```
┌──────┐ ←──────  ┌──────┐ ←──────  ┌──────┐
│ 공조기 │          │ 공조기 │          │ 냉각탑 │
│      │ ──(✕)──  │ (칠러) │ ──(✕)──  │      │
└──────┘   냉수펌프  └──────┘  냉각수펌프 └──────┘
```

－ 조건 －

- 냉동기능력 150kW
- 냉동기 축동력 37kW
- 냉동기입구 냉수온도 12℃
- 냉동기출구 냉수온도 7℃
- 냉동기입구 냉각수온도 32℃
- 냉동기출구 냉각수온도 37℃
- 물의 비열 4.186kJ/kg · K

1) 공조기로 공급되는 순환냉수량(kg/h)을 구하시오.
2) 냉각탑으로부터 공급되는 냉각수량(kg/h)을 구하시오.
3) 냉수펌프의 소요동력(kW)을 구하시오.(단, 유량은 0.43m³/min, 전양정은 20m, 중력가속도는 9.8m/s², 물의 밀도는 1,000kg/m³, 펌프효율은 0.38이다.)

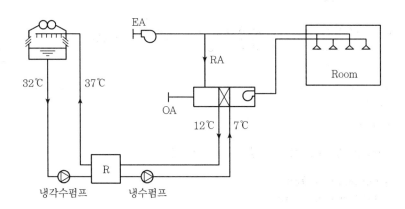

냉동기 축동력 37kW
냉동기능력 150kW

냉동기능력=공조기 냉각코일부하
공조기부하 처리를 위한 유량

1 공조기 공급 냉수순환량

공조기 냉각부하＝냉동부하(150kW)

$150\text{kJ/s}=4.186\text{kJ/kg} \cdot \text{K} \times G(\text{kg/s}) \times 5\text{K}$

$G=7.166\text{kg/s} \times 3,600\text{s/h}=25,800\text{kg/h}$

2 냉각탑 냉각수량

냉각탑 부하＝응축기 부하(150kW＋37kW)

$187\text{kJ/s}=4.186\text{kJ/kg} \cdot \text{K} \times G(\text{kg/s}) \times 5\text{K}$

$G=8.935\text{kg/s} \times 3,600\text{s/h}=32,164\text{kg/h}$

3 냉수펌프 소요동력

$$\text{펌프동력(kW)} = \frac{\gamma \cdot Q \cdot H}{102 \times \eta}$$

여기서, γ : 물의 비중량(kgf/m^3)

Q : 유량(m^3/s)

H : 양정(m)

$$\text{펌프동력} = \frac{1,000\text{kgf/m}^3 \times (0.43/60)\text{m}^3/\text{s} \times 20\text{m}}{102 \times 0.38} = 3.698\text{kW}$$

> **TIP** 물의 비중량
>
> $\gamma = \rho \cdot g$
>
> 여기서, ρ : 밀도(kg/m^3), g : 중력가속도(m/s^2)
>
> $\gamma = 1,000\text{kg/m}^3 \times 9.8\text{m/s}^2$
> $= 9,800\text{kg} \cdot \text{m/s}^2 \cdot \text{m}^3$
> $= 9,800\text{N/m}^3$
> $= 1,000\text{kgf/m}^3$
>   (1kgf＝9.8N)
>
> 1kW＝102kg · m/s
> 1HP＝76kg · m/s＝735W
> 1PS＝75kg · m/s＝746W

펌프의 동력

1. 수동력 : 유체에 주어지는 동력

$$L_w = \frac{\gamma \cdot Q \cdot H}{75 \times 60} \text{PS} = \frac{\gamma \cdot Q \cdot H}{102 \times 60} \text{kW}$$

2. 축동력 : 펌프 축을 돌리기 위한 동력

$$L_s = \frac{L_w}{\eta_p}$$

여기서, η_p : 펌프효율

3. 원동기 출력 : 펌프를 구동하는 데 필요한 원동기 출력

$$L_d = \frac{L_s(1+\alpha)}{\eta_t}$$

여기서, α : 여유계수, η_t : 전달효율

플레이트 핀코일형 응축기의 R − 22 냉동장치가 아래의 조건으로 운전되고 있다. 다음 물음에 답하시오.(단, 냉각관 재료 및 오염에 의한 열전도 저항은 무시하고, 응축온도와 냉각공기 온도차는 산술평균 온도차를 이용하시오.)

− 조건 −

- 송풍공기의 송풍량 $6m^3/s$
- 공기입구온도 $30℃$
- 공기출구온도 $40℃$
- 외표면 유효전열면적 $150m^2$
- 유효내외 전열면적비 18

- 공기밀도 $1.20kg/m^3$
- 공기비열 $1.0kJ/kg \cdot K$
- 공기 측 열전달률 $0.0523kW/m^2 \cdot K$
- 냉매 측 열전달률 $2.32kW/m^2 \cdot K$

1) 응축부하(kW)를 구하시오.
2) 냉각관의 외표면적 기준 열통과율($kW/m^2 \cdot K$)을 구하시오.
3) 응축온도(℃)를 구하시오.

1 응축부하

(공랭식 응축기에서의 계산)

$$Q_1 = G_a \cdot C_p \cdot \Delta t$$
$$= 6m^3/s \times 1.2kg/m^3 \times 1.0kJ/kg \cdot K \times (40-30)K$$
$$= 72kJ/s = 72kW$$

여기서, Q_1 : 응축부하(kW)

　　　　G_a : 공기량(kg/s)

　　　　C_p : 공기비열(kJ/kg · K)

　　　　Δt : 온도차(K)

2 냉각관의 외표면 기준 열통과율

(냉각관 재료 및 오염에 의한 열전도 무시)

$$K = \cfrac{1}{\cfrac{1}{\alpha_i} \cdot F_o + \cfrac{1}{\alpha_o}} = \cfrac{1}{\cfrac{1}{2.32} \times 18 + \cfrac{1}{0.0523}} = 0.0372 kW/m^2 \cdot K$$

여기서, α_i : 냉매 측 열전달률

　　　　α_o : 공기 측 열전달률

　　　　F_o : 유효내외 전열면적비

❸ 응축온도

$$Q_c = K \cdot F \cdot \left(t_c - \frac{t_{a1} + t_{a2}}{2} \right)$$

$$t_c = \frac{Q_c}{K \cdot F} + \frac{t_{a1} + t_{a2}}{2}$$

$$= \frac{72}{0.0372 \times 150} + \frac{30 + 40}{2} = 47.9 \, ℃$$

여기서, K : 열통과율(kW/m² · K)

F : 전열면적(m²)

t_c : 응축온도(℃)

t_{a1} : 공기입구온도(℃)

t_{a2} : 공기출구온도(℃)

단위와 물리량에 관한 다음 물음에 답하시오.
1) 7개의 SI 단위를 설명하시오.
2) 섭씨온도와 절대온도 단위의 관계를 설명하시오.
3) 이상적인 냉동사이클에서 절대온도(T)와 열량(Q)의 관계식에 대하여 설명하시오.

1 SI(System International) 단위

1) 개요

1960년대 이후 세계 공통의 표준단위계가 확립되어 왔으며 이것을 국제단위계(SI 단위)라고
한다. 우리나라는 「국가표준기본법」에서 SI 단위를 법정단위로 채택(제9조~제12조)하고 있
다. SI 단위는 미터제의 절대단위를 표준으로 하고, 10진법을 채택하고 있어 단위 사이의 환산
이 편리하다.

2) SI 단위

① 기본단위

7개의 물리량을 기본 단위로 한다.

길이	질량	시간	전류	온도	광도	물질의 양
m	kg	s	A(암페어)	K(켈빈)	Cd(칸델라)	mol(몰)

② 보조단위

평면각과 입체각의 두 가지 무차원 단위가 있다.

평면각	입체각
rad(라디안)	sr(스테라디안)

③ 유도단위

어떤 관련된 양들을 물리적 원리에 따라 연결시키는 대수(代數) 관계에 따라 여러 기본단위
들이 조합하여 형성되는 단위이다. 즉, 기본단위들을 곱하거나 나누는 수학적 기호를 사용
하여 대수적으로 표현한다.

속도	가속도	힘	압력	진동수
m/s	m/s^2	$kg \cdot m/s^2$	N/m^2	Hz

2 섭씨온도와 절대온도

1) 섭씨온도(Centigrade Temperature, Celsius Temperature, ℃)

표준 대기압하에서 순수한 물의 어는점(빙점)을 0℃, 끓는점(비등점)을 100℃, 이것을 100등분하여 하나의 눈금을 1℃로 규정한 온도

2) 화씨온도(Fahrenheit Temperature, ℉)

표준 대기압하에서 순수한 물의 어는점(빙점)을 32℉, 끓는점(비등점)을 212℉, 이것을 180등분하여 하나의 눈금을 1℉로 규정한 온도

3) 섭씨온도와 화씨온도의 관계

$$℃ = \frac{5}{9}(℉ - 32)$$

$$℉ = 180 \times \left(\frac{℃}{100}\right) + 32 = \frac{9}{5} \times ℃ + 32$$

4) 절대온도(Absolute Temperature, ˚K)

분자운동이 정지하는 온도. 즉, 자연계에서 가장 낮은 온도(절대 0˚ = 0˚K, −273.15℃)를 0으로 기준한 온도

① 캘빈온도(섭씨온도에 대응하는 절대온도) : ˚K = ℃ + 273

② 랭킨온도(화씨온도에 대응하는 절대온도) : ˚R = ℉ + 460

③ 캘빈온도와 랭킨온도의 관계식 : ˚R = 1.8 × ˚K

5) 열역학적 절대온도

① 섭씨절대온도 "K"

- 물의 삼중점(Triple Point)인 0.01℃를 273.16K으로 하고 섭씨눈금과 같은 간격으로 눈금을 정한 온도
- 단위는 K(Kelvin)이며 0℃가 273.15K에 해당한다.
- ˚K = ℃ + 273

② 화씨절대온도 "R"

- 물의 삼중점(Triple Point)을 491.69˚R으로 정한 온도
- 화씨 눈금과 같은 간격으로 눈금을 정한다.
- ˚R = ℉ + 460

❸ 이상적인 냉동사이클에서 절대온도(T)와 열량(Q)의 관계식

열기관의 이상 사이클인 카르노 사이클(Carnot Cycle)을 역방향으로 하면 냉동기의 이상 사이클이 된다.

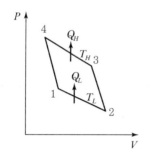
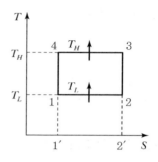

과정 1 → 2 : 등온팽창, q_L의 열흡수

과정 2 → 3 : 단열압축, 동작유체의 온도 T_H로 상승

과정 3 → 4 : 등온압축, q_H 방출

과정 4 → 1 : 단열팽창, 동작유체의 온도 T_L로 하강

저열원에서 흡수한 열량 q_L, 고열원에서 방출한 열량 q_H, 이때의 소요일 W_c일 때

q_L = 면적 $1-2-2'-1'-1 = T_L(S_2 - S_1)$

q_H = 면적 $4-1'-2'-3-4 = T_H(S_3 - S_4) = T_H(S_2 - S_1)$

성적계수 $COP = \dfrac{q_L}{q_H - q_L}$ $W_c = q_H - q_L$

$$= \frac{T_L(S_2 - S_1)}{T_H(S_2 - S_1) - T_L(S_2 - S_1)}$$

$$= \frac{T_L}{T_H - T_L}$$

따라서 이상적인 냉동기관의 Cycle은 작동유체와는 무관하며 두 열원의 절대온도에만 관계된다.

중간탱크를 적용한 고층건물 급수설비의 조닝방법과 특징을 설명하시오.

1 개요

인입 수압, 건물 내 소요처별 소요 수압 및 사용 여건을 고려하여 적절한 급수 방식 선정이 필요하다. 급수 방식으로는 수도직결식, 고가수조식, 압력탱크식, 펌프공급식 등이 있다.

2 급수 방식의 종류

1) 수도직결 방식

① 상수도 공급 압력으로 급수전까지 직접 급수를 공급한다.
② 층고가 낮은 단독주택이나 소규모 건물에 적합하다.

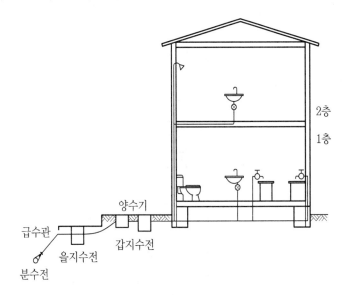

‖ **수도직결 방식** ‖

③ 장단점

장점	• 수질오염이 적다. • 펌프 등 소요동력이 불필요하고 유지관리가 용이하다. • 정전 시 급수가 가능하다.
단점	• 단수 시 급수가 불가능하다. • 주변지역이나 건물의 급수상황에 따라 수압이 변동된다.

④ 수도 본관에 필요한 최저 수압(P)

$$P \geq P_1 + P_2 + P_3$$

여기서, P_1 : 최상층 수전까지의 상당압

P_2 : 최상층 수전까지의 마찰손실수두압

P_3 : 최상층 수전에서의 필요한 최저 토출압

2) 고가수조 방식

① 저수조에서 고가수조로 양수하여 하향 급수한다.

② 고가수조 용량(Q)

$$Q = (1.5\sim2) \times Q_m$$

여기서, Q_m : 시간평균예상급수량

③ 고가수조의 설치 높이(H)

$$H = H_1 + H_2 + H_3$$

여기서, H_1 : 지상에서 최고층 수전까지의 설치 높이

H_2 : 고가수조에서 최상층 추전까지 마찰손실수두

H_3 : 최상층 수전에서 필요한 최저 토출압력수두

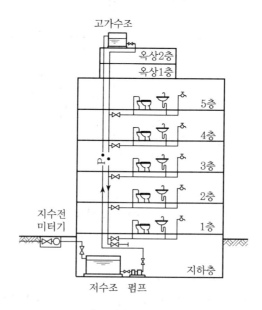

‖ 고가수조 방식 ‖

④ 장단점

장점	• 정전이나 단수 시 일정 시간 급수가 가능하다. • 급수 압력이 일정하다.
단점	• 수질 오염 가능성이 높다. • 고가수조실 설치로 건축 구조 및 미관상 문제가 있다. • 시공비가 증가한다.(고가수조실, 양수펌프 등) • 최상층 수압 부족 시 별도 펌프 설치가 필요하다.

⑤ 고가수조 양수펌프 유량(Q_P)

(옥상 고가수조의 담수량을 30분 이내에 양수할 수 있는 용량)

$$Q_P(m^3/h) = 2 \times Q$$

여기서, Q : 고가수조용량

3) 압력탱크 방식

① 저수조에서 압력탱크에 압입하여 압축공기의 압력으로 급수를 공급한다.

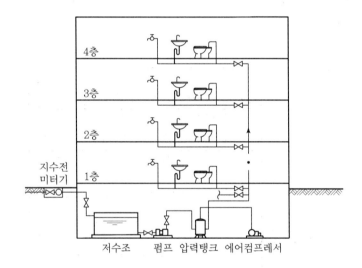

∥ 압력탱크 방식 ∥

② 장단점

장점	• 시공비가 저렴한 편이다. • 단수 시 저수조에 물 공급이 가능하다.(비상전원 연결 시) • 국부적으로 고압을 요하는 경우에 적합하다.
단점	• 탱크 출구 측에 압력조절밸브가 없으면 토출압력 변동폭이 크다. • 펌프와 공기압축기의 잦은 기동으로 동력비가 높다. • 고장이 잦고, 유지관리가 어렵다.

③ 압력탱크 최저 필요압력

$$P_I = P_1 + P_2 + P_3$$
$$P_{II} = P_I + (0.7 \sim 1.4)$$
$$H = (흡입양정 + 10 \times P_{II}) \times 1.2$$

여기서, P_I : 필요최저압력(kg/cm^2)

P_{II} : 필요최고압력(kg/cm^2)

P_1 : 최상층 수전까지의 상당압(kg/cm^2)

P_2 : 최상층 수전까지의 마찰손실수두압(kg/cm^2)

P_3 : 최상층 수전에서의 필요한 최저 토출압(kg/cm^2)

H : 펌프의 토출양정(m)

4) 펌프공급 방식

① 부스터 펌프에 의해 고가수조 없이 수전까지 직송한다.(Tankless 부스터 펌프 방식)
② 펌프 제어 방식
　• 정속방식 : 대수제어
　• 변속방식 : 회전수 제어

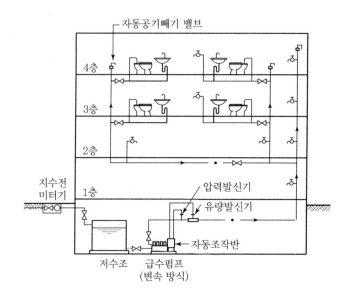

‖ 펌프공급 방식 ‖

③ 장단점

장점	• 수질 오염 가능성이 적다. • 급수압력이 일정하다. • 고가수조실이 불필요하다. • 펌프 운전비가 저렴하다.
단점	• 펌프 설치비가 고가이고 제어가 복잡하다. • 고장 시 대처가 어렵다.

③ 고층건물 급수 방식

고층건물의 급수시스템을 단일 계통으로 하면 저층에서는 수압이 과대하게 작용하여 소음, 진동, 워터 해머 등이 심하게 발생하므로, 수직 구역에 따라 적정하게 조닝을 하거나 감압밸브 등을 사용하여 급수 압력을 적정하게 조정해야 한다.

1) 급수설비의 조닝

① 시스템에 과도한 압력 해소를 위하여 적절한 조닝을 실시한다.
② 조닝(zoning) 방식
  • 중간 탱크 방식에 의한 조닝
  • 감압밸브에 의한 조닝
  • 펌프 직송방식에 의한 조닝
  • 옥상 탱크와 펌프 직송방식의 겸용
③ 건물 중간층이나 옥상에 탱크 설치 시 하중에 따른 건축 구조적 검토가 필요하다.
④ 건축 구조뿐만 아니라 물탱크 자체도 물의 유동에 의해 파손되지 않도록 충분한 구조적 안정성을 확보해야 한다.
⑤ 조닝이나 배관 방식에 따라 과도 수압 발생 부위는 층별 감압밸브를 설치한다.

2) 고층건물 급배수 설비의 문제점

① 최상층과 최하층의 배관 내 수압차가 커 최하층에서는 급수압의 과대로 물을 사용하기 어렵다.
② 수전이나 배관연결 부위의 파손으로 누수가 발생하기 쉽다.
③ 수격작용으로 인해 소음 · 진동이 발생한다.
④ 기구에 대한 적정 압력이 높아진다.
⑤ 급수기구의 마모에 의해 수명이 단축된다.
⑥ 최근 들어 기술의 발전, 유지관리비의 상승 등으로 인하여 펌프직송 방식이 증가하는 추세이다.

3) 고층건물의 급수설비 설계

① 수자원의 절약을 위해 시수 및 정수사용계통을 분리하되 말단 사용처에 있어서의 급수 압력이 일정값 이하가 되도록 한다.
- 아파트, 호텔, 병원 : 3 – 4k
- 사무소, 공장, 기타 : 4 – 5k

② 급수계통의 구분
- 고가수조(분리수조)에 의한 급수조닝
- 감압밸브에 의한 급수조닝
- 펌프직송에 의한 급수조닝

③ 고가수조(분리수조)에 의한 방법
㉮ 수조마다 양수기를 분리하는 방법
㉯ 1대의 양수기로 여러 개의 고가수조(분리수조)에 보급하는 방법
소요공간이 감소하지만 저층부에서 소음 발생 우려가 있다.
㉰ 특징
- 수압이 일정하다.
- 중간수조 설치공간이 필요하다.
- 수조 설치에 따른 구조보강이 필요하다.

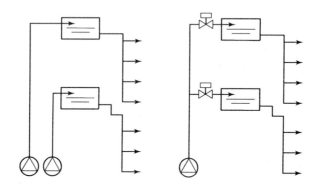

㉱ 가장 보편화되어 있는 방식으로 고층빌딩의 거의 대부분이 이 방식을 채택하고 있다.
㉲ 양수 Pump는 각 존마다 설치하는 것이 일반적이다.
㉳ 중력식이기 때문에 수압변동이 없고, 설비비도 많지 않지만 중간 Tank의 설치 공간이 필요하다.
㉴ 최고 Zone에 대한 양수 Pump의 양정이 높아지기 때문에 Pump 정지 시 수격현상이 발생한다.

④ 감압밸브에 의한 방법
㉮ 주관 감압 방식
㉯ 층별 감압 방식

㉓ 그룹 감압 방식(몇개 층 조닝)

㉔ 특징

- 중간수조의 수를 줄일 수 있다.
- 고가수조 용량의 상대적 증가로 구조적 보강이 필요하다.
- 고장 대비 예비 설치가 필요하다.(감압밸브)
- 최상층 수압 부족에 대비하여 가압펌프를 설치하거나 수조위치를 최대한 높여야 한다.

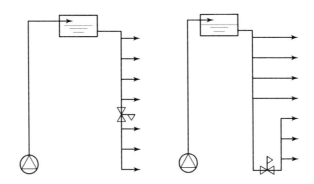

㉕ 건물의 상층 Zone은 감압을 하지 않고 하층 Zone은 감압 Valve에 의해 감압시킨 급수압력으로 급수한다.

㉖ 중간 Tank를 설치하지 않기 때문에 설비비는 저렴하지만, 옥상 Tank는 훨씬 크고 중량도 증가하기 때문에 건물의 구조적 강도를 고려해야 한다.

㉗ 감압밸브는 고장을 고려하여 예비 Valve와 병렬로 설치한다.

⑤ 펌프직송에 의한 방법

㉮ 존별로 펌프를 분리하여 설치하는 방법

㉯ 최상층용 양정의 급수펌프를 설치하고 존별로 감압밸브를 설치하는 방법

㉰ 펌프, 센서 및 제어패널, 압력탱크, 흡입/토출헤더로 구성

㉱ 장점

- 고가수조, 중간수조 설치공간이 불필요하다.
- 수질오염 가능성이 적다.
- 급수압이 일정하다.

㉲ 단점

- 정전 시 급수가 중단된다.(자가발전 설비에 의한 비상전원 공급으로 급수 가능)
- 펌프 설치비가 비싸다.
- 자동제어장치가 복잡하다.

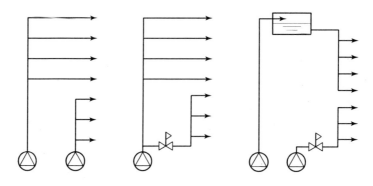

ⓑ 운전 방식

- 정속방식(대수제어)
  - 급수량에 따라 여러 대의 펌프가 순차적으로 가동, 정지
  - 펌프별 운전, 정지 시 약간의 수압 변동이 발생
- 변속방식(회전수 제어)
  - 급수량에 따라 펌프 회전수 변화
  - 종류 : 전기 제어, 기계식 제어

ⓢ 회전수 제어 원리

- VVVF에 의한 회전수 제어

$$N = 120 \times \frac{f}{P}$$

여기서, N : 회전수(rpm), P : 극수(전동기), f : 주파수(Hz)

- 회전수(N) 변화와 유량(Q), 양정(H), 동력(P)과의 관계

$$Q \propto N \qquad H \propto N^2 \qquad P \propto N^3$$

ⓞ 검지 방식

- 압력 검지 방식 : 토출압 일정 제어, 말단압 일정 제어
- 유량 검지 방식
- 수위 검지 방식

⑥ 옥상 Tank와 Pump 직송에 의한 방법

- 건물의 상층 Zone은 옥상 Tank 방식으로, 하층 Zone은 Pump 직송방식으로 급수한다.
- 옥상 탱크 용량은 상층 Zone의 사용량 정도만 공급하므로 Tank 용량을 줄일 수 있다.
- 중간 탱크 설치 공간이 필요 없다.

4 급수계통의 적정 수압 유지

각각의 위생기구들은 적정한 급수 압력이 있으며, 과대 또는 과소할 경우 원활한 작동에 지장을 초래하므로 건물의 고층화, 위생기구의 고도화 및 관 등의 설비시스템을 종합적으로 고려한 수압 계획 및 세심한 주의가 요구된다.

1) 적정 수압 유지의 필요성

① 수압이 과대하게 높은 경우
  - 토수량이 과대하고 불필요하게 손실되는 양이 많다.
  - 유수 소음이 크고, 수격 작용에 의한 소음과 진동으로 불편을 초래한다.
  - 수전류의 마모나 파손으로 유지관리비 증가, 경제적 손실이 발생한다.
② 수압이 낮은 경우
  - 토수량 부족으로 물의 사용이 불편해진다.
  - 기구별 최저 필요압력 이하 시 수전류 및 기구류 사용이 불가하다.

2) 배관 계통에서의 수압

급수 허용압력	건물 종류
$3\sim4\mathrm{kg/cm^2}$	공동주택, 호텔, 오피스텔, 병원
$4\sim5\mathrm{kg/cm^2}$	사무소, 공장, 기타 건물

3) 위생기구별 최소 필요압력

기구	수전	양변기 F/V	샤워기	순간탕비기
필요압력($\mathrm{kg/cm^2}$)	0.3	0.7	0.7	$0.4\sim0.8$

4) 수격(워터 해머) 현상

① 발생 원인
  - 수전류나 밸브류의 급폐쇄 시
  - 펌프의 급정지 시
  - 관 내 유속이 빠를 때
② 방지 대책
  - 펌프에 플라이휠을 설치
  - 스프링형 체크밸브(스모렌스키) 설치
  - 관경을 크게, 유량을 적게, 압력을 낮게 조정하여 유속을 낮춤(2m/s 이하)
  - 에어체임버, 에어탱크, 서지탱크 등을 설치
  - 워터 해머 흡수기, 자동 압력조정밸브 설치

물(H₂O)과 이산화탄소(CO₂)의 삼중점에 대하여 각각 그림을 그리고 설명하시오.

1 증기의 발생

① 포화온도 : 어떤 압력하에서 액체가 증발하기 시작하는 온도

② 포화압력 : 포화온도에 대응하는, 액체가 증발하기 시작할 때의 압력

③ 포화액 : 포화온도에 도달한 액. 열을 가하면 온도 상승 없이 증발하기 시작하는 액

④ 습포화증기(습증기) : 포화액과 포화증기가 공존하는 상태. 냉각하면 포화액, 가열하면 건조포화증기가 됨(건조도(乾燥度)가 존재)

⑤ 건조포화증기 : 습포화증기 상태에서 액이 모두 증발하여 완전한 증기 상태의 기체

⑥ 과열증기 : 건조포화증기에 열을 가하여 압력변화 없이 포화온도 이상으로 상승한 증기

> 과열도＝과열증기온도－포화온도

⑦ 임계점, 임계온도, 임계압력

포화액선과 건조포화증기선이 만나는 점으로 이 상태에서는 압력을 아무리 높여도 기체를 액체로 바꿀 수 없는 한계점을 임계점이라 하고, 이때의 온도와 압력을 각각 임계온도, 임계압력이라고 한다.

※ 0.1MPa인 물의 포화온도는 99.6℃이며, 99.6℃인 물의 포화압력은 0.1MPa이다.

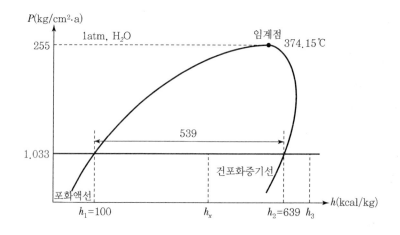

2 임계점

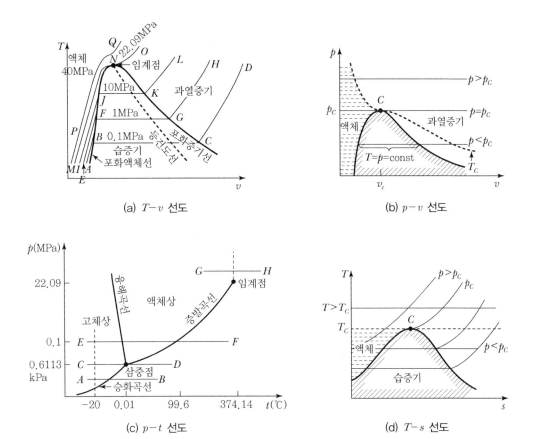

(a) $T-v$ 선도

(b) $p-v$ 선도

(c) $p-t$ 선도

(d) $T-s$ 선도

① 0.1MPa하의 상태변화과정을 $T-v$ 선도에 나타내면 등압선 $A \rightarrow B \rightarrow C \rightarrow D$와 같다.

② 압력을 높여 1MPa하에서 물을 가열하면 포화온도가 증가하고 상태변화과정은 등압선 $E \rightarrow F \rightarrow G \rightarrow H$와 같다.

③ 압력을 높여 22.09MPa하에서 포화액체를 가열하면 즉시 건포화증기로 증발하며, 그 이상의 압력에서는 증발과정 없이 액체상에서 기체상으로 변한다.

④ 임계점은 포화액의 증발이 시작됨과 동시에 체적변화 없이 건포화증기로 변하게 되는 점으로, 물의 경우 임계압력은 22.09MPa, 임계온도는 374.14℃이다.

※ 이산화탄소의 임계압력은 7.391MPa, 임계온도는 304.2K이다.

⑤ 임계압력 이상의 압력을 초임계압력(Super Critical Pressure)이라 하며, $p-t$ 선도상의 $G-H$ 선과 같이 물을 가열하면 액상과 기상의 뚜렷한 구별이 없이 액체로부터 증기로 연속하여 변한다.

3 삼중점

① 0.1MPa하에서 얼음의 상태변화과정은 $p-t$ 선도에서 등압선 $E-F$와 같다.

② 0.6113kPa하에서 얼음의 상태변화과정은 얼음이 0.01℃에 도달해 열을 가하면 등온하에서 일부는 증기, 일부는 액체가 되어 고체·액체·증기의 3상이 평형(T, $P=$const)을 이루며 공존하는 상태가 된다. 이를 삼중점이라 한다.

③ 삼중점보다 낮은 압력에서 얼음을 가열하면 승화온도에 이르러 바로 증기로 변한다.

④ 삼중점은 고체·액체·기체가 공존하면서 세 개의 상이 열역학적 평형을 이루는 상태이다.

⑤ 물의 삼중점 : 0.01℃(273.16K), 0.6113kPa

⑥ 이산화탄소의 삼중점 : -56.4℃(216.75K), 5.11atm

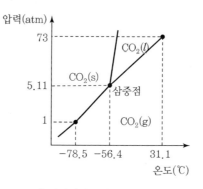

‖ 이산화탄소의 삼중점 ‖

> ▶ 건물의 에너지 절약을 위해서 VAV(Variable Air Volume) 방식이 많이 이용되고 있다. VAV 방식에 대하여 다음 물음에 답하시오.
> 1) VAV 채용 시의 고려사항을 기재하시오.
> 2) 예열(Warming Up), 예랭(Pull Down), 야간기동(Night Set Back) 제어의 필요성을 각각 기술하시오.
>
> ▶ VAV Unit에서 정풍량 특성에 대하여 설명하시오.

1 정풍량 단일덕트 방식

공기조화 방식에서 가장 기본적인 방식으로 항상 일정하게 송풍하면서 실내의 부하 변동에 따라 공조기 내의 냉각코일과 온수코일에서의 열교환 제어를 하여 토출공기의 온도를 조절하는 시스템이다. 공조기를 중앙기계실에 설치하는 중앙식 단일덕트 방식과 공조기를 각 층이나 존에 설치하는 분산식이 있다. 중앙식 정풍량 단일덕트 방식은 비교적 오래된 방식으로 외부구역에 팬코일 유닛을 병용하는 경우가 많다.

분산방식 중에서도 각층 유닛 방식은 최근에 채택이 현저히 증가하고 있다. 이 방식은 방재상의 층간 구획 확보, 각 존에 대한 부하의 대응, 개별 운전에 대한 대응 등에 이점이 있는 반면, 중앙방식에 비해 초기 투자액의 증대, 기계실 면적의 증대 등의 문제가 있다.

1) 정풍량 단일덕트 구성

코일(냉각/가열), 가습기, 에어필터, 송풍기, 덕트, 취출구

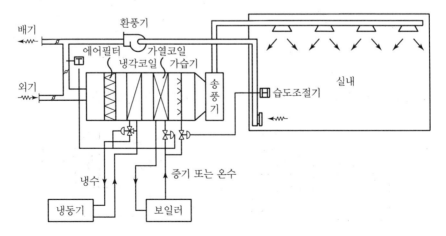

2) 송풍량 일정 시 급기온도 및 습도 변화

$$Q = \frac{q_o}{\gamma \cdot C_p \cdot \Delta t} = \frac{q_o}{0.288 \cdot \Delta t}$$

3) 정풍량 단일덕트 방식의 특징

(1) 장점

① 송풍량이 일정하므로 실내 공기 상태가 양호하다.

② 실내 온습도 상태 및 기류 분포가 안정된다.

③ 시스템이 단순하여 유지보수가 양호하고 관리 운전이 용이하다.

④ 초기 투자비가 적다.

⑤ 대공간이어도 단일 존이거나 각 실별 부하 차이가 크지 않은 다양한 건물에 적용할 수
있다.(설계, 시공 경험 풍부)

(2) 단점

① 각 실별, 존별 온도 제어가 어렵다.(별도의 재열 코일 설치나 존별 덕트 계통 분리가 필요)

② 최대 부하 풍량으로 운전되므로 동력비가 많이 소요된다.

③ 실내 부하 변동이나 칸막이 변경에 대응하기가 곤란하다.

④ 최대 부하 기준으로 장비를 선정하므로 기기용량이 크다.

4) 정풍량 단일덕트 방식의 조닝

(1) 단일 존 공조

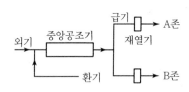

(2) 존별 재열 방식

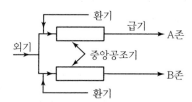

(3) 터미널 재열 방식

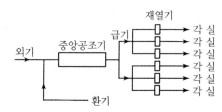

(4) 외기, 환기 혼합 방식

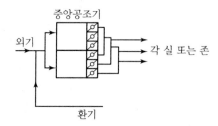

5) 급기온도 제어방법

(1) 공조기에서의 급기온도 제어

① 코일의 순환 유량제어(2-way 또는 3-way 밸브 이용)

② 코일 전, 후단 bypass 덕트 설치(bypass 공기량 조절)

③ 외기, 환기 혼합량 조정

(2) 온도 제어를 위한 온도 센서 설치

① 공조하는 실 중 가장 중요한 실에 설치하는 방법

② 가장 넓은 공간에 설치하는 방법

③ 환기덕트 내에 설치(전체 실 부하의 평균 온도 개념)하는 방법

6) 시공 시 주의사항

① 존별, 실별 부하 차이가 크거나 특정한 부하가 필요한 실의 경우 적절한 조닝 분리나 재열기 설치 등 효율적 대응 방안을 강구한다.

② 실내 온도, 습도 제어를 위한 온습도 센서 위치는 신중히 검토하여 결정한다.

③ 냉각 코일의 열수나 통과 풍속 적정 설계로 결로수 비산을 방지한다.

④ 겨울철 외기 온도차가 너무 클 경우 가열 코일을 이중으로 설치(예열, 재열)하여 제어성을 향상시킨다.

⑤ 병원의 수술실이나 신생아실 등 청정 구역은 실내 오염 방지 차원에서 FCU나 페리미터 존의 별도 기기를 설치하지 못하는 경우 급기 덕트상에 재열코일을 설치하여 대응한다.

⑥ 예열, 예랭, 외기 냉방, 배열 회수 등으로 에너지를 절감한다.

⑦ 코일의 동절기 동파 방지방법

- 공조기 연결 덕트 댐퍼의 기밀성 확보(에어타이트 댐퍼)
- 공조기 내 전기 히터 설치(온도감지센서 내장형)
- 혹한 시 코일 내 순환수 통과
- 장기간 운전 중지할 경우 코일 퇴수 처리
- 동절기 냉수(전용)코일은 퇴수 처리
- 동절기 팬 가동 전 충분한 코일 예열 후 팬 가동 및 외기 유입 실시

⑧ 공조 계통의 냉방, 난방 전환이 계절적 시기에 따라 확실하게 일어나거나 재열의 필요가 없을 경우 냉난방 겸용 코일로 설계하여 공조기 크기 축소, 시공비 절감, 팬소요동력 절감 효과를 얻는다.

❷ 변풍량 방식

변풍량 방식은 취출 온도를 일정하게 하고 부하의 증감에 따라 송풍량을 변화시켜 실온을 제어하는 방식이다.

1) 변풍량 단일덕트 방식을 채택할 경우 주의사항

① 최소 풍량으로 양호한 공기분포를 얻을 수 있도록 취출구를 선정할 것
② 최대 풍량 및 최소 풍량에서도 동일한 취출 특성을 내도록 할 것
③ 최소 풍량 시 외기량을 확보하도록 최소 풍량 설정기구를 설치할 것

2) 변풍량 단일덕트 방식의 구성과 원리

(1) 구성

필터, 코일(냉난방), 가습기, 송풍기, 덕트, 변풍량 유닛(재열코일)

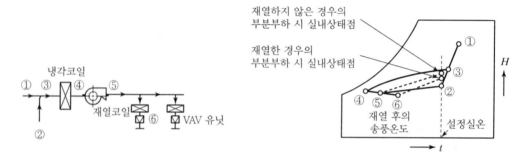

‖ 냉방 시 최소풍량 부분부하 시의 상태변화 ‖

(2) 원리

① 풍량(Q)이 열부하(q_s)에 비례한다는 것을 이용하는 방식이다.

$$Q = \frac{q_s}{0.288 \times \Delta t}$$

여기서, Q=부하 변동에 따라 가변, Δt=일정

② 급기온도 일정방식과 급기온도 가변방식이 있다.
⑦ 급기온도 일정방식
내주부(Interior Zone)와 같이 부하 변동 폭이 적은 곳에 사용한다.
⑭ 급기온도 가변방식
부하 변동 폭이 큰 외주부(Perimeter Zone), 환기요구량이 큰 장소에 사용한다.
※ 부하 변동 폭이 큰 외주부나 특수 부하, 또는 온도 조건이 까다로운 곳에 재열 코일을 설치하여 대응(풍량 및 온도 동시 변화)하며, 최소 풍량 확보 시 과랭 방지를 위해 급기온도를 리셋한다.

3) 변풍량 방식의 특징

(1) 장점

① 각 실별, 존별 부하 변동이나 칸막이 변경에 효율적으로 대처할 수 있다.

② 부분부하 대처로 에너지 절감
- 전폐형 유닛 사용 시 빈 방에 급기를 정지하여 송풍동력 절감
- 부분부하 시 송풍기 제어로 동력비 절감
- 부분부하 시 터미널 재열이나 2중 덕트 방식과 같은 재열 혼합손실이 없음
- 실별로 필요량의 공기만 공급하므로 운전비 절약(냉동기, 송풍기)
- 동시 부하율을 고려하여 기기용량 선정이 가능하므로 설비용량을 작게 할 수 있음(대용량 시 CAV 방식 대비 80% 용량으로 가능)

③ 개별 제어가 용이하고 외기 냉방이 가능하다.

④ Air Balancing이 비교적 용이하다.

⑤ 혼합열손실이 없다.

(2) 단점

① 최소 풍량 시 환기량 부족 현상 발생 가능성(실내 청정도 악화) 및 VAV Unit에서 소음 발생 우려가 있다.

② 자동제어가 복잡하고, 유지보수 관리가 어렵다.

③ 초기 투자비가 증가한다.

④ 실내 기류속도 변화, 풍량 변화에 따른 습도 조절 능력이 변한다.

⑤ 설계시공 경험 부족으로 실패하기 쉽다.

⑥ 재열기가 없는 경우에 최소설정 풍량으로 취출 시 실내온도가 저하된다.

⑦ 정풍량 시 Cold Draft, Surging, 환기부족 발생 우려가 있다.

4) 송풍량 변화 시 최소 환기량(외기량) 확보 방안

① 외기에 정풍량 댐퍼 설치로 일정량을 항상 도입한다.

② 외기용 별도 송풍기를 설치한다.

③ 재열 코일 설치나 송풍 온도차를 적게 하여 송풍량을 증대시킨다.

5) 변풍량 터미널 유닛

(1) 선정 조건

① 1차 압력이 상승하더라도 2차 압력은 항상 일정한 풍량을 유지할 수 있는 정풍량 특성이 있을 것

② 처리 풍량 범위가 넓을 것

③ 최소 작동 정압이 낮고 소음이 발생되지 않을 것

④ 시공이 쉽고 고장이 적으며 유지보수가 용이할 것

⑤ 자동제어가 공조시스템과 쉽게 인터페이스 될 것

(2) 변풍량 유닛의 종류

① 바이패스형(Bypass Type)

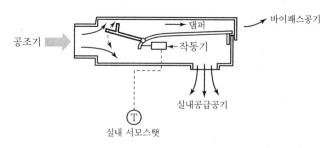

‖ 바이패스형 유닛 ‖

- 실내부하에 따라 송풍공기 중 취출구를 통해 실내로 취출하고 남은 공기는 천장 내로 바이패스하여 환기덕트로 보낸다.
- 실내 서모스탯에 의해 풍량조절 댐퍼를 조절한다.
- 각 존으로 공급하는 공기량은 변하지만 시스템 전체 풍량은 항상 일정하다.
- 장점
  - 부하가 변해도 덕트 내 정압 변동이 없고 발생 소음이 적다.
  - 송풍기 제어가 필요 없다.
  - 천장 내 조명열이 제거된다.
- 단점
  - 송풍량이 일정하여 동력절감이 없다.
  - 덕트계통의 증축에 대하여 유연성이 적다.

② 교축형(Throttle Type)

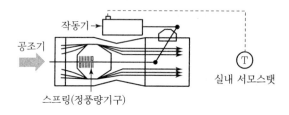

‖ 교축형 유닛(스프링 내장형, 단일유닛) ‖

- 실내 서모스탯 신호에 의해 교축기구를 작동시켜 개구면적을 조절하여 풍량을 제어한다.

- 동일 덕트계통에서 다수의 유닛이 동시에 작동하면 유닛 입구 압력이 큰 폭으로 변경된다.
- 유닛은 압력 변동에 영향을 받지 않는 정풍량 특성이 뛰어난 것을 선정한다.
- 장점
  - 부하 변동에 따라 송풍량을 변화시키고 송풍기를 제어하므로 동력이 절감된다.
  - 정풍량 특성이 있어 덕트의 설계, 시공이 간단하다.
- 단점
  - 덕트 내 정압 변동이 크므로 정압제어 방식이 필요하다.
  - 최소 풍량 확보를 위해 최소 개도 설정이 필요하다.
  - 송풍량의 변화로 발생 소음이 크다.

③ 유인형(Induction Type)

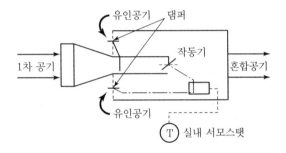

‖ 유인형 유닛 ‖

- 저온의 1차 고압공기를 유닛에 공급하고 실내 또는 천장 내의 공기를 2차 공기로 유인하여 혼합해서 실내에 취출한다.
- 실내 서모스탯 신호에 의해 1차 공기와 2차 공기의 댐퍼 개도를 조절하여 실온을 제어한다.
- 1차 공기 측을 정풍량으로 유지하고 실내부하 감소 시 2차 측 댐퍼를 열어 송풍공기 온도를 높여준다.
- 장점
  - 1차 공기를 고속으로 송풍하므로 덕트 치수를 작게 할 수 있다.
  - 실내 발생열을 온열원으로 사용 가능하다.
- 단점
  - 1차 공기를 고속으로 취출하기 위한 고압의 송풍기가 필요하다.
  - 실내공기를 유인하므로 집진효과가 떨어진다.

6) 풍량 제어 방식

(1) 정압 제어 방식

① 덕트 내 압력 변동 감지 : 주 덕트, 말단부, 체임버 등

② 실내 차압 감지

(2) 유닛 신호에 의한 방식

유닛의 가동 유무에 따른 작동 신호에 맞춰 필요한 만큼 중앙 공조기의 송풍기 풍량을 제어한다.

7) 급기온도 제어 방법

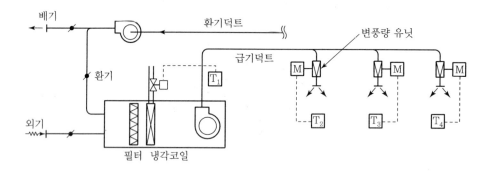

① 급기덕트에 설치된 Thermostat(T_1)에 의해 냉각코일의 자동제어밸브를 제어한다.

② 실내 Thermostat(T_2~T_4)에 의해 각 변풍량 Unit을 비례제어한다.

③ 부하가 감소하여 급기량이 최소 환기량까지 감소하였는데도 계속해서 부하가 감소하면 풍량이 더 이상 감소하지 않게 하기 위해(최소 풍량을 확보하기 위해) 급기온도를 Reset 한다.(즉, 급기온도를 올림)

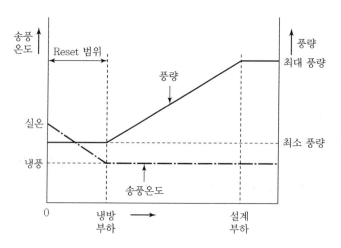

8) 부하에 따른 송풍량 변화

(1) 단일덕트 변풍량 방식

① 실내 송풍량 감소 시 최소 풍량을 확보한다.(내부 존에서 난방부하 발생 시 풍량감소로 환기량 부족 문제 발생)

② 변풍량 유닛 취급풍량의 30~50% 값을 최소 풍량으로 설정한다.

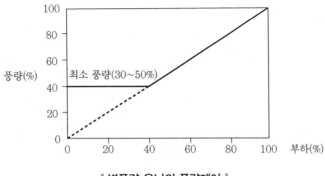

┃ 변풍량 유닛의 풍량제어 ┃

(2) 단일덕트 변풍량 재열방식

① 단일덕트 변풍량 유닛에서 실내의 냉방부하가 최소치에 도달해도 일정 풍량이 취출되므로 재실자가 추위를 느낀다. 따라서 재열형 변풍량 유닛으로 공급공기를 재열하여 취출한다.

② 냉방부하가 감소되어 냉풍의 송풍량이 최소치까지 떨어지면 재열기에 온수나 증기 등을 공급하여 취출온도를 높여 공급한다.

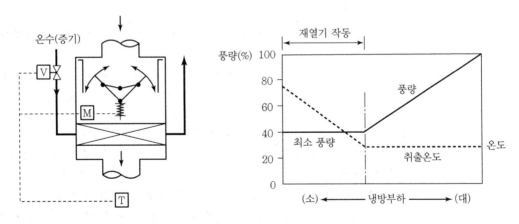

┃ 변풍량 재열기 및 풍량제어 ┃

(3) 이중덕트 변풍량 재열방식

① 단일덕트 변풍량은 공조부하 감소 시 송풍량 부족현상이 발생한다.

② 이중덕트 방식에 혼합상자와 변풍량 유닛을 조합하여 부하 감소로 최소 풍량이 되면 온풍의 양을 점차 늘리고 냉풍의 공급량을 줄인다.

③ 실내온도 조절을 비교적 정확하게 하면서 일정량 이상의 송풍량을 확보해야 하는 곳에 적용한다.

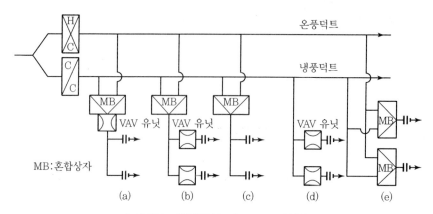

‖ 이중덕트 변풍량 방식(DDVAV 방식) ‖

④ 혼합상자와 변풍량 유닛을 조합시킨 예
  • 혼합상자로 냉온풍을 혼합하여 송풍공기 온도를 제어, 각 실에는 변풍량 유닛을 설치하여 취출풍량 제어
  • 혼합상자만 설치
  • 변풍량 유닛만 설치(연중 냉방부하만 있는 실)
  • 각 실마다 혼합상자만 설치하여 부하에 따라 온도만 제어

▼ 변풍량 방식의 특성 비교

특성	단일덕트 변풍량 방식	단일덕트 변풍량 재열방식	이중덕트 변풍량 방식
장점	• 실내부하에 따라 송풍량 제어가 가능하여 에너지 절감 효과가 크다. • 개별제어가 용이하다. • 대규모 건물의 경우 동시가 동률을 고려하여 효율적 운전이 가능하다.	• 실의 냉방부하가 감소되어도 실내온도는 설정치 이하로 내려가지 않는다. • 페리미터존에 적합하다. • 개별제어가 용이하다.	• 정풍량 이중덕트 방식보다 에너지 절감 효과가 크다. • 최소 풍량이 취출되어도 실내온도는 설정온도 범위를 유지한다. • 외기풍량을 많이 필요로 하는 실에 적합하다.
단점	• 설비비가 많이 든다. • 저부하 시 실내공기 오염도가 높아진다. • 재열기가 없어 최소 풍량 시 실내온도가 낮아져 추위를 느낀다.	• 재열기 설치 공간이 필요하고 설비비가 많이 든다. • 여름에도 보일러를 가동해야 한다. • 재열부하가 발생한다. • 실내 재열기까지 수배관으로 누수 우려가 있다.	• 설비비가 많이 든다. • 변풍량 유닛 공간이 필요하다. • 이중덕트 방식에 의한 혼합 손실이 발생한다.

9) 예열(Warming Up), 예랭(Cooling Down), 야간기동(Night Setback) 제어

(1) 필요성

① 건물의 열용량(중량×비열)과 단열성은 열취득(Heat Gain)이 열부하(Heat Load)로 전환되는 시간을 지연시킨다.

② 건물의 축열에 의한 시간지연은 열부하를 삭감하는 효과가 있지만, 겨울철 밤 사이에 건물에 축적되어 있던 열(冷熱)이 실내로 방출된다.(축열부하)

③ 정상운전 초기에 열부하의 증가를 초래하여 장치용량을 증대시킨다.

④ 장치용량의 증대는 주간 부분부하 운전 시 장치효율의 감소로 연결된다.(정격부하와 차이가 크면 효율이 떨어짐)

⑤ 정상운전 전에 예열, 예랭 또는 야간기동을 하여 부하(축열부하)를 미리 제거할 필요가 있다.

(2) 예열, 예랭, 야간기동

① 겨울철 아침 업무개시 전 몇 시간 동안 난방설비를 운전하여 건물 자체의 온도를 높이는 것을 예열이라 하며, 예열시간에 따라 장치용량이 변화한다.(예열시간이 길면 장치용량이 작아짐)

② 여름철 아침 업무개시 전 몇 시간 동안 외기를 이용하여(외기 냉방) 건물의 온도를 풀다운(Pull Down)하는 것을 예랭이라 한다.

③ VAV 유닛은 상시 실내 온도조절기(Thermostat)에 의해 개도가 조절되지만, 예열ㆍ예랭 시에는 수동 또는 자동에 의해 전개상태로 유지된다.

④ 야간기동이란, 밤 사이 온도조절기의 설정온도에 따라, 그 이상 또는 그 이하의 온도가 되면 공조시스템을 가동하는 것을 말한다.

⑤ 야간기동은 축열부하를 작게 함으로써 장치용량을 감소시켜 주간의 부분부하 운전 시 장치효율을 증대시킨다.

▶ 공조시스템 선정 시 에너지 절약을 위해 검토되어야 할 사항을 모두 열거하시오.

▶ 높은 건물에 공기조화 설비를 계획하고자 할 때 ① 고려사항, ② 공조기 배치와 공급 방식, ③ 에너지 절약에 대해서 기술하시오.

1 공조설비 계획 시 고려사항

1) 타 분야와 협의사항

(1) 주기계실

중앙집중식 난방설비를 위한 열원설비장비, 지하저수조설비, 중앙식 급탕설비, 소화용 서수조, 가압송수장치 등

(2) 기계실 면적

① 연면적 10,000m² 이상인 경우 기계실 5%, 전기실 3% 정도

② 냉동기나 공조기의 경우 기기와 벽체, 기기와 기기 상호 간 1,500mm 이상 확보(유지 · 보수 공간)

③ 기계실 층고는 약 6m 이상

(3) 공조기계실

① 덕트 편도길이는 40m 이하

② 기준 층에 공조기 설치 시 풍량 30,000m³/h 이내로 계획

③ 대형건물의 경우 매층 공조실 설치

④ 소음 · 진동이 허용치 이하가 되도록 차음 계획

(4) 설비샤프트(Shaft)

샤프트 내 덕트나 배관 설치 시 200mm 이상 이격

(5) 지하주차장

① 무덕트 팬 방식의 환기설비인 경우 층고가 다소 낮아짐

② 바닥면적 200m² 이상이면 스프링클러 설비 설치

(6) 기타

① 천장 및 파이프샤프트 점검구 위치

② 지하층 급기 및 배기를 위한 Dry Area 면적 및 위치

③ 우수 침투, 동해 방지에 대한 방안

④ 기계설비, 저수조 등 중량물 위치 및 장비 기초

⑤ 각종 유틸리티(상수도, 도시가스, 지역난방 등) 인입 및 미터기함 위치

⑥ 우수, 오 · 배수 맨홀 및 레벨 등

⑦ 비상발전기 연료 공급, 냉각 방식에 따른 외기 또는 냉각수 공급, 연도 연결

⑧ 장비 반입 · 반출구

2) 건축물의 에너지 절약 방안

① 조닝 계획

② 연돌효과 방지 방안

③ 단열, 창의 종류 등

2 공기조화 방식의 열원시스템

① 이용 가능한 에너지원

② 초기 투자비

③ 연간 운전비

④ 설비 신뢰성 및 충분한 내용연수

⑤ 유지관리의 용이성

⑥ 환경오염 유발성

3 에너지 절약 방안

1) 건축적 측면의 에너지 절약 방안

① 기계실, 공조실 위치는 부하와 인접하게 배치

② 자연채광 및 일사 이용 방안

③ 현관 이중문 및 회전문, 방풍실 설치(극간풍 이용 방안)

④ 옥상층에 녹지공간 조성

⑤ 외피의 단열 및 기밀 시공

⑥ 창 면적의 최소화

⑦ 복층 유리 사용

2) 설비적 측면의 에너지 절약 방안

① 고효율 기기 도입
② 반송시스템 에너지 절약 방안
  • 대온도차 방식에 의한 에너지 절약
  • 변유량 방식에 의한 에너지 절약
③ CO_2 농도 검지에 의한 환기도입량 제어
④ 혼합손실을 수반하는 공조 방식 회피
⑤ 예열, 예랭 시 외기도입 댐퍼 폐쇄
⑥ 부하계산 시 TAC 온도 활용
⑦ 겨울철 실내온도는 낮게, 여름철 실내온도는 높게 설정
⑧ 배열 이용 방안
⑨ VAV 시스템 도입
⑩ 중간기 외기 냉방 및 외기 냉수 냉방 도입
⑪ 냉각탑을 기계실과 근접 배치
⑫ 수방식 적극 이용
⑬ 과냉각, 과제습, 과열, 과랭을 피함
⑭ 급기구 위치는 가급적 거주공간에 가깝게 배치
⑮ 배관 및 덕트의 단열 처리
⑯ 조닝(층별, 용도별, 사용시간대별 조닝)
⑰ 전열교환기, Heat Pump, Heat Pipe 등 열회수 방식 채용
⑱ 열원설비 및 반송설비 대수제어
⑲ 굴뚝효과에 의한 에너지 손실 방지를 위해 출입문에 에어커튼 설치
⑳ 저온공조, 바닥급기, 복사냉방, VAV 방식 등
㉑ 심야전력과 연계한 빙축열 방식 도입

4 열원설비 계획

① 중앙열원 공급방식으로는 중앙난방, 지역난방, 중앙냉방 소형열병합 방식 등
② 초고층빌딩 중앙난방은 증기난방 방식, 냉방방식은 전기식 · 흡수식 혼합방식
③ 중앙냉방 방식은 빙축열 방식과 전기식 · 흡수식 혼합방식
④ 가스엔진 및 터빈을 이용한 열병합발전 방식 도입 검토
⑤ 히트펌프 방식 도입 검토(공기열원 방식, 수열원 방식, 지열원 방식 등)
⑥ 기계실의 배치는 상층부, 하층부에 집중배치 방식과 분산배치 방식 등
⑦ 연료의 다원화와 비상열원 공급 방식 검토

5 **굴뚝효과 방지대책**

1) 건축적인 방법

① 출입문에 회전문 및 이중문 설치

② 건물의 기밀과 현관 방풍실 설치

③ 계단 전실 설치

④ 층간 구획

2) 설비적인 방법

① 출입문, 엘리베이터에 에어커튼 설치

② 방풍실 내에 FCU 설치

③ 현관 및 로비에 가압

6 **빌딩자동화시스템(BAS : Building Automation System)**

1) 컴퓨터 소프트웨어에 의한 에너지 절약

① 절전운전제어(Duty Cycle)

실내온도를 계속 검지하며 쾌적온도 범위에서 공조기 운전 정지

→ 공조기마다 정지시간을 서로 다르게 하여 전력제어 효과

② 최적기동정지제어

실내온도, 외기온도와 설비조건에 따른 변수 등에 의해 사전 공조시간을 결정

→ 불필요한 예열시간 감소

③ 외기취입제어

• 예열 · 예랭제어(예열 · 예랭 시 외기댐퍼 폐쇄)

• 엔탈피 제어(냉방 시 외기와 환기 엔탈피 비교, 외기 엔탈피가 낮을 시 외기 냉방)

• 야간외기 취입제어(여름철 일출 전 외기를 취입, 순환시켜 실내온도를 낮추어 냉방부하 감소)

④ 역률제어

콘덴서를 이용하여 역률을 95% 정도로 유지

2) 운전 제어에 의한 에너지 절약

① CO_2 농도 제어

　실내 CO_2 농도가 일정조건 이하일 때 외기취입 중단

② 대수제어

　냉동기, 보일러, 펌프 등 대수제어

　→ 최대 출력에서 운전 최대 효율 발휘

③ 냉각수 수질제어

　냉각수 오염에 의한 스케일 부착, 부식 발생, 슬라임 발생 등

　→ 냉동기, 압축기 효율 저하, 배관 폐쇄 등

④ 공기반송시스템 에너지 절약

J-T(Joule-Thomson) 효과의 원리에 대하여 설명하시오.

1 줄-톰슨(Joule-Thomson) 효과

① 기체를 가는 구멍으로 분출시키면 온도가 변하는 현상으로 실제 기체에서는 부피가 절대온도에 비례하지 않기 때문에 일어나는 효과이며, 이상기체에서는 일어날 수 없다.

② W. 톰슨과 J. P. 줄이 1852년 무렵부터 1862년에 걸쳐 실험을 반복하던 중에 발견하였다. 외계와의 열의 출입을 무시할 수 있는 관(管)의 중간에 솜 등의 다공성 물질을 채우고, 한쪽에서 다른 쪽으로 기체를 보내면 기체의 압력은 내려가며, 동시에 온도 변화가 일어난다.

③ 온도의 증가·감소는 일반적으로 그 기체의 온도에 따라 결정되며, 어느 온도 이상에서는 온도가 상승하고, 어느 온도 이하에서는 온도가 하강하는 경계의 온도를 줄-톰슨의 역전온도(Inversion Temperature)라 한다.

④ 조밀하게 좁은 공간에 있던 기체가 넓은 공간으로 나오면 저온이 되는 원리이다. 원래 좁은 공간에 있던 기체가 가지던 운동에너지는 그것을 채우는 데 에너지가 얼마 들지 않으나(공간이 작아서) 충돌을 많이 해서 온도가 올라가게 되지만, 좁은 곳에서 넓은 공간으로 나오면 그 공간을 다 채우는 데 에너지를 소모하게 되고, 또한 충돌을 덜 하므로 온도가 낮아진다. 이 넓어지는 공간을 극대화하면 온도를 저온으로 쉽게 낮출 수 있다.

⑤ 액체공기는 이 원리를 기초로 하여 대략 150atm으로 압축한 공기를 반복하여 가는 구멍으로부터 분출시켜 만든다.

⑥ 줄-톰슨 효과의 예
- 무스 혹은 스프레이류를 사용할 때 쓰고 나면 병이 차가워진다. 즉, 스프레이에서 엔탈피가 일정할 경우 용기 내부 압력의 저하가 온도의 저하로 연결된다.
- 압축된 질소 기체 탱크의 밸브를 상온에서 열면 기체가 분출되면서 밸브 주위의 온도가 내려가 서리가 생긴다.
- 압축된 수소 기체 탱크의 밸브를 상온에서 열면 기체가 분출되면서 밸브 주위의 온도가 올라간다.
- 휴대용 부탄가스를 장시간 사용하면 가스 용기의 표면이 차가워진다.

2 줄-톰슨 계수

외계와의 열의 출입을 무시할 수 있는 관(管)의 중간에 솜 등의 다공성 물질을 채우고, 그 한쪽에서 다른 쪽으로 기체를 보내면 기체의 압력은 Δp만큼 내려가며, 동시에 ΔT의 온도 변화가 일어난다.

ΔT와 Δp는 비례하고, 정압열용량을 C_p라 하면 다음 식이 성립한다.

$$\Delta T = \frac{\Delta p \left\{ T \left(\frac{\partial V}{\partial T} \right)_p - V \right\}}{C_p}$$

여기서, 비례계수 $\frac{\Delta T}{\Delta p}$를 줄-톰슨 계수라고 하고, 이 값이 0이 되는 온도를 그 기체의 역전온도라고 한다. 역전온도 이하에서는 온도강하가 일어나고 그 이상의 온도에서는 온도 상승이 일어난다. 공기·이산화탄소 등의 상압에서의 역전온도는 상온보다 높다. 즉, 이상기체에서는 $Pv = RT$이므로 줄-톰슨 계수가 0이 되어 온도 변화가 일어나지 않는다. 줄-톰슨 계수가 0보다 크면 온도강하, 0보다 작으면 온도 상승, 0이면 불변이다.

줄-톰슨 효과는 엔탈피가 일정한 환경에서 기체가 팽창하거나 압축될 때 분자 간 상호작용에 의한 온도 변화를 뜻한다. 엔탈피가 일정할 때 압력 변화에 따른 온도 변화 값인 줄-톰슨 계수는 ⓐ 식과 같이 나타낼 수 있다. 줄-톰슨 계수가 양수일 경우 압력이 감소하면 온도가 내려가고, 음수일 경우 압력이 감소하면 온도가 올라간다.

$$\mu_{JT} = \left(\frac{\partial T}{\partial p} \right)_H \quad \cdots\cdots\cdots\cdots\cdots\cdots\cdots\cdots\cdots \text{ⓐ}$$

등엔탈피 환경에서 압력 변화에 따른 온도 변화를 측정하려면 압력의 변화 간격을 좁게 하면서 온도 변화를 측정해야 하는데 이를 실험적으로 구현하기는 어렵다. 대신 줄-톰슨 계수를 ⓑ식과 같이 측정 가능한 양으로 변환하면 질소나 산소, 수증기 같은 실제 기체의 줄-톰슨 계수를 쉽게 구할 수 있다.

$$\eta_{JT} = \frac{V}{C_p}(\alpha T - 1) \quad \cdots\cdots\cdots\cdots\cdots\cdots\cdots\cdots \text{ⓑ}$$

Joule – Thomson 계수를 공기 액화사이클과 관련하여 설명하시오.

1 공기냉동사이클

공기를 냉매로 하는 사이클로서 기존의 인공냉매(CFC, HCFC 등)와는 달리 환경에 미치는 피해가 전혀 없으나 증기압축 냉동사이클에 비해 효율이 매우 낮은 단점이 있다. 공기냉동사이클은 브레이턴 사이클을 역으로 동작시켜 냉동효과를 얻는 방식이다.

2 공기냉동사이클 방식

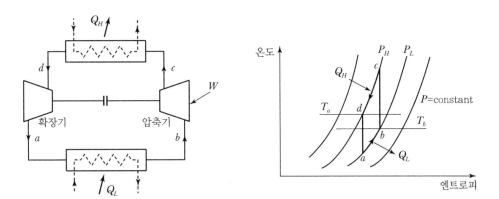

‖ Brayton 냉동사이클 ‖

① 2개의 단열과정과 2개의 정압과정으로 구성
- b → c : 단열압축과정
- c → d : 정압방열과정(정압하에서 공기를 냉각)
- d → a : 단열팽창과정(Joule – Thomson 효과에 의해 공기의 온도, 압력 강하)
- a → b : 정압흡열과정(정압하에서 외부로부터 열을 흡수하여 냉동)
- a → b 과정 중에 냉동의 목적을 이루고, c → d 과정 중에 외부에 열을 방열한다.
② 공기의 비열이 일정한 이상기체로 가정하는 경우 성적계수
- 외부 방열량$(q_1) = C_p(T_c - T_d)$
- 외부 흡열량$(q_2) = C_p(T_b - T_a)$

• 성적계수(ε)

$$= \frac{(T_b - T_a)}{(T_c - T_d) - (T_b - T_a)} = \frac{(h_b - h_a)}{(h_c - h_d) - (h_b - h_a)}$$

$$= \frac{1}{\left(\dfrac{P_H}{P_L}\right)^{\frac{k-1}{k}} - 1}$$

• 압력비가 감소할수록 성적계수는 증가한다.

> ▶ 공기필터에서 입자 크기에 따른 포집메커니즘과 포집효율을 설명하시오.
>
> ▶ 공기 중으로부터 분진을 분리하는 제진장치에 이용되는 포집방식 5가지를 대별하고 각 방식의 포집원리를 설명하시오.

1 에어필터의 사용범위

Filter란 어떠한 유체(Air, Oil, Fuel, Water, 기타)를 일정한 시간 내에 일정한 용량을 일정한 크기의 입자로 통과시키는 기기를 말하며, 특히 대기 중에 존재하는 분진을 제거해 필요에 맞는 청정한 공기를 만들어 내는 것이 에어필터(Air Filter)이다.

2 에어필터의 종류

1) 필터의 성능에 따른 분류

(1) 전처리 필터(Prefilter)

① 비교적 입자가 큰 분진의 제거용으로 사용한다.
② 중성능 필터 전단에 설치하여 필터의 사용기간을 연장시키는 역할을 한다.
③ 전처리 필터의 성능은 중성능 필터의 수명을 좌우한다.
④ 미세한 오염입자의 제거효과는 없으므로 중량법에 의한 효율을 기준으로 한다.

(2) 중성능 필터(Medium Filter)

① 고성능 필터(HEPA/ULPA Filter)의 전처리용으로 사용한다.
② 일반건물의 공조기에는 최종필터로 사용한다.
③ 효율은 비색법으로 나타낸다.

(3) 고성능 필터(HEPA Filter : High Efficiency Particulate Air Filter)

① 분진입자의 크기가 비교적 미세한 분진의 제거용으로 사용한다.
② 병원, 수술실, 반도체 생산라인의 클린룸(ICR), 제약회사(GMP) 등에서 사용한다.
③ 성능은 계수법(DOP)으로 측정하여 $0.3\mu m$ 기준 99.97% 이상의 것을 고성능 필터(HEPA Filter)라 한다.

(4) 초고성능 필터(ULPA Filter : Ultra Low Penetration Air Filter)

    ① Absolute 필터 또는 초고성능(ULPA) 필터라고 부른다.

    ② 효율은 99.997% 이상이다.

    ③ 고성능 필터는 가스상의 오염 물질을 제거할 수 없지만 초고성능 필터는 담배연기 같은 입자에 흡착 또는 흡수되어 가스를 소량 제거할 수 있다.

(5) 전기집진식 필터(Electric Filter)

    ① 하전된 입자를 절연성 섬유 또는 플레이트에 집진하는 일반형 전기 집진기와 강한 자장을 만들고 있는 하전부와 대전한 입자의 반발력을 이용하는 집진부로 된 2단형 전기집진기가 있다.

    ② 효율은 비색법 기준 90% 이상이다.

    ③ 초기 설치비가 비싸다.

    ④ 교체비용, 유지비용이 싸다.

2) 제거 원리에 따른 분류

(1) 정전식(靜電式)

    ① 공기 중의 먼지를 전기적으로 흡착 제거한다.

    ② 담배연기, 먼지 등 초미립 먼지까지도 제거하는 고효율, 고포집율을 얻을 수 있다.

    ③ 초기 투자비는 높으나 유지와 관리면에서 매우 경제적이며, 가장 많이 사용하는 추세이다.

    ④ 2단 하전식의 이온화부와 집진부, 포집부로 구성되어 있다.

(2) 건식여과식(乾式濾過式)

무수하게 작은 구멍이 있는 Glass Fiber 여재를 이용해서 공기를 통과시켜 먼지를 제거한다.

(3) 충돌점착식(衝突粘着式)

점착제를 바른 금속판에 먼지가 함유되어 있는 공기를 충돌시킴으로써 먼지를 기계적으로 분리시켜 Oil Tank에 포착되도록 하는 방식이다.

(4) 중력침강식

    ① 분진입자의 자유침강에 의해 분리, 포집한다.

    ② 분진입자 중량이 크고 속도가 느릴 때 효과가 크다.

(5) 세정식

오염공기를 액면에 충돌시키거나 공기 중에 액체를 분무하여 제거한다.

3) 여재의 교환 방식에 따른 분류

(1) 자동권취형(Auto - Roll Type)

① 시간, 차압, 시간 및 차압에 의한 3가지 방식이 있다.
② 관리비가 적게 들고 연간 유지비용이 절감된다.

(2) 패널교환형(Panel Cartridge Type)

알루미늄 프레임에 부직포를 주재질로 하며 가장 널리 사용된다.

(3) 여재교체형(Media Changed Type)

① 패널 방식에서 여재만을 교체할 수 있도록 제작한 것이다.
② 프레임의 재질 선택에 따라 영구적으로 사용이 가능하다.

3 에어필터 포집 이론

에어필터는 공간율이 높은 섬유층으로 주로 아래와 같은 4가지 효과로서 포집된다.

1) 관성충돌효과(Inertia Impact Effect)

① 공기 흐름을 타고 섬유에 접근한 입자는 자신의 관성에 의해 기류로부터 벗어나 필터의 섬유에 충돌되어 포집된다.
② 입경과 여과속도가 클 때 효과가 크다.

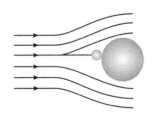

2) 확산효과(Brownian Diffusion Effect)

① 작은 입자는 공기의 흐름과 관계없이 Brown 운동을 한다.
② 기류를 타고 여지 사이를 통과하는 큰 입자까지도 여지 사이에서 이동거리가 길고 방향성이 없기 때문에 섬유에 걸려 포집된다.
③ 입경과 여과속도가 작을 때 효과가 크다.

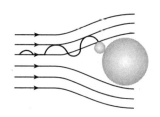

3) 차단효과(Interception Effect)

① 입자가 공기의 흐름을 타고 운동을 하고 있어도 입자에는 크기가 있기 때문에 필터의 섬유에 부딪혀 포집된다.

② 입경과 섬유경의 비가 클 때 효과가 크다.

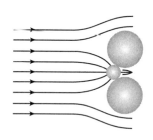

4) 중력효과(Gravitational Effect)

① 공기의 흐름을 타고 섬유에 접근한 자신의 중력 때문에 기류로부터 벗어나 필터의 섬유상에 침하되어 포집된다.

② 입경이 크고 여과속도가 작을 때 효과가 크다.

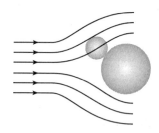

5) 각 포집효과의 경향

위의 효과가 중첩된 입자는 필터의 섬유에 포집되지만, 각각의 효과입자경이나 속도에 의한 변화는 다음의 왼쪽 그림과 같은 경향으로 나타난다. 실제 현상으로 나타나는 필터의 포집효과율은 다음의 오른쪽 그림과 같은 경향으로 나타난다.

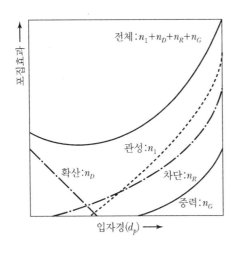
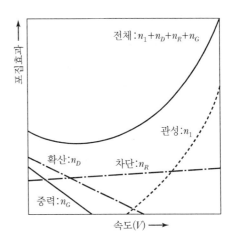

4 에어필터의 성능 시험방법

에어필터 전부를 한 종류의 포집효율 평가방법으로 효율을 표시하는 일은 난해하다. 따라서 필터의 포집효율이 낮고 높음에 따라 다른 시험방법을 이용하고 있다. 에어필터의 종류에 따라 중량법은 전처리용 필터에, 비색법은 중성능 필터에, 계수법은 HEPA Filter 이상의 고성능 필터에 적용된다.

1) 중량법

① 시험 Filter의 풍량을 정격풍량으로 조정하고 상류 측에 시험 Filter를, 하류 측에 절대필터를 설치하여 표준량의 분진을 투입하여 시험 Filter가 포집한 분진의 양을 비교하여 효율을 표시하는 방법

② 중량법 효율 $= \left(\dfrac{G_1 - G_2}{G_1} \right) \times 100\%$

여기서, G_1 : 공급한 표준분진의 양(g)

$\quad\quad\quad G_2$: 절대 Filter가 포집한 분진의 양(g)

2) 비색법

① 시험 Filter의 풍량을 정격풍량으로 조정하고 시험 Filter 상류에 표준분진을 투입하여 여재의 색깔변화를 비색계를 이용하여 비교 측정하여 효율을 표시하는 방법

② 비색법 효율 $= \left(\dfrac{C_1 - C_2}{C_1} \right) \times 100\%$

여기서, C_1 : 공급한 표준분진의 양(g)

$\quad\quad\quad C_2$: Filter가 포집한 분진의 양(g)

3) 계수법

① 시험 Filter의 풍량을 정격풍량으로 조정하고 시험 Filter 상류의 입자개수와 Filter 하류의 입자개수를 측정하여 효율을 표시하는 방법

② 적용필터 : 헤파 0.3μm, 울파 0.1μm

③ 계수법 효율 $= \left(\dfrac{C_1 - C_2}{C_1} \right) \times 100\%$

여기서, C_1 : Filter 상류의 입자개수

C_2 : Filter 하류의 입자개수

이중 효용 흡수식 냉동기의 개념을 확장한 삼중 효용 흡수식 냉동기의 작동원리를 설명하고, LiBr – 물을 사용하는 삼중효용 흡수식 냉동기에서 기술적으로 예상되는 문제점을 서술하시오.

1 3중 효용 흡수식 냉동기 개요

① 흡수식 냉동기는 냉매로 물을 사용하므로 친환경적이며 여름철 전기를 거의 사용하지 않는 냉방방식으로 하절기 전력피크부하를 줄이고 가스를 이용한 냉방방식을 도입함으로써 국내 에너지 불균형을 해소할 수 있는 장점이 있다.

② 최근 들어 전기 구동식 히트펌프에 비해 효율이 낮고 경제성이 떨어져 흡수식 냉동기 보급이 정체되어 있다. 이를 극복하기 위하여 삼중 효용 흡수식 냉동기 개발을 추진함으로써 고효율화를 꾀하고 있다.

2 3중 효용 사이클

1) 냉동사이클

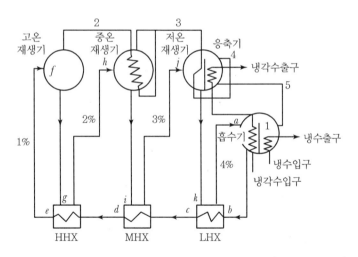

① 3중 효용 시스템은 2중 효용 사이클의 고온재생기와 저온재생기 사이에 중온재생기, 고온열교환기와 저온열교환기 사이에 중온열교환기가 추가된다.

② 고온재생기에서 가열, 농축된 흡수용액은 고온열교환기를 거쳐 중온재생기로 유입되고, 고온재생기에서 발생된 냉매증기는 중온재생기의 열원이 된다.

③ 중온재생기에서 다시 가열, 농축된 흡수용액은 중온열교환기를 거쳐 저온재생기로 유입, 중

온재생기에서 발생된 냉매증기는 저온재생기의 열원이 된다.

④ 저온재생기에서 가열, 농축된 흡수용액은 저온열교환기를 거쳐 흡수기로 유입된다.

⑤ 흡수기에서 냉매증기를 흡수하여 저온열교환기, 중온열교환기, 고온열교환기를 거쳐 고온
재생기로 유입된다.

⑥ 저온재생기에서 발생된 냉매증기와 고온의 냉매액은 응축기를 거쳐 냉매액으로 응축되어
증발기로 유입된다.

⑦ 응축기에서는 저온재생기에서 발생한 냉매증기와 중온재생기에서 발생하여 저온재생기의
열원으로 사용된 냉매액이 함께 유입되어 응축된다.

⑧ 용액열교환기를 3개 설치하여 흡수기로부터 유입된 희용액의 온도를 상승시켜 고온재생기
에서 가열, 농축에 필요한 열량을 절약하여 열효율을 향상시킨다.

⑨ 저온열교환기는 흡수기에서 냉매증기를 흡수한 희용액과 저온재생기에서 가열, 농축된 농
용액을 열교환하여 흡수기에는 저온의 농용액을 흡수기로 유입시켜 냉각수의 필요열량을
절약하고 흡수기로부터 유입된 희용액의 온도를 높인다.

⑩ 중온열교환기는 저온열교환기에서 열교환한 희용액과 중온재생기에서 가열, 농축된 흡수
용액을 열교환하여 희용액의 온도를 상승시킨다.

⑪ 고온열교환기는 중온열교환기에서 유입된 희용액과 고온재생기에서 가열, 농축된 흡수용
액을 열교환하여 고온재생기에 유입하여 희용액의 온도를 상승시킨다.

2) 듀링(Duhring) 선도

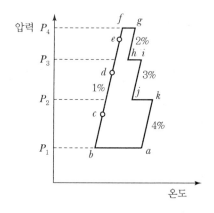

- 흡수기 출구 희용액 농도 : 1%
- 고온재생기 농축용액 농도 : 2%
- 중온재생기 농축용액 농도 : 3%
- 저온재생기 농축용액 농도 : 4%

(1) 흡수용액 순환 흐름

① $a \rightarrow b$: (흡수기) 흡수과정, 농도 4% → 1%

② $b \rightarrow c$: (저온열교환기) 저온재생기로 농축, 가열된 고온의 흡수액(4%)과 열교환 후 흡수용액 온도 상승

③ $c \rightarrow d$: (중온열교환기) 중온재생기로 농축, 가열된 중온의 흡수용액(3%)과 열교환 후 흡수용액 온도 상승

④ $d \rightarrow e$: (고온열교환기) 고온재생기로 농축, 가열된 고온의 흡수용액(2%)과 열교환 후 흡수용액 온도 상승

⑤ $f \rightarrow g$: (고온재생기) 희용액(1%)을 고온재생기의 열원에 의해 농축, 가열하여 고온의 흡수용액(2%)으로 농축

⑥ $g \rightarrow h$: (고온열교환기) 중온열교환기에 의하여 열교환된 희용액(1%)과 고온재생기에서 농축, 가열된 흡수용액을 열교환하여 흡수용액(2%)이 온도 하강 후 중온재생기로 유입

⑦ $h \rightarrow i$: (중온재생기) 흡수용액(2%)을 고온재생기에서 발생된 냉매증기로 농축, 가열하여 중온의 흡수용액(3%)으로 농축하는 과정

⑧ $i \rightarrow j$: (중온열교환기) 저온열교환기에 의하여 열교환된 희용액(1%)과 중온재생기에서 농축, 가열된 흡수용액을 열교환하여 흡수용액(3%)이 온도 하강 후 저온재생기로 유입되는 과정

⑨ $j \rightarrow k$: (저온재생기) 흡수용액(3%)을 중온재생기에서 발생된 냉매증기로 농축, 가열하여 저온의 흡수용액(4%)으로 농축하는 과정

⑩ $k \rightarrow a$: (저온열교환기) 흡수기에서 냉매를 흡수하여 농도가 묽어진 희용액(1%)과 저온재생기에서 농축, 가열된 흡수용액을 열교환하여 흡수용액(4%)의 온도 하강 후 흡수기에 유입 산포되는 과정

(2) 냉매순환 흐름

① $1 \rightarrow b$: 증발기에서 냉매가 증발하여 흡수기에서 흡수용액에 흡수되는 과정

② $b \rightarrow e$: 희용액(1%)이 저온 · 중온 · 고온열교환기를 통하여 열교환 후 온도가 상승하여 고온재생기로 유입되는 과정

③ $f \rightarrow 2$: 고온재생기에 유입된 희용액(1%)이 고온재생기의 열원에 의하여 냉매증기로 분리되어 중온재생기로 유입되는 과정

④ $2 \rightarrow 3$: 중온재생기에 유입된 냉매증기를 열원으로 하여 고온열교환기에서 열교환하여 유입된 흡수용액(2%)을 가열, 농축하여 분리된 냉매증기와 중온재생기의 열원으로 이용한 냉매증기가 저온재생기로 유입되는 과정

⑤ $3 \rightarrow 4$: 저온재생기에 유입된 냉매증기를 열원으로 하여 중온열교환기에서 열교환하

여 유입된 흡수용액(3%)을 가열, 농축하여 분리된 냉매증기와 저온재생기의 열원으로 이용한 냉매증기가 응축기로 유입되는 과정

⑥ 4→5 : 저온재생기에 의해 유입된 냉매를 냉각수에 의해 응축하고 교축하여 증발기로 유입되는 과정

⑦ 5→1 : 응축기에서 유입된 냉매증기를 증발기에 산포하는 과정

❸ 3중 효용 흡수식 냉동기의 특징 및 문제점

① 기존 시스템 대비 효율이 30% 상승한다.

② 3중 효용 사이클의 COP를 1.6 이상 실현하기 위해서 고온재생기 온도를 200℃ 정도로 한다.

③ 2중 효용 방식 대비 높은 온도(40~50℃ 이상)로 구동되어 증발기의 고온부식 문제가 발생한다.(LiBr 계열의 수용액 사이클에서 온도 상승에 따라 부식속도가 급격히 증가)

④ 부식 발생 시 시스템 내부 불응축가스 발생으로 기기 내부압력 상승 및 성능 저하가 나타난다.

⑤ 고온부식에 강한 소재 선정이 필요하다.

⑥ 부식 방지대책으로 재료의 표면을 코팅, 부식을 억제하는 부식억제제 개발이 필요하다.

⑦ 계면활성제는 200℃ 이상 온도에서 열분해에 의해 불응축가스를 발생하므로 고온용 계면활성제 개발이 필요하다.

※ 계면활성제의 역할

용액의 표면장력을 작게 하여 흡수기 전열관에 용액이 균일하게 젖도록 하여 흡수능력을 증대시키고, 냉매의 표면장력을 감소시켜 응축전열효과를 증대시킴으로써 냉매의 응축온도를 낮추어 냉동능력을 향상시킨다.

⑧ 연료전지, 태양열 등을 이용한 하이브리드 방식 기술 적용이 가능하다.

⑨ 현재 제조 원가에 대한 경제성이 부족하여 정부 주도하에 제조사를 중심으로 한 기술 개발이 필요하다.

▶ 대류열전달계수(Heat Transfer Coefficient)를 계산하는 데 사용하는 다음 무차원 수의 정의와 물리적 의미에 대하여 설명하시오.

▶ 열확산계수(Thermal Diffusivity)의 ① 정의와 ② SI 단위에 대한 관계식을 기술한 후, 이로부터 ③ 열확산계수의 단위를 유도하시오.

1 무차원 수

① 물리적으로 관측되는 양은 반드시 차원을 가지고 있다. 그러나 이러한 양을 더하거나 나눌 때 무차원의 단순한 수(數)가 얻어지는 경우가 있다. 이것을 무차원 수라고 한다.

② 두 직사각형의 가로·세로 비가 같다면 그 두 직사각형은 닮음인 것과 마찬가지로, 레이놀즈 수가 같다면 서로 닮음인 것이 증명된다. 레이놀즈 수를 같게 하면 모형을 사용하여 실물 비행기의 성능을 조사할 수가 있게 된다. 무차원 수는 닮음의 개념과 결부되어 있으며, 2가지 계열의 것이 기하학적 또는 역학적으로 닮음이 되기 위한 조건을 부여하는 것이다.

2 레이놀즈 수(Reynolds Number, *Re*)

① 유체의 흐름 또는 유로(流路) 속에서 유체 흐름의 관성력(관성저항)과 점성력의 크기의 비를 나타내는 무차원 수로 레이놀즈가 도입하였다.

② 흐름 속에 있는 물체의 대표적 길이(원통 속의 흐름인 경우에는 원통의 지름, 흐름 속에 구(球)가 있는 경우에는 구의 반지름), 유속, 유체밀도, 점성률의 관계식으로 정의된다.(여기서는 운동점성계수)

$$Re = \frac{\text{확산의 시간에 대한 척도}}{\text{대류의 시간에 대한 척도}} = \frac{\text{관성력}}{\text{점성력}} = \frac{vL}{\nu} = \frac{\rho v D}{\mu}$$

여기서, L : 거리, ν : 동점성계수($kgf \cdot m^2/sec$), v : 유체속도(m/s)
ρ : 밀도($kgf/sec^2 \cdot m^4$), D : 관의 내경(m)

③ 흐름 상태는 레이놀즈 수에 의해 크게 달라지므로, 레이놀즈 수는 흐름의 특징을 정하는 데 가장 중요한 조건이 된다.

④ 레이놀즈 수가 작을 때 정류(整流)상태이었던 흐름도, 레이놀즈 수가 임계값(臨界值, 임계레이놀즈 수라 한다)을 넘게 되면 불규칙적으로 변동하는 난류(亂流)로 변하게 된다.

⑤ 단면형상별 임계레이놀즈 수
  - 원통형 : 2,100
  - 정사각형 : 2,200~4,300
  - 직사각형 : 2,500~7,000
⑥ 층류와 난류를 판별하는 척도로 임계레이놀즈 수를 정하여 그 수 이하인 경우는 층류, 이상인 경우는 난류라 한다.
  - $Re < 2,100$(층류)
  - $2,100 < Re < 4,000$(천이구역)
  - $4,000 < Re$(난류)

❸ 넛셀 수(Nusselt Number, *Nu*)

① 강제대류와 관계되는 무차원 수이다.

$$Nu = \frac{열전달률}{열전도} = 열전달 = \frac{hL}{\lambda}$$

여기서, h : 열전달률(kcal/m² · h · ℃), L : 대표길이(m)
λ : 열전도율(kcal/m · h · ℃)

② Nusselt 수는 열전달을 나타내는 대표적인 무차원 수로서 물체의 표면에서의 온도구배를 나타낸다. 즉, Nusselt 수는 표면에서의 전도 열전달과 대류 열전달의 비를 나타내는 무차원 상수이다.
③ 열전달 표면에서, 전도에 비해 대류가 얼마나 잘 일어나고 있는지를 판단할 수 있는 지표이다.
④ 대류의 분류
  - 자연대류 : 유체의 비중량(밀도, 무게) 차에 의한 열의 이동

$$N = \frac{\alpha \cdot L}{\lambda} = f(Gr \cdot Pr)$$

  - 강제대류
    - Fan, Blower(송풍기) : 기체를 강제 대류시킨다.
    - Agitator(교반기) : 액체를 강제 대류시킨다.

$$N = \frac{\alpha \cdot L}{\lambda} = f(Re \cdot Pr)$$

④ 그라쇼프 수(Grashof Number, *Gr*)

자연대류의 상태를 나타낸다.

$$Gr = \frac{g \cdot \beta \cdot d^3 \cdot \Delta t}{\nu^2}$$

여기서, β : 체적팽창계수(℃^{-1})
　　　　ν : 동점성계수

⑤ 프란틀 수(Prandtle Number, *Pr*)

속도경계층과 열경계층 각각에서의 확산에 의한 운동량 전달과 에너지 전달의 유효성의 상이적인
척도를 나타낸다.

$$Pr = \frac{\text{운동량 확산계수}}{\text{열확산계수}} = \text{대류 열전달} = \frac{\eta \cdot C_p}{\lambda} = \frac{V}{\alpha}$$

여기서, η : 점도, C_p : 정압비열, λ : 유체 열전도율, α : 열확산율

⑥ 열확산계수(Thermal Diffusitive)

① 열확산계수(α)는 열확산의 정도를 표시하는데, 열이 반대편으로 완전히 전달될 때 최종온도의
1/2이 되는 온도까지 걸린 시간에 대한 두께의 제곱으로 나타내며, 단위는 m²/s를 사용한다.

$$\text{열확산계수}(\alpha) = \frac{\lambda}{\rho C_p}$$

여기서, λ : 열전도율(kcal/m · h · ℃)
　　　　ρ : 밀도(kg/m^3)
　　　　C_p : 비열(kcal/kg · ℃)

② 시간에 따라 온도가 변하는 동안 매체 내로 열이 전달되는 것과 관련되며, 열확산계수가 크면
클수록 열은 물질 내로 더 빨리 전파된다.
③ 열확산계수는 열전도율을 구하기 위한 계수로서, 강제대류의 무차원 수인 프란틀 수를 구할 수
있다.

> 밀폐된 고층건축물의 연돌효과와 1층 출입구에서 발생하는 압력차를 수식을 제시하여 설명하시오.

1 연돌효과의 정의

건물 내외부 온도차에 의한 부력차로 공기의 밀도가 달라지게 되어 공기가 건물 안의 계단실 등을 통해 자연환기되는 현상으로 굴뚝에 의한 통기력과 동일한 원리이기 때문에 건물 내의 이러한 현상을 연돌효과(Stack Effect)라 한다.

2 연돌효과의 현상

① 겨울철에는 건물 외부에 차가운 공기가, 내부에 따뜻한 공기가 있어 지표면상에서 압력이 건물 내부가 외부보다 낮으므로 저층부에서는 외부에서 실내로 공기가 유입되고 유입된 공기는 수직 이동경로를 통해 고층부로 상승하여 실외로 빠져나간다. 즉, 실내공기의 온도가 외기의 온도보다 낮아 밀도가 작으므로 부력이 발생하고, 부력에 의해 고층부는 실내에서 실외로, 저층부는 실외에서 실내로 공기의 유동이 발생한다.

② 여름철에는 실내온도가 낮으므로 겨울철과 반대로 고층부에서는 외기가 실내로 유입되고, 저층부에서는 실내공기가 외부로 유출되는 현상이 발생한다. 이를 역연돌현상(Revers Stack Effect)이라 한다.

③ 건물 위아래 쪽 압력이 서로 반대가 되므로 어떤 중간 높이에서 작용압이 "0"이 되는 지점이 있는데 이곳을 중성대(Neutral Zone)라 한다. 건물의 구조, 틈새, 개구부 등에 따라 다르지만 개구부의 틈새가 건물 전체에 균일하게 분포되어 있다면 중성대는 보통 건물 높이의 1/2 지점에 위치한다.

3 연돌현상으로 인한 문제점

① 극간풍(외기 및 틈새바람)부하의 증가로 에너지 소비량이 증가한다.
② 겨울철 지하주차장 오염공기의 실내 유입에 따른 실내공기질 저하가 발생한다.
③ 각종 출입문과 엘리베이터에서의 문제점
   • 외부로 통하는 출입문 개폐의 어려움(로비 출입문, 지하주차장 출입문)
   • 코어 부근 실로 통하는 출입문 개폐의 어려움(세대 현관문, 계단실 문)

- 엘리베이터 카의 흔들림
- 엘리베이터 문의 오작동
④ 침기와 누기에 따른 문제점
- 로비 공조난방의 어려움
- 누기에 따른 결로의 문제
- 엘리베이터 문 및 각종 출입문에서 소음 발생
⑤ 화재 발생 시 문제점
- 유독성 연기와 화염이 수직 개부구, 계단, 엘리베이터, 설비 샤프트, 공조덕트 등을 통해 급속히 확산
- 제연설비의 어려움
- 방화구획의 파괴

4 연돌효과의 개략도

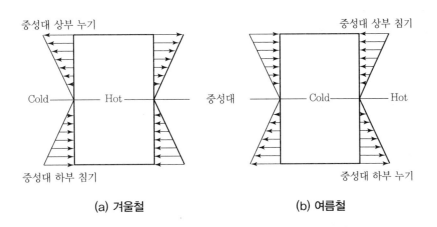

(a) 겨울철   (b) 여름철

5 연돌현상으로 인한 압력차

연돌현상으로 인한 압력차는 중성대로부터의 수직거리와 건물 내외부 공기의 밀도차를 이용해서 나타낸다. 전체 내외부 공기 밀도가 일정해 압력에 영향을 미칠 수 있는 어떠한 온도의 성층화도 없다고 가정한다.

$$\Delta P = (\gamma_o - \gamma_i)h$$

여기서, γ_o : 외기의 비중량(kg/m^3)
       γ_i : 실내공기의 비중량(kg/m^3)
       h : 중성대에서의 높이(m)

6 연돌효과의 대응 방안

1) 건축적 해결방안

① 현관의 이중문 또는 회전문 설치(지하층 및 1층 출입구는 연돌효과의 주요 원인이 되는 공기 유입구이므로, 방풍실 및 회전문 설치, 고층부 엘리베이터 홀의 설치 등을 통한 현관 출입문 과의 건축적 기법을 적용하여 공기유동 경로를 차단)

② 건물의 기밀 시공

③ 비상계단문 자동 닫힘장치 설치

④ 층간 구획 설치

⑤ 현관에 방풍실 설치

⑥ 엘리베이터 전실 설치

2) 설비적 해결방안

① 현관 및 로비부분 가압

② 방풍실 내에 FCU 설치

③ 현관부분에 에어커튼 설치

④ Shaft 하부에 댐퍼 설치

⑤ 기계실 바닥에 통풍구 설치

⑥ 엘리베이터 저층부용과 고층부용 분리 설치

⑦ 실내 가압

연속적으로 작동하는 냉동기의 응축기를 예를 들어 정상상태 정상유동과정에서 열역학 제1법칙에 대하여 설명하시오.

1 열역학 법칙

1) 열역학 제0법칙(열평형의 법칙)

물체 A와 B가 열평형에 있고 B와 C가 열평형에 있으면 A와 C도 열평형에 있다. 즉, 온도가 다른 각각의 물체를 접촉시키면 열이 이동되어 두 물질의 온도가 같아져 열평형을 이루게 되며 이는 온도계 온도측정의 원리가 된다.

2) 열역학 제1법칙(에너지 보존 법칙)

에너지는 일 및 열 외에 운동에너지, 위치에너지, 전기에너지, 화학에너지 등 여러 종류의 에너지가 있다. 이들 여러 가지 에너지는 단지 형태만 다를 뿐 본질은 동일한 것으로 한 형태에서 다른 형태로 변환할 수 있다. 이때 어떤 에너지도 소멸되거나 새로 창조할 수 없다. 즉, 하나의 계가 가지는 에너지의 총합은 외부와의 열교환이 없는 한 일정하고, 외부와의 사이에 교환이 있으면 주고받는 양만큼 감소 또는 증가한다. 이를 에너지 보존 법칙(Law of the Conservation of Energy)이라 한다.

열은 본질상 일과 같은 에너지의 한 형태이며, 열은 일로 변환할 수 있으며 그 역도 가능하다. 일(W)과 열(Q)의 전환관계에서는 각각의 에너지 총량의 변화가 없다. 즉, 일과 열은 서로 일정한 전환관계가 성립된다.($Q \leftrightarrow W$)

① 일과 열의 환산관계

$$Q = A \times W, \quad W = J \times Q$$

여기서, Q : 열량(kcal)
W : 일량(kg · m)
A : 일의 열당량(427kg · m/kcal)
J : 열의 일당량{(1/427)kcal/kg · m}

에너지 보존 법칙을 동력기관에 적용하면, 기계가 동력을 발생할 때에는 동시에 다른 형태의 에너지를 소비하지 않으면 안 된다. 에너지를 소비하지 않고 계속하여 동력을 발생할 수 있는 기계장치의 구성은 불가능하다. 즉, 제1종 영구기관은 불가능하다.

② 제1종 영구기관
- 일정량의 에너지로 영구히 일을 할 수 있는 기관으로 실제 존재하지 않는다.
- 외부에서 에너지의 공급 없이 계속해서 일을 할 수 있다고 생각되는 가상적인 기관이다.
- 열역학 제1법칙(에너지 보존 법칙)에 위배된다.
- 에너지 소비 없이 계속하여 일을 할 수 있는 기계는 없으므로, 기계는 동력을 외부로 발생함과 동시에 반드시 다른 형태의 에너지 소비가 필요하다.

3) 열역학 제2법칙(열이동, 열흐름, 엔트로피 증가의 법칙)

① 열역학 제1법칙에서 일과 열은 서로 교환이 가능하다고 하였지만, 실제 일이 열로 교환 시에는 100% 교환이 가능하나 열을 일로 교환하는 데 있어서는 열손실이 발생하므로 100% 교환이 불가능하다.

② 열역학 과정에는 어떤 방향싱이 있어서 아무 방향으로나 진행되지 않는다.

③ 열역학 제1법칙과 제2법칙이 모두 성립되어야만 Cycle이 형성된다.

④ 열은 고온에서 저온으로 이동한다. 저온의 물체로부터 고온의 물체로 열을 이동시키려면 에너지를 공급하여야 한다.(냉동기나 열펌프의 원리) 즉, 저열원 스스로 고열원으로 이동할 수 없다.

⑤ 비가역과정을 한다.

⑥ Clausius의 서술
- 열을 소비하지 않고 열을 저온에서 고온으로 이동시키는 것은 불가능하다.
- 일의 소비 없이 열이동은 불가능하며 성적계수는 항상 유한한 값이다.(COP < ∞)
- 열은 그 자체로서는 다른 물체에 아무런 변화도 주지 않으면서 저온에서 고온으로 이동하지 못한다.
- 자연계에 어떤 변화를 남기지 않고서 저온의 물체로부터 고온의 물체로 이동하는 기계(열펌프)를 만드는 것은 불가능하다.

⑦ Kelvin-Planck의 서술
- 자연계에 어떠한 변화를 남기지 않고 일정 온도의 어느 열원의 열을 계속하여 일로 변화시키는 기계(열기관)를 만드는 것은 불가능하다.
- 열기관이 동작유체로부터 일을 발생시키려면 공급열원보다 더 낮은 열원이 필요하다.(2개의 온도 레벨이 있어야만 일을 발생)
- 1개의 열원을 이용하여 그 열원으로부터 열을 흡수하고 그것을 모두 일로 변환할 수 있는 열기관은 존재하지 않는다.(제2종 영구기관 또는 효율 100%는 불가능)

⑧ 제2종 영구기관
- 외부에서 일의 공급 없이 저열원에서 고열원으로 열을 이동시키는 열기관
- 열역학 제2법칙을 위배하여 입력이 출력과 같게 되어 영구 운동을 하는 기관

- 열에너지의 전부를 일에너지로 100% 전환할 수 있는 기관으로 실제 존재하지 않는다.
- Kelvin의 표현

  외부에 어떠한 영향을 남기지 않고 사이클 동안에 계가 열원으로부터 받은 열을 모두 일로 바꾸는 것은 불가능하다.
- Ostwald의 표현

  자연계에서 아무런 변화를 남기지 않고 어느 열원에서 열을 계속해서 일로 바꾸는 기관은 존재하지 않는다.

4) 열역학 제3법칙(절대 0도의 법칙)

자연계에서는 어떠한 방법으로도 절대온도 0도($-273.15℃$, $0K$) 이하의 온도를 얻을 수 없다.

2 정상유동과정에서 열역학 제1법칙

1) 기본가정

터빈, 압축기, 노즐, 보일러, 응축기 등과 같이 장시간 운전하는 장치는 시동(Start Up)과 정지(Shut Down)를 제외한 대부분의 운전기간은 정상상태 과정으로 가정한다.

※ 정상상태
- 어떤 관로에서 한 점의 흐름 상태가 시간에 관계없이 일정한 정상유동과정이다.
- 각 점에서 질량의 상태는 시간에 따라 변하지 않는다.

2) 냉동시스템의 응축기(열교환기)

유체의 유동 중에 하나의 유체에서 다른 유체로 열을 전달하는 장치로 일의 전달은 없으며 미소한 압력 강하 및 운동에너지, 위치에너지 변환은 무시한다.

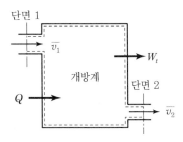

∥ 정상유동을 하는 개방계 ∥

그림과 같이 열 Q를 공급받아 외부에 일 W_t를 하는 개방계에 대하여 열역학 제1법칙을 적용하면 계로 들어오는 에너지(역학적 에너지, 내부에너지, 유동에너지, 열에너지)의 합과 나가는 에너지의 합이 같아야 하므로 다음 식이 성립한다.

단면 1을 통해 들어오는 작동유체가 갖는 에너지＋공급되는 열에너지(Q)

＝단면 2를 통해 나가는 작동유체가 갖는 에너지＋외부에 대한 일(W_t)

$$mgz_1 + \frac{m\overline{v_1}^2}{2} + U_1 + P_1 V_1 + Q = mgz_2 + \frac{m\overline{v_2}^2}{2} + U_2 + P_2 V_2 + W_t$$

여기서, m : 두 단면의 시간당 질량(kg/sec)

P_1, P_2 : 단면 1과 2에서 작동유체의 압력(Pa)

V_1, V_2 : 단면 1과 2에서 작동유체의 체적(m³)

U_1, U_2 : 단면 1과 2에서 작동유체의 내부에너지(J)

$\overline{v_1}$, $\overline{v_2}$: 단면 1과 2에서 작동유체의 유속(m/s)

z_1, z_2 : 기준면에서 단면 1과 2까지의 높이(m)

Q : 개방계로 유입되는 열에너지(J)

W_t : 개방계가 외부에 대하여 하는 일에너지(J)

엔탈피 $H = U + PV$이므로

$$mgz_1 + \frac{m\overline{v_1}^2}{2} + H_1 + Q = mgz_2 + \frac{m\overline{v_2}^2}{2} + H_2 + W_t$$

기준면에서의 높이 z_1과 z_2의 차가 크지 않고 입출구 속도차가 크지 않다면 위치에너지와 운동에너지를 생략 가능하므로

$$H_1 + Q = H_2 + W_t, \qquad h_1 + q = h_2 + w_t \text{(단위질량)}$$

냉동기의 증발기나 응축기 또는 보일러에서는 외부에 대한 일이 없으므로

$$Q = H_2 - H_1, \qquad q = h_2 - h_1 \text{(단위질량)}$$

동기의 팽창밸브나 밸브류에서는 공급열량도 없으므로

$$H_1 = H_2, \qquad h_1 = h_2 \text{(단위질량)}$$

즉, 밸브류에서는 등엔탈피 변화(교축변화)를 함을 알 수 있다.

냉동기의 압축기나 증기터빈의 경우 $Q=0$이거나 $W \neq 0$이므로 다음 식과 같이 나타낼 수 있다.

$$W_t = H_1 - H_2, \qquad w_t = h_1 - h_2 \text{(단위질량)}$$

3) 엔탈피(Enthalpy, H)

① 열역학에서 다루는 계의 에너지는 주위(외부)에 확실히 나타나는 역학적 에너지(운동에너지와 위치에너지)와 계 내부에만 존재하는 에너지로, 계 내부에만 존재하는 에너지를 총칭하여 내부에너지(Internal Energy, U)라 한다.

② 내부에너지는 계를 구성하는 분자들의 운동에너지와 위치에너지의 합과 같으며, 전기에너지, 화학에너지 등은 무시한다.

③ 유동에너지는 작동유체가 유동하는 데 필요한 에너지로서 압력(P)과 체적(V)의 곱으로 나타낸다.

④ 작동유체가 가지는 전체 에너지는 내부에너지(U)와 유동에너지(PV)의 합과 같으며 이것을 엔탈피(Enthalpy, H)라 한다.

$$H = U + PV$$

⑤ 단위질량(1Kg)당 엔탈피를 비엔탈피(Specific Enthalpy, h)라 한다.

⑥ 내부에너지와 엔탈피도 에너지이므로 단위로 J, kJ, MJ을 사용하며, 비내부에너지와 비엔탈피의 단위는 J/kg, MJ/kg 등이다.

⑦ 건공기의 엔탈피(h_a)

$$h_a = C_p \cdot t = 0.24 \cdot t \, (\text{kcal/kg}) = 1.006 \cdot t \, (\text{kJ/kg})$$

⑧ 수증기의 엔탈피(h_v)

$$h_v = \gamma + C_{vp} \cdot t = 597.5 + 0.441 \cdot t \, (\text{kcal/kg}) = 2,501 + 1.805 \cdot t \, (\text{kJ/kg})$$

여기서, γ : 0℃ 포화수의 증발잠열(≒597.5kcal/kg, 2,501kJ/kg)

C_{vp} : 수증기의 정압비열(≒0.441kcal/kg · ℃, 1.805kJ/kg · K)

⑨ 습공기의 엔탈피

$$h_w = h_a + h_v \cdot x$$
$$= (C_p \cdot t) + (r + C_{vp} \cdot t) \cdot x$$
$$= 0.24t + (597.5 + 0.441t) \cdot x \, (\text{kcal/kg})$$
$$= 1.006 \cdot t + (2,501 + 1.805 \cdot t) \cdot x \, (\text{kJ/kg})$$

⑩ 엔탈피의 기준 조건은 대기압하에서 포화액의 엔탈피를 100kcal/kg으로 기준하며 0℃ 물과 0℃ 건조공기의 엔탈피는 0kcal/kg이다.

> **TIP** 건구온도가 30℃인 건공기 1kg에 수증기 15g이 포함된 습공기의 엔탈피를 구하시오.(단, 건공기의 정압비열은 1.01kJ/kg · K, 0℃에서 물의 증발잠열은 2,501kJ/kg, 수증기의 정압비열은 1.85kJ/kg · K이다.)
>
> $$h_w = 1.006 \times 30 + (2,501 + 1.85 \times 30) \times 0.015 = 68.52 \text{kJ/kg}$$
>
> ∴ 절대습도 = 15g/kg = 0.015kg/kg′

4) 엔트로피(Entropy, S)

① 열역학 제2법칙을 양적으로 표현하기 위해서 필요한 개념으로 열에너시를 이용하여 기계적 일을 하는 불완전도이다. 과정의 비가역을 표시하는 것이 엔트로피이고, 엔트로피는 열에너지의 변화과정에 관계되는 양으로서 자연현상에서는 반드시 엔트로피의 증가를 수반한다.

② 분자의 무질서 척도이다.

③ 계의 에너지가 열역학 제1법칙과 관계가 있다면, 엔트로피는 열역학 제2법칙과 관계가 있으며 과정의 진행과정을 결정한다.(엔트로피가 증가하는 방향으로만 과정이 진행)

④ 비가역과정은 가역 사이클보다 항상 엔트로피가 증가한다.

⑤ 어떤 절대온도 T에서 δQ의 열량을 가역적으로 수수할 때 다음과 같이 나타낼 수 있다.

$$S_1 - S_2 = \int_1^2 \left(\frac{\delta Q}{T} \right)_{rev}$$

$$\therefore \ ds = \left(\frac{\delta Q}{T} \right)_{rev}$$

⑥ 1865년 Clausius가 $\oint \left(\dfrac{\delta Q}{T} \right)_{rev} = 0$임을 발견하고 이 성질을 엔트로피라 하였다.

⑦ 일정 온도하에서 어떤 물질 1kg이 가지고 있는 열량(엔탈피)을 그 때의 절대온도로 나눈 것을 비엔트로피(Specific Entropy)라 한다.

$$\Delta S = \frac{\Delta Q}{T} (\text{kcal/kg} \cdot \text{K}, \ \text{J/kg} \cdot \text{K})$$

⑧ 모든 냉매의 0℃ 포화액의 엔트로피는 1kcal/kg · K를 기준으로 한다.

⑨ 열의 출입이 없는 단열변화(단열압축)에서는 엔트로피의 변화가 없다. 즉, 단열압축과정은 등엔트로피선을 따라 압축한다.

> ▶ 피토튜브(Pitot Tube)에 의한 유량 측정원리를 설명하시오.

> ▶ 피토관(Pitot Tube)의 유량 측정원리에 대해서 설명하시오.

1 피토튜브(Pitot Tube)

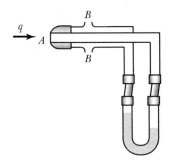

① 유체 흐름의 총압과 정압의 차이를 측정하여 유속을 구하는 장치로 1728년 프랑스의 H. 피토가 발명하였다.

② 끝부분의 정면과 측면에 구멍을 뚫은 관을 유체 흐름에 따라 놓으면 정면에 뚫은 구멍에는 유체의 정압과 동압을 더한 총압이 걸리고, 측면 구멍에는 정압이 걸리므로 양쪽의 압력차를 측정함으로써 베르누이의 정리에 따라 흐름의 속도가 구해진다.

③ 풍속의 측정, 항공기 · 선박 등의 속도계(대기속도계, 유압식 측정기)에 이용되고, 유속의 측정을 바탕으로 흐름의 양을 재는 유량계에도 사용된다.

2 유속 측정

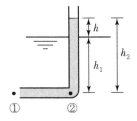

위 그림의 피토관에서 점 ①, ② 지점에 대하여 베르누이 방정식을 적용하면

$$\frac{V_1{}^2}{2g} + \frac{p_1}{\gamma} + Z_1 = \frac{V_2{}^2}{2g} + \frac{p_2}{\gamma} + Z_2$$

$Z_1 = Z$이고, $V_2 = 0$이므로

$$\frac{V_1{}^2}{2g} + \frac{p_1}{\gamma} = \frac{p_2}{\gamma}, \quad \frac{V_1{}^2}{2g} = \frac{p_2 - p_1}{\gamma} = h$$

$$\therefore \ V_1 = \sqrt{2g \cdot \frac{P_1 - P_2}{\gamma}} = \sqrt{2gh}$$

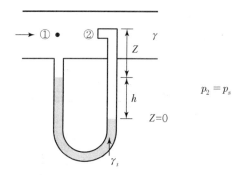

위 그림의 피토 정압관을 사용하면
$Z_1 = Z_2$, $V_2 = 0$, $p_2 = p_s$일 때

$$\frac{V_1{}^2}{2g} + \frac{p_1}{\gamma} + Z_1 = \frac{V_2{}^2}{2g} + \frac{p_2}{\gamma} + Z_2$$

$$\frac{V_1{}^2}{2g} + \frac{p_1}{\gamma} = \frac{p_s}{\gamma}$$

$\gamma = \rho g$이므로

$$p_s = p_1 + \frac{\rho V_1{}^2}{2} \ (\text{전압} = \text{정압} + \text{동압})$$

$$p_1 - p_s = (\gamma_s - \gamma)h = \gamma\left(\frac{\gamma_s}{\gamma} - 1\right)h$$

$$\therefore \ V = \sqrt{\frac{2g}{\gamma}(p_1 - p_s)} = \sqrt{2gh\left(\frac{\gamma_s}{\gamma} - 1\right)}$$

③ 유량 측정

$$Q = A \cdot V$$

$$= C \cdot \frac{\pi}{4}D^2 \cdot \sqrt{2gh\left(\frac{\gamma_s}{\gamma} - 1\right)}$$

여기서, C : 유출계수

> ▶ 벽체에 대한 열관류율(K)을 구하는 식을 유도하고, 열관류율을 감소시킬 수 있는 방안에 대하여 설명하시오.(단, 벽체의 열물성치 조건을 실내 측 열전달계수 α_i, 실외 측 열전달계수 α_o, 벽체 두께 d, 벽체의 열전도율 λ라고 가정한다.)
>
> ▶ 총괄열전달계수(열관류율, Overall Heat Transfer Coefficient)의 정의와 열저항의 관계에 대하여 설명하시오.

1 열전달 방법

1) 전도(傳導, Conduction)

① 고체와 고체 사이에서의 열이동

② 고체 내부에서 온도차가 존재할 때 고온에서 저온으로 분자의 열진동 에너지가 이동하는 현상

$$Q = \frac{\lambda \times A \times \Delta t}{l}$$

여기서, Q : 열전도 열량(kcal/h)

λ : 열전도율(kcal/m · h · ℃)

A : 전열면적(m^2)

Δt : 온도차(℃)

l : 길이(m)

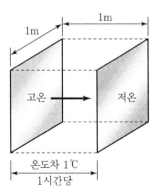

③ 열전도율(λ : kcal/m · h · ℃) : 고체와 고체 사이에서 열의 이동속도

④ 전도열량은 열전도율, 전열면적, 온도차에 비례하고, 고체 두께와는 반비례한다.

2) 대류(對流, Convection)

① 유체(액체, 기체)와 유체 사이에서의 열이동

② 유체 상부와 하부 사이의 온도차에 의한 밀도차에 의해 유체가 순환하면서 열이 이동하는 현상

$$Q = \alpha \times A \times \Delta t$$

여기서, Q : 열전달 열량(kcal/h)
α : 열전달률(kcal/m² · h · ℃)
A : 전열면적(m²)
Δt : 온도차(℃)

③ 열전달률(경막계수, α : kcal/m² · h · ℃) : 유체에서 열의 이동속도

④ 대류 열전달량은 열전달률, 전열면적, 온도차에 비례한다.

3) 복사, 방사(輻射, 放射, Radiation)

① 중간매체 없이 복사열이 이동

② 전자기파 형태인 열복사선은 진공을 매질로 하여 고온도의 고체면에서 저온도인 고체표면으로 열이 이동

③ 에너지가 중간물질에 관계없이 적외선이나 가시광선을 포함한 전자파인 열선의 형태를 갖고 전달하는 전열형식으로 다른 물체에 도달하여 흡수되면 열로 변하는 현상

$$E = \varepsilon \times \sigma \times T^4$$

여기서, E : 절대온도 T인 흑체가 단위면적당 방사하는 에너지(kcal/m² · h)
ε : 복사율
σ : Stefan−Boltzmann 상수(4.88×10^{-8}kcal/m² · h · K⁴, 5.67×10^{-8}W/m² · K⁴)
T : 절대온도

④ 온도가 T_1, T_2인 두 물체 사이의 복사 전열량

$$q = 4.88 A \varepsilon \left[\left(\frac{T_1}{100} \right)^4 - \left(\frac{T_2}{100} \right)^4 \right]$$

여기서, q : 복사열량(kcal/h)

A : 면적(m²)

T_1 : 고온체 온도(K)

T_2 : 저온체 온도(K)

⑤ Stefan – Boltzmann의 법칙

$$E = \alpha \left(\frac{T}{100} \right)^4$$

2 열전달과 열통과

1) 열전달

① 유체와 고체 표면 사이에 온도차가 존재하여 열에너지가 이동하는 현상

② 유체 내에서는 열전도와 대류가 복합적으로 이루어짐

③ 고체 표면에서의 열전달량

$$Q = \alpha \times A \times (T_f - T_w)$$

여기서, Q : 고체 표면에서의 열전달량(kcal/h)

α : 열전달률(kcal/m² · h · ℃)

A : 전열면적(m²)

T_f : 유체의 온도(℃)

T_w : 고체 벽면의 표면온도(℃)

2) 열통과, 열관류(Overall Heat Transfer)

① 고체벽을 사이에 두고 양 유체 사이에 온도차가 존재할 때 열이 이동하는 현상

② 열전달 → 열전도 → 열전달이 한꺼번에 존재하는 실제 전열 현상

$$Q = K \times A \times \Delta t$$

여기서, Q : 열통과 열량(kcal/h)

K : 열통과율(kcal/m² · h · ℃)

A : 전열면적(m²)

Δt : 온도차(℃)

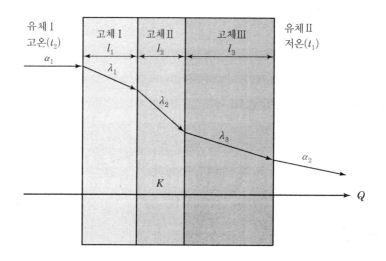

③ 열통과율, 열관류율, 전열계수(K : kcal/m² · h · ℃) : 고체와 유체 사이에서 전체적인 열의 이동속도

$$K = \frac{1}{R} = \frac{1}{\left(\dfrac{1}{\alpha_1}\right) + \left(\dfrac{l_1}{\lambda_1}\right) + \left(\dfrac{l_2}{\lambda_2}\right) + \left(\dfrac{l_3}{\lambda_3}\right) + \left(\dfrac{1}{\alpha_2}\right)}$$

여기서, R : 열저항(m² · h · ℃/kcal), $R = \dfrac{l}{\lambda}$

α : 열전달률(kcal/m² · h · ℃)

λ : 열전도율(kcal/m · h · ℃)

l : 고체의 두께(m)

④ 열통과 열량은 열통과율, 전열면적, 온도차에 비례한다.

3 열통과율(Overall Heat Transfer Coefficient)

1) 열통과율 식의 도출

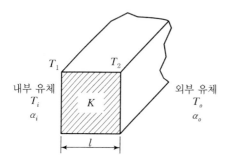

여기서, K : 열전도율

α_i : 내부 유체의 대류 열전달률

α_o : 외부 유체의 대류 열전달률

T_i : 내부 유체의 온도

T_o : 외부 유체의 온도

실내에서 벽면으로의 전달열

$$q_1 = \alpha_i \cdot A \cdot (T_i - T_1) \quad \text{·······················} \quad \text{ⓐ}$$

벽체 내부에서의 전도율

$$q_2 = \frac{K}{l} \cdot A \cdot (T_1 - T_2) \quad \text{·····················} \quad \text{ⓑ}$$

벽체에서 외기로의 전달열

$$q_3 = \alpha_o \cdot A \cdot (T_2 - T_o) \quad \text{······················} \quad \text{ⓒ}$$

그런데 $q_1 = q_2 = q_3$이므로

ⓐ + ⓑ + ⓒ 하면

$$\frac{1}{\alpha_i} + \frac{l}{K} + \frac{1}{\alpha_o} = \frac{A}{q}(T_i - T_o)$$

$$q = \frac{1}{\dfrac{1}{\alpha_i} + \dfrac{l}{K} + \dfrac{1}{\alpha_o}} \cdot A \cdot (T_i - T_o)$$

$$\therefore \text{열통과율 } k = \frac{1}{\dfrac{1}{\alpha_i} + \dfrac{l}{K} + \dfrac{1}{\alpha_o}}$$

2) 열관류율을 줄이는 방법

① 내표면의 열전달을 작게 한다.

② 외표면의 열전달을 작게 한다.

③ 벽체의 두께를 두껍게 한다.

④ 열전도율이 작은 단열재를 사용한다.

⑤ 밀폐된 공기층을 두어 전달저항을 증가시킨다.

▶ 아래 그림과 같이 콘크리트로 된 외벽의 실내 측에 내장재를 부착했을 때 내장재의 실내 측 표면에 결로가 일어나지 않을 내장재 두께 l_2(mm)를 구하시오.

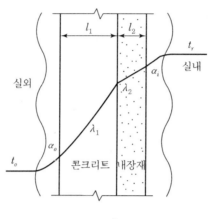

－조건－

- 외기온도 t_o : $-5℃$
- 실내온도 t_r : $20℃$
- 실내공기의 상대습도 ϕ : 60%
- 실내공기의 노점온도 t_r'' : $12℃$
- 콘크리트 벽 두께 l_1 : $100mm$
- 콘크리트의 열전도율 λ_1 : $1.62W/m \cdot K$
- 내장재의 열전도율 λ_2 : $0.17W/m \cdot K$
- 실외 측 열전달률 α_o : $23.2W/m^2 \cdot K$
- 실내 측 열전달률 α_i : $9.28W/m^2 \cdot K$

1 결로가 발생하지 않을 k값

$q = kA\Delta t = \alpha_i \cdot A(t_r - t_r'')$

$k \cdot (20 - (-5)) = 9.28(20 - 12)$

$k = 2.9696 ≒ 2.97$

k값이 2.97이하이어야 결로 예방이 가능하다.

예 · k값이 2일 때 벽표면 온도

$2(20 + 5) = 9.28(20 - t_x)$

$t_x = 14.61$(결로 예방)

- k값이 5일 때 벽표면 온도

$$5(20+5)=9.28(20-t_x)$$

$$t_x=6.53(결로 발생)$$

2 k값 2.97 이하를 위한 내장재 최소 두께 l_2

$$k=\cfrac{1}{\cfrac{1}{\alpha_i}+\cfrac{l_1}{\lambda_1}+\cfrac{l_2}{\lambda_2}+\cdots+\cfrac{1}{\alpha_o}}$$

$$2.97=\cfrac{1}{\cfrac{1}{9.28}+\cfrac{0.1}{1.62}+\cfrac{l_2}{0.17}+\cfrac{1}{23.2}}$$

$$\cfrac{1}{2.97}=\cfrac{1}{9.28}+\cfrac{0.1}{1.62}+\cfrac{l_2}{0.17}+\cfrac{1}{23.2}=R(열저항)$$

$$\therefore\ l_2=0.02108\text{m}=21.08\text{mm}$$

건물의 외벽은 두께 20cm의 일반벽돌(열전도율 $k_b = 0.68$W/m · K), 두께 15cm 의 유리섬유(열전도율 $k_g = 0.038$W/m · K), 두께 2cm의 석고보드(열전도율 $k_i = 0.48$W/m · K)로 구성되어 있다. 일반벽돌은 온도 $T_{a1} = 12℃$, 열전달계수 $h_{a1} = 20$W/m² · K의 공기에 노출되어 있고, 석고보드는 온도 $T_{a2} = 25℃$, 열전달계수 $h_{a2} = 5$ W/m² · K의 공기에 노출되어 있을 때, 다음을 구하시오.

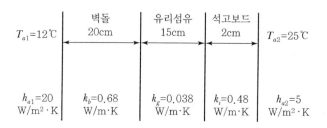

1) 건물 벽의 단위면적당 열손실(W)
2) 석고보드 중심면의 온도(℃)

1 건물 벽의 단위면적당 열손실(W)

• 총괄 열전달계수 : k

$$k = \cfrac{1}{\cfrac{1}{h_{a2}} + \cfrac{l_i}{k_i} + \cfrac{l_g}{k_g} + \cfrac{l_b}{k_b} + \cfrac{1}{h_{a1}}}$$

$$= \cfrac{1}{\cfrac{1}{5} + \cfrac{0.02}{0.48} + \cfrac{0.15}{0.038} + \cfrac{0.2}{0.68} + \cfrac{1}{20}}$$

$$= 0.221 \text{W/m}^2 \cdot \text{K}$$

건물 벽의 단위면적당 손실
$$= k \cdot A \cdot \Delta t = 0.221 \times 1 \times (25 - 12)$$
$$= 2.873 \text{W}$$

2 석고보드 중심면의 온도(℃)

• 석고보드 중심면 온도 : t_x
• 석고보드 중심면까지 열관류율 : k'

$$k \cdot A \cdot (t_{a2} - t_{a1}) = k' \cdot A \cdot (t_{a2} - t_x)$$

k'를 구하면

$$k' = \cfrac{1}{\cfrac{1}{h_{a2}} + \cfrac{l_i}{k_i}} = \cfrac{1}{\cfrac{1}{5} + \cfrac{0.01}{0.48}} = 4.525 \text{W/m}^2 \cdot \text{K}$$

$$0.221 \times (25 - 12) = 4.525 \times (25 - t_x)$$

$$\therefore \ t_x = 24.365 = 24.37\,℃$$

> ▶ 열교환기에서 대수평균온도차(Log Mean Temperature Difference)에 대해 설명하시오.
>
> ▶ 대향류 열교환기에서 대수평균온도차(LMTD : Log Mean Temperature Difference)를 설명하시오.

1 대향류와 평행류

① 대향류(역류) : 1차 측 유체와 2차 측 유체가 반대 방향으로 흐르는 열교환 방식
② 평행류(병류) : 1차 측 유체와 2차 측 유체가 같은 방향으로 흐르는 열교환 방식

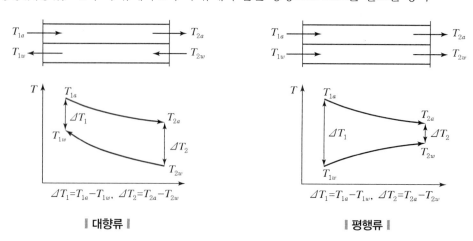

‖ 대향류 ‖   ‖ 평행류 ‖

2 대수평균온도차(Log Mean Temperature Difference)

① 코일이나 열교환기 등 유체로 열교환을 하는 경우 열교환과정에서 각 유체의 온도가 위치에 따라 다르므로 전체 열교환과정을 대표 물성값(총합 열전달계수 및 비열)과 평균온도로 해석하기 위해 정의한 온도

② LMTD의 정의

$$LMTD = \frac{\Delta T_1 - \Delta T_2}{\ln\dfrac{\Delta T_1}{\Delta T_2}} = \frac{\Delta T_2 - \Delta T_1}{\ln\dfrac{\Delta T_2}{\Delta T_1}} = \frac{\Delta T_2 - \Delta T_1}{2.3\log\dfrac{\Delta T_2}{\Delta T_1}} \qquad Q = UA \cdot LMTD$$

여기서, ΔT_1 : 입구 측에서 두 유체의 온도차, ΔT_2 : 출구 측에서 두 유체의 온도차

③ LMTD는 항상 산술평균값보다 작다.

④ 동일한 공기온도와 수온에서는 대향류의 LMTD가 크고 대향류 채택 시 열교환기의 크기를 작게 할 수 있다.

⑤ LMTD가 큰 경우 코일의 전열면적 및 열수를 줄일 수 있어 경제적이다.

▶ 증기압축식 냉동기의 냉매가 갖추어야 할 일반적인 특성에 대해 다음과 같이 분류하여 기술하시오.
  1) 열역학적 특성
  2) 열전달 특성
  3) 화학적 특성
  4) 안전, 환경 관련 특성
  5) 기타 특성

▶ 냉매의 구비조건에 대해 설명하시오.

▶ 적절한 냉매의 선정 시 필요한 사항을 설명하시오.

▶ 에탄계 냉매인 프레온 134(R − 134)의 ① 에탄 구조식에 대한 화학적 도식 표시

(예 : $H - \overset{\displaystyle H}{\underset{\displaystyle H}{\overset{|}{\underset{|}{C}}}} - H$ 등), ② 호칭법, ③ 호칭법에 의한 화학식(예 : C_3H_8 등)에 대해

설명하시오.

▶ 할로겐화탄화수소 냉매는 HCFC로 구성되어 있다. HCFC가 의미하는 내용을 기술하고, 비공비 혼합냉매(HCFC), 공비 혼합냉매(HFC)를 포함한 대표적인 친환경 냉매 3가지를 쓰고 각 냉매의 주된 사용목적을 설명하시오.

▶ 냉매의 번호표기 방법 중 국제표준화기구(ISO)에서 정하는 방법에 따라 번호를 부여하는 방법에 대하여 기술하시오.

▶ 미국 냉난방공조협회(ASHRAE)는 냉매의 호칭으로 번호를 부여하는 규칙을 채택하고 있다. 다음에 대하여 설명하시오.
  1) 할로겐화탄화수소계의 냉매번호를 부여하는 규칙
  2) $CHCl_2F$와 CCl_2FCClF_2의 냉매번호

▶ 냉동 및 공조시스템에서 주로 사용하는 할로카본계 냉매의 물리적 성질 및 화학적 성질에 대하여 설명하시오.

▶ 냉동장치에 사용되는 브라인의 구비조건을 기술하시오.

▶ 실용화된 자연냉매 3종류를 열거하고 그 특징을 간단히 서술하시오.

▶ 자연냉매에 대한 관심이 높아지고 있다. 자연냉매로서 이산화탄소, 물, 암모니아의 특성에 대해 설명하시오.

▶ 지구상에 존재하는 자연냉매 중 3가지를 나열하고 각각의 장단점에 대하여 설명하시오.

▶ 압축식 냉동기에 사용되는 자연냉매 3가지를 제시하고, 냉매가 일반적으로 갖추어야 할 조건을 고려하여 각 자연냉매의 특징을 설명하시오.

▶ 이산화탄소를 냉매로 사용하는 초임계 냉동사이클을 압력 – 엔탈피($p-h$) 선도에 표시하고 설명하시오.

▶ 이산화탄소를 냉매로 사용하는 열펌프가 고온 급탕에 적합한 이유를 온도 – 엔트로피 선도($T-s$ Diagram)를 이용하여 설명하시오.

▶ 냉매 R – 744에 대하여 간단히 설명하시오.

▶ CO_2를 냉매로 사용하는 초월임계(Trans – critical) 열펌프 사이클과 기존 냉매를 사용하는 아임계(Sub – critical) 열펌프 사이클을 온도 – 엔트로피($T-s$) 선도상에 표시하고 설명하시오.

▶ 암모니아가 압축식 냉동기나 흡수식 냉동기의 냉매로 사용되는 경우, 각각의 특성과 장단점에 대하여 설명하시오.

▶ R – 717 냉매의 특성과 냉동장치에 수분이 혼입되었을 때 발생하는 문제점에 대해 설명하시오.

---

1 냉매(Refrigerant)

냉동사이클을 순환하는 동작유체로서 저온의 열을 흡수하여 고온부로 운반, 이동시키는 동작물질을 냉매라 한다. 냉매는 일반적으로 할로카본, 탄화수소, 유기화합물, 무기화합물 등 네 종류의 화합물 중 하나이다. 할로카본 냉매는 메탄(CH_4) 및 에탄(C_2H_6)의 수소를 불소, 염소 또는 브롬으로 치환하여 만든 화합물이다.

② 냉매의 종류

1) 1차 냉매(직접 냉매)

냉동장치를 직접 순환하면서 증발·응축의 상변화 과정을 통해 잠열 상태로 열을 운반하는 냉매
예 NH_3, 프레온(R-12, R-22, R-500 등)

2) 2차 냉매(간접 냉매, 브라인)

냉동장치 밖을 순환하면서 감열 상태로 열을 운반하는 냉매
예 유기질 브라인, 무기질 브라인

③ 냉매의 구비조건

1) 물리적 조건

① 저온에서도 대기압 이상의 압력에서 쉽게 증발하고 상온에서 비교적 저압에서 액화할 수 있을 것
② 임계온도가 높고 상온에서 쉽게 액화할 것
③ 응고온도가 낮을 것
④ 증발잠열이 클 것(1RT당 냉매순환량이 적어진다.)
⑤ 냉매액은 비열이 작을 것
⑥ 비열비가 작을 것(비열비가 작을수록 압축 후의 토출가스 온도 상승이 적다.)
⑦ 점도와 표면장력이 작고, 전열이 양호할 것
⑧ 누설 시 발견이 용이할 것
⑨ 절연내력이 크고, 전기절연물을 침식시키지 않을 것
⑩ 가스의 비체적이 작을 것
⑪ 패킹 재료에 영향이 없을 것
⑫ 윤활유와 혼합되어도 냉동작용에 영향을 주지 않을 것
⑬ 가스 비중이 작을 것(터보압축기는 제외)

2) 화학적 조건

① 화학적 결합이 안정하여 분해되지 않을 것
② 불활성이고, 금속을 부식시키지 않을 것
③ 인화 및 폭발성이 없을 것

3) 생물학적 조건

① 독성 및 자극성이 없을 것

② 인체에 무해하고, 누설 시 냉장품에 손상이 없을 것

③ 악취가 없을 것

4) 경제적 조건

① 가격이 저렴할 것

② 동일 냉동능력에 대하여 소요동력이 작을 것

③ 자동운전이 용이할 것

④ 동일 냉동능력에 대하여 압축해야 할 가스의 체적이 작을 것

5) 환경 친화성

① 오존파괴지수(ODP)가 낮을 것

② 지구온난화지수(GWP)가 낮을 것

③ TEWI(Total Equivalent Warming Impact)가 낮을 것

④ 오존층 파괴 및 지구 온난화에 영향을 주지 않을 것

높거나, 크거나, 많거나	낮거나, 적거나, 작거나
증발잠열, 임계온도, 열전도도, 전기저항(절연)	응축압력(상온), 액체 비열, 응고온도, 비체적, 점도, 인화성, 폭발성, 자극성, 가격

4 냉매의 명명법

1) 접두어의 의미

R : 냉매(Refrigerant)를 의미

2) CFC : Chloro – Fluoro – Carbon

① 염화불화탄소를 표시

② CFC-11, CFC-12, CFC-113 등

③ 오존층 파괴의 주요인

3) HCFC : Hydro – Chloro – Fluoro – Carbon

① 수소가 함유된 CFC를 표시

② HCFC-22, HCFC-123, HCFC-141b 등

③ 오존층 파괴 능력이 CFC보다 작아 CFC 대체물질 중 과도기 물질로 분류

4) HFC : Hydro – Fluoro – Carbon

① 수소화불화탄소(불화탄화수소)를 표시
② 염소원소를 함유하지 않아 오존층을 파괴하지 않음
③ HFC–134a, HFC–152a 등

5) FC : Fluoro – Carbon

① 불소와 탄소로만 구성된 불화탄소를 표시
② FC–14, FC–116 등

6) 숫자 부여방법

① 접두어 R 뒤의 숫자는 분자식을 나타냄
② 세 자리 숫자의 첫째(100단위) 숫자가 탄소(C)수 – 1, 둘째(10단위) 숫자가 수소(H)수 + 1, 셋째 숫자가 불소(F)수
③ HFC–134a와 같이 숫자 뒤의 영문자는 이성체를 구분하기 위한 표시
④ R(C – 1)(H + 1)(F)
- 10자리대는 Methane(CH_4)계
- 100자리대는 Ethane(C_2H_6)계
- 취소(Br)가 들어있으면 우측에 "B"를 붙이고, 그 우측에 취소 원자수를 기입
- Ethan(C_2H_6)의 수소원자 대신 할로겐원소(F, Br, Cl, I, At 등)로 치환된 경우는 이성체 (Isomer)가 존재하므로 안정도에 따라 우측에 소문자 a, b, c 등을 붙여 표기 예 R–134a

7) 공비 혼합냉매

R–500부터 개발된 순서대로 일련번호를 붙임
예 R–500, R–501, R–502

8) 비공비 혼합냉매

① R–400 계열로 명명
② 조성비에 따라 오른쪽에 대문자 A, B, C 등을 붙임
예 R–407C, R–410A

9) 유기화합물

① R–600 계열로 개발된 순서대로 명명
② 부탄계(R–60x), 산소화합물(R–61x), 유황화합물(R–62x), 질소화합물(R–63x)로 구분

10) 무기화합물

① R-700 계열로 명명

② 뒤의 두 자리는 분자량을 의미

예 NH_3 : R-717, 물 : R-718, 공기 : R-729, CO_2 : R-744

5 냉매의 성질

1) 프레온(Freon)

① 열에 대하여 안정하지만 800℃ 이상의 화염과 접촉하면 포스겐($COCl_2$) 가스가 발생한다.

② 불연성이고 독성이 없다.

③ 무색, 무취이므로 누설 시 발견이 어렵다.

④ 비열비가 크지 않아 토출가스 온도가 높지 않다.(R-12 : 37.8℃, R-22 : 55℃)

⑤ 대체로 끓는점과 어는점이 낮다.

⑥ 전열이 불량하므로 Finned Tube를 사용하여 전열면적을 증대시킨다.

⑦ 전기절연내력이 양호하므로 밀폐형 냉동기의 냉매로 사용할 수 있어 설치면적이 작아 소형화가 가능하다.

⑧ 마그네슘 및 마그네슘을 2% 이상 함유한 Al합금을 부식시킨다.

⑨ 윤활유와의 관계
- 냉매와의 용해로 윤활유 응고온도가 낮아져 저온부에서도 윤활이 양호하다.
- 윤활유의 점도가 낮아진다.
- 오일 포밍(Oil Foaming) 현상이 발생한다.

⑩ 수분과의 영향
- 수분과는 용해되지 않으므로 팽창밸브를 동결 폐쇄시킨다.(팽창밸브 직전에 드라이어를 설치하여 수분을 제거)
- 산(HCl, HF)을 생성하여 금속 또는 장치 부식이 촉진된다.
- 동(銅) 부착 현상이 일어날 수 있다.

2) 암모니아(NH_3 : R-717)

① 가연성, 폭발성, 독성, 자극성의 악취가 있다.

② 대기압에서 끓는점은 -33.3℃, 어는점은 -77.7℃이다.

③ 냉동효과와 증발잠열이 크다.

④ 비열비가 1.313으로 커 토출가스 온도가 높아(98℃) 워터재킷(Water Jacket)을 설치하여 실린더를 수냉각해야 한다.

⑤ 동(銅) 및 동을 62% 이상 함유하는 동합금을 부식시킨다.

⑥ 패킹은 천연고무와 아스베스토스(석면)를 사용한다.

⑦ 전기절연물을 열화, 침식시키므로 밀폐형 압축기에 사용할 수 없다.

⑧ 오일보다 가볍다.

⑨ 윤활유는 서로 용해하지 않으나, 윤활유가 열화 및 탄화되므로 분리하여 배유시킨다.

⑩ 수분은 암모니아와 용해가 잘 되므로 수분이 동결되지는 않지만 수분 1% 침입 시 증발온도가 0.5℃씩 상승한다.

⑪ 유탁액(에멀전) 현상 : 암모니아에 다량의 수분이 용해되면 수산화암모늄($NH_4(OH)$)이 생성되어 윤활유를 미립자로 분리시키고, 우윳빛으로 변색시키는 현상으로 윤활유의 기능이 저하된다.

6 혼합냉매

2종류 이상의 성분으로 이루어진 냉매를 혼합냉매라 하며, 공비 혼합냉매와 비공비 혼합냉매가 있다. 단일냉매로 원하는 특성을 얻을 수 없는 경우 2개 이상의 순수냉매를 혼합한 혼합냉매를 이용한다.

1) 공비 혼합냉매

① 프레온 냉매 중 서로 다른 두 가지 냉매를 적당한 중량비로 혼합하면 마치 1가지 냉매처럼 액체상태나 기체상태에서 처음 냉매들과는 전혀 다른 하나의 새로운 특성을 나타내게 되는 냉매이다.

② 증발(또는 응축)온도가 일정, 즉 일정한 비등점을 가지며 액의 조성이나 증기의 조성이 똑같은 냉매로 포화상태에서 기상냉매의 조성이나 증기의 조성비가 동일하다.

③ 명명법 : 개발 순서에 따라 R-5xx로 명명

④ 종류

　㉮ R-500

　　• R-12의 능력을 개선할 때 사용한다.(약 20% 냉동력 증대)

　　• 열에 대한 안정성이 양호하다.

　　• 윤활유에 잘 혼합되며 절연내력이 크다.

　　• 질량비가 R-152+R-12＝26.2%+73.8% → R-12에 대응

　㉯ R-501

　　• R-22와 같이 오일이 압축기로 돌아오기 힘든 냉매는 R-12를 첨가하여 사용함으로써 오일을 압축기로 잘 회수할 수 있다.

　　• R-12에 R-22를 20% 정도 첨가하면 냉동능력은 약 30% 정도 증가한다.

  ㉰ R-502
    • R-22의 능력을 개선할 때 사용한다.(약 13% 냉동력 증대)
    • R-22보다 저온을 얻고자 할 때 사용한다.
    • 질량비가 R-115+R-22=51.2%+48.8% → R-22에 대응(저온용)
  ㉱ R-503
    • R-13의 능력을 개선할 때 사용한다.
    • R-13보다 낮은 온도를 얻는 데 유리하다.
    • R-13과 같이 2원 냉동장치의 저온용 냉매로 이용한다.
    • 질량비가 R-23+R-13=40.1%+59.9% → R-13에 대응

2) 비공비 혼합냉매

 ① 2개 이상의 냉매가 혼합되어 각각 개별적인 성격을 띠며, 등압의 증발 및 응축과정을 겪을 때 조성비가 변하고 온도가 증가 또는 감소되는 온도구배(Temperature Gliding)를 나타내는 냉매이다.

 ② 2상 상태에서 냉매가 누설되는 경우 시스템에 남아있는 혼합냉매의 조성비가 변하는 문제가 있다. 증기압이 높은 성분이 먼저 누설되므로 새로운 조성비를 갖는 냉매가 시스템에 존재하게 된다. 따라서 냉매의 누설이 생겨 재충진을 하는 경우 시스템에 남아있는 냉매를 전량 회수한 후 새로이 냉매를 주입하여야 한다.

 ③ 비점이 낮은 냉매가 먼저 증발하고 비점이 높은 냉매가 나중에 증발하므로, 기상과 액상의 조성이 다르며, 증발온도가 증발기 입구에서는 낮고 증발기 출구에서는 높다.

 ④ 냉매의 누설이 있을 경우, 저비점의 냉매가 누설되므로, 냉매의 조성이 변해간다.(고비점의 냉매 비율이 점점 커짐)

 ⑤ 종류 : R-404A, R-407C, R-410A 등

7 브라인(Brine)

2차 냉매(간접냉매)로 냉동장치 밖을 순환하면서 상태변화 없이 감열로서 열을 운반하는 동작유체를 브라인이라고 한다.

1) 브라인의 구비조건

 ① 열용량(비열)이 크고, 전열이 양호할 것
 ② 공정점과 점도가 낮을 것
 ③ 부식성이 없을 것
 ④ 어는점이 낮을 것

⑤ 누설 시 냉장물품에 손상이 없을 것

⑥ 가격이 싸고, 구입이 용이할 것

⑦ pH 값이 적당할 것(7.5~8.2 정도)

⑧ 불연성이며 독성이 없을 것

⑨ 악취가 없을 것

2) 브라인의 종류

(1) 무기질 브라인

① 염화나트륨(NaCl)
- 인체에 무해하며 주로 식품 냉동에 사용한다.
- 값은 싸나 무기질 브라인 중 부식력이 가장 크다.
- 공정점 : $-21.2℃$

② 염화마그네슘($MgCl_2$)
- 부식성은 염화칼슘보다 높고, 현재는 거의 사용하지 않는다.
- 공정점 : $-33.6℃$

③ 염화칼슘($CaCl_2$)
- 일반적으로 제빙, 냉장 및 공업용으로 가장 많이 사용된다.
- 흡수성이 강하고, 누설 시 식품에 접촉되면 떫은 맛이 난다.
- 공정점 : $-55℃$, 사용온도 : $-32 \sim -35℃$

(2) 유기질 브라인

고가이기 때문에 거의 사용하지 않는다.

① 에틸알콜(C_2H_5OH)
- 어는점 : $-114.5℃$, 끓는점 : $78.5℃$, 인화점 $15.8℃$
- 인화점이 낮으므로 취급에 주의를 요한다.
- 비중이 0.8로서 물보다 가볍다.
- 식품의 초저온 동결($-100℃$ 정도)에 사용할 수 있다.
- 마취성이 있다.

② 에틸렌글리콜($C_2H_6O_2$)
- 어는점 : $-12.6℃$, 끓는점 : $177.2℃$, 인화점 : $116℃$
- 물보다 무거우며(비중 1.1) 점성이 크고 단맛이 있는 무색의 액체이다.
- 비교적 고온에서 2차 냉매 또는 제상용 브라인으로 쓰인다.

③ 프로필렌글리콜
- 어는점 : $-59.5℃$, 끓는점 : $188.2℃$, 인화점 : $107℃$

- 물보다 약간 무거우며(비중 1.04) 점성이 크고 무색, 독성이 거의 없는 무독의 액체이다.
- 분무식 식품 냉동이나, 약 50% 수용액으로 식품을 직접 침지한다.

8 대체냉매

오존(O_3)층을 파괴하는 CFC계의 냉매를 대체하는 물질로서 HCFC와 HFC로 구분한다. 이 중 HFC는 염소(Cl)원자를 포함하지 않아 오존층 파괴에 영향이 없다.

1) 구비조건

① 환경 친화성
- 낮은 오존파괴지수(ODP)
- 낮은 지구온난화지수(GWP)
- 낮은 TEWI(Total Equivalent Warming Impact)

② 안정성
- 독성, 자극성이 없을 것
- 불연성일 것
- Leak 시 쉽게 검지될 것
- 사용온도 이하에서 분해되지 않고 안정적일 것
- 윤활작용에 영향이 없을 것
- 윤활유를 분해하지 않고 상용성이 있을 것
- 부식성이 없을 것
- 수분을 함유하지 않을 것

③ 열역학적 특성
- 증발잠열이 클 것
- 임계온도가 높고 응고점이 낮을 것
- 저온에서 대기압 이상의 압력에서 기화할 것
- 상온에서 비교적 낮은 압력에서 액화할 것
- 낮은 증기 열용량을 가질 것

④ 전달 특성
- 전기 절연성이 우수할 것
- 열전도율이 높을 것
- 점도가 낮을 것

⑤ 상품화 용이성
- 가격이 저렴하고 구입이 용이할 것

- 대체냉매 적용으로 기존 장치의 변경이 크지 않을 것
- 혼합냉매의 경우 가능한 한 단일냉매와 같은 특성을 가질 것
- 성적계수가 높을 것

2) 종류

(1) HCFC(Hydro Chloro Fluoro Carbon)

① CFC에 최소한 하나 이상의 수소원자를 치환하여 만든 것이다.

② 성층권 오존 파괴능력은 완전히 할로겐화된 CFC-11보다 훨씬 낮아지며, 성층권에 도달하기 전 분해하여 비에 흡수되어 지표로 하강한다.

③ 오존을 파괴하는 Br을 함유하지 않으나 소량의 염소를 함유하므로 규제 대상이다.

(2) HFC(Hydro Fluoro Carbon)

① 화합물 자체에 염소나 브롬을 함유하지 않으므로 오존층에 도달해도 큰 영향이 없다.

② 이상적인 대체물질이 개발되기 전까지는 사용할 수 있다.

(3) 개발 중인 대체냉매

① 기존 대체냉매
- HCFC-22
- HCFC-152a
- HCFC-142b
- R-500
- R-502

② 신규 대체냉매
- HFC-32
- HCFC-123
- HCFC-124
- HFC-134a
- HCFC-141b

9 자연냉매

물, 암모니아, 질소, 이산화탄소, 프로판, 부탄 등은 지구상에 자연적으로 존재하는 물질이므로 자연냉매라 하며, 지구 환경에 악영향을 미치지 않기 때문에 냉매로서 적극적으로 검토되고 있다. 오존층 파괴 문제가 제기되기 전까지 CFC 냉매에 비하여 자연냉매가 잘 활용되지 않은 이유가 있었는데, CFC/HCFC의 사용이 규제를 받고 특히 지구온난화에 대한 규제가 더욱 심화되면 자연냉매에 대한 관심 및 연구가 더욱더 활발히 진행될 것이다.

1) 탄화수소

① 탄소와 수소만으로 구성된 냉매로서 R-50(메탄), R-170(에탄), R-290(프로판), R-

600(부탄), R-600a(이소부탄), R-1270(프로필렌) 등이 있다.

② 독성이 없으며, 화학적으로 안정적이며, 광유에서 적절한 용해도를 나타낸다.

③ 오존층파괴지수가 0이며 지구온난화지수도 매우 낮아, 이산화탄소의 지구온난화지수를 1 로 하였을 때 R-12는 7,100, R-134a는 1,200이나, 프로판은 이보다 매우 낮은 3을 나타 낸다.

④ 탄화수소는 냉매로서 우수한 열역학적 특성을 가지고 있으나 가연성, 폭발성이 크다.

2) 암모니아(NH_3) : R-717

① 우수한 열역학적 특성 및 높은 효율을 지닌 냉매로서 제빙, 냉동, 냉장 등 산업용의 증기압축 식 및 흡수식 냉동기 작동유체로 널리 사용된다.

② 증발잠열 및 냉동효과가 크다.

③ 작동압력이 다소 높고 인체에 해로운 특성을 지니고 있으므로 관리 인력이 상주하는 산업용 대용량 시스템에 주로 사용된다.

④ 가연성, 독성, 자극성 냄새가 있다.

⑤ 암모니아를 소형 시스템에 적용하기 위해서는 수랭식이 아닌 공랭식 시스템을 개발해야 한다.

⑥ 물에 대한 용해도가 커서 동결의 우려가 없다.

⑦ 비열비가 크므로 압축기 토출가스 온도가 높아 실린더 상부에 Water Jacket을 설치하여야 한다.

3) 물(H_2O) : R-718

① 환경을 파괴하지 않으며 손쉽게 구할 수 있다.

② 무해, 무취, 무미한 냉매로 동결점이 매우 높고 비체적이 크므로 압축기가 소화하여야 할 체 적유량 및 압축비가 너무 크기 때문에 증기압축식 냉동기에는 사용이 제한되어 왔으나 흡수 식 냉동기의 작동유체로 널리 사용된다.

③ 흡수식 냉동장치의 냉매 또는 흡수제와 증기분사식 냉동장치의 냉매로 쓰인다.

④ 0℃ 이하의 저온에서는 사용이 불가능하다.

4) 공기(Air) : R-729

① 투명하고 무해, 무취, 무미한 냉매로 소요동력이 크고 성적계수가 낮으므로 주로 항공기 내 부의 공기조화나 공기액화 등에 사용된다.

② 공기압축식 냉동장치의 냉매로 쓰인다.

③ 항공기의 냉방과 같은 특수한 목적의 냉방용 냉동기와 냉방에 이용된다.

5) 이산화탄소(CO_2) : R-744

① 할로카본 냉매가 사용되기 이전에 암모니아와 더불어 선박용 냉동, 사무실, 극장 등 냉방용

냉매로 가장 많이 사용되었다.

② 안정성이 뛰어나며 무취, 무독하고 부식성이 없고, 연소 및 폭발성이 없는 물질로 냉매 회수가 필요 없다.

③ 포화압력이 높기 때문에 냉동기 설계 시 내압성 재료를 사용하여야 한다.

④ 임계온도가 31℃로 낮아 응축이 힘들다.

⑤ 불연성으로 오일과는 잘 용해되지 않는다.

⑥ 동일 냉동능력당 동력소비가 크고 성적계수가 나쁘다.

6) 아황산가스(SO_2) : R-764

① 독성이 가장 강하다.(허용농도 5ppm)

② 암모니아와 접촉 시 흰 연기가 발생한다.

③ 끓는점은 $-10℃$이고, $-15℃$에서 증발압력이 150mmHg이므로 외기침입의 우려가 있다.

🔟 CO_2 냉매를 이용한 냉동사이클

1) 초월임계(Transcritical) 냉동사이클

① 증기압축 냉동사이클 종류

- 역랭킨 사이클(Reverse Rankine Cycle) : 기존 아임계 상태에서만 운전되는 사이클
- 가스 사이클(Gas Cycle) : 액상을 전혀 사용하지 않는 사이클
- 초월임계 사이클(Transcritical Cycle) : 아임계와 초임계 상태를 오가며 운전되는 사이클
- ※ 임계점 : 압력이 임계압력 이상으로 높아져도 액화가 되지 않고, 온도가 임계온도보다 높아져도 기화가 되지 않는 상태

② 이산화탄소의 임계압력은 7.4MPa, 임계온도는 31℃로 다음 그림과 같이 초월임계 사이클을 이룬다.

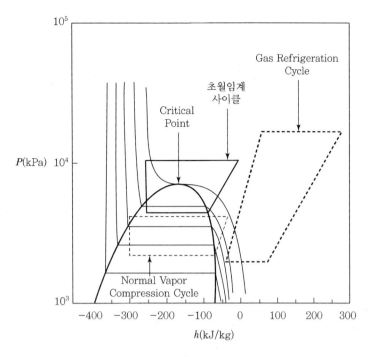

┃ 초월임계 사이클 ┃

③ 초월임계 사이클은 가스 사이클과 역랭킨 사이클의 복합체이다.

④ 초월임계 사이클은 가스압축, 가스냉각, 단열팽창, 2상증발의 네 단계로 구성된다.

⑤ 열방출이 초임계 상태에서 이루어진다.

⑥ 초임계 상태의 가스 냉각과정은 온도와 압력의 두 열역학적 물성을 알아야 다른 물성을 구할 수 있다(역랭킨 사이클은 등온 등압과정으로 하나의 물성만 알면 다른 물성도 구할 수 있다).

2) CO_2 이용 냉동사이클의 특성

① 압축기, 증발기, 가스냉각기, 팽창밸브, 흡입관 열교환기, 오일분리기로 구성된다.

② 흡입관 열교환기는 가스냉각기 출구와 증발기 출구 사이에 설치하여 가스냉각기 출구온도를 낮추고 압축기 입구온도를 높여 성능을 향상시킨다.

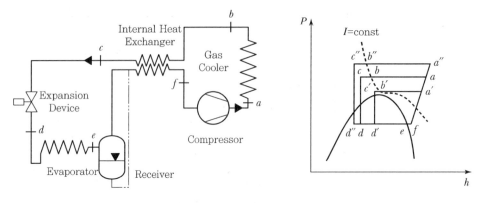

| 냉동시스템 개념도 | 고압 측 압력 및 증발엔탈피의 변화 |

③ 압축기에서 고압으로 압축된 이산화탄소는 초임계 영역하에서 가스냉각기에서 냉각된다.

④ 팽창과정을 통하여 저온 저압의 2상상태의 냉매와 2차 유체의 열전달을 통히어 냉동효과를 얻는다.

⑤ 증발기에서 냉각된 2차 유체를 냉방에 이용한다.

⑥ 가스냉각기에서 가열된 고온의 2차 유체를 난방 및 급탕에 이용한다.

⑦ 고압부 압력 12.0~15.0MPa에서 작동하는 고압시스템으로 각 구성요소들과 이들 연결부의 충분한 안전도가 요구된다.

⑧ 압력비가 2.5~3.5 정도(CFC-12는 5~7 정도)로 성능이 우수하다.

⑨ 이산화탄소 냉동사이클의 성능계수는 주어진 외기온도와 가스냉각 압력에 큰 영향을 받는다.

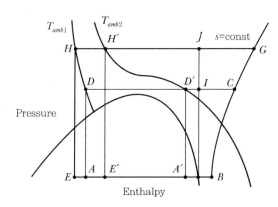

| 가스냉각 압력의 영향 |

㉮ 낮은 외기온도(T_{amb1})의 경우
   • 낮은 압력의 경우(압력 C-D선) : 사이클 ABCD
   • 높은 압력의 경우(압력 G-H선) : 사이클 EBGH
     냉각능력이 D-H만큼 증가하지만 압축일도 G-C만큼 증가하여 사이클 성능계수는 낮은 압력의 경우보다 낮게 형성된다.

㉯ 높은 외기온도(T_{amb2})의 경우
- 낮은 압력의 경우(압력 C−D'선) : 사이클 A'BCD'
- 높은 압력의 경우(압력 G−H'선) : 사이클 E'BGH'

    냉각능력이 D'−H'만큼 증가하고, 압축일이 G−C만큼 증가하여 사이클 성능계수는 낮은 압력의 경우보다 매우 높게 형성된다.
㉰ 주어진 외기온도에서 사이클 성능계수가 최대가 되는 가스냉각 압력이 존재하므로 외기온도 변화에 따라 최적인 가스냉각 압력으로 조절해주는 것이 중요하다.(전자팽창밸브를 이용하여 조절)

3) CO_2 이용 냉동사이클의 용량제어

① 압축기 회전수 제어 : 냉매 유량제어
② 전자팽창밸브 이용 : 가스냉각기 압력제어

4) CO_2 이용 온수제조 사이클

① 가스냉각기의 열교환 매체로 물을 사용하고 열교환기를 대향류로 설계하여 2차 유체와 냉매와의 평균 온도차를 비교적 고르게 할 수 있다.

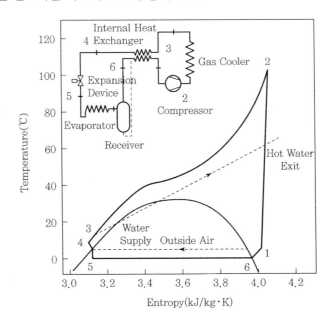

‖ 온수제조 이산화탄소 사이클의 $T-s$ 선도 ‖

② 압축기 출구 이산화탄소 가스온도는 90℃ 이상이고 방열을 하면서 점차적으로 온도가 저하된다.(2 → 3)
③ 대향류 열교환기를 이용하여 2차 유체를 높은 온도까지 가열한다.(경사진 점선)

5) CO_2 이용 냉동사이클의 문제점

① 높은 작동압력

② 고압 시스템 유지 및 기기 신뢰성 확보

③ 증기압축식 대비 낮은 효율

⑪ 냉매의 누설검사

1) 암모니아(NH_3)

① 냄새(악취)

② 붉은 리트머스 시험지 : 파란색으로 변색

③ 페놀프탈레인지 : 붉은색으로 변색

④ 유황초(황산, 염산) : 하얀색 연기 발생

⑤ 네슬러 시약

- 소량 누설 시 : 노란색
- 다량 누설 시 : 보라색

2) 프레온(Freon)

① 비눗물 검사 : 기포 발생

② 헬아이드토치 사용 시 불꽃색의 변화(사용연료 : 프로판, 부탄, 알콜 등)

- 누설이 없을 시 : 파란색
- 소량 누설 시 : 초록색
- 다량 누설 시 : 보라색
- 극심할 때 : 불이 꺼짐

③ 할로겐 전자누설 탐지기 사용

BIPV(건물일체형 태양광발전설비)에 대하여 설명하시오.

1 BIPV(Building Integrated Photovoltaics, 건물일체형 태양광발전설비)

BIPV는 창호나 벽면, 발코니 등 건물 외관에 태양광발전 모듈을 장착하여 자체적으로 전기를 생산하고 건축물에 바로 활용하도록 도와주는 설비로, 이렇게 생산된 전기는 건물 자체적으로 소비되고 남으면 한전에 되팔 수도 있다.

무공해, 무소음, 무연 및 운전 유지보수가 간단한 태양광발전은 지구상에 무한정한 자원을 가지고 있으며, 타 대체에너지에 비해 많은 장점을 가지고 있다. 태양광을 건물에 이용하는 경우에 건축물의 에너지 효율을 향상시킴과 동시에 전기를 생산함으로써 건축적, 기술적 측면에서 기술을 더욱 향상시킬 수 있다.

2 태양전지판을 활용할 때 건축물에 미치는 이점

① 건축자재의 감소
② 장치를 떠받치는 구조 및 부재의 소요경비 절감
③ 차양효과에 의하여 건물의 냉각부하 감소
④ 주간의 발전된 전기를 건물의 내부 전기부하로 사용 가능

3 종류 및 특징

1) 복합형 PV(태양열) B/D System

① 주로 미국에서 사용
② 태양전지판을 건축자재로 활용
③ 직류, 교류, 변환장치가 필요
④ 직류, 교류의 배선을 고려하는 번거로움이 있음

2) 태양광 AC PV모듈(교류전력 생산) System

① 주로 미국에서 사용
② 각 모듈이 직접 AC 전력을 생산
③ 설치방향과 그림자, PV모듈 숫자에 대한 제한을 극복

④ 유지관리가 용이

⑤ 시스템이 안정적

⑥ 각 모듈별로 독립하여 전원공급 및 최대 출력제어가 용이

⑦ 창문, 지붕 부분에 설치 가능

3) 유리창 부착형 PV System

① 주로 미국에서 사용

② 빛과 냉난방 System에 대하여 효과적

③ 에어컨디셔너 또는 팬에 대한 전력을 공급하는 데 유리

4) 계통 연계형 System

발전량의 크기에 관계없이 계통선에 전원을 주고받는 System

① 주로 일본에서 사용

② 부하에 안정된 전원공급

③ 태양전지와 계통연계형 인버터 및 적산전력계로 구성

④ 주택의 전원공급, 대용량 상업발전까지 다양

5) 독립형 System

축전지를 설치하여 태양전지에서 발전된 전기를 저장하여 부하에 공급시키는 System

① 주로 일본에서 사용

② 연중 부하에 전원을 공급하기 위해 보조발전기를 사용

③ 태양전지 자체가 건물 외장재로 사용되므로 경제적

④ 유지관리비가 적음

6) 복합형 태양광 AC 모듈 System

① 주로 스위스에서 사용

② 건물일체형 Solar Cell 개발

③ 건축물과 태양광 모듈의 완전 일체형

④ 경제성 평가에서 우위

⑤ 전기적 부품과 용이한 인터페이스

4 태양전지의 설치방법

1) 수직 벽체 이용법

태양에너지를 수직으로 받는 방식

① 건물의 부지를 최대한으로 이용하는 방법
② 내부공간을 효율적으로 이용
③ 방수문제에 대해 안전
④ 건축물의 외측 재료에 무관하게 설치 가능

2) 지붕 위 설치방법

건물의 구조 및 재료에 관계없이 독립적으로 태양광발전을 할 수 있는 방식
① 태양전지판을 경사지게 설치하기 때문에 최대 효율을 낼 수 있음
② 새로운 건축물이나 기존 건물에도 사용 가능
③ 양질의 태양광발전효율과 채광이 가능
④ 지붕면 접합부의 방수문제 고려

5 BIPV 시스템의 장점

① 점차 증가하고 있는 건물에서의 전력 소비 지원 가능
② 여름철 냉방부하 등으로 인한 전력피크 완화에 도움
③ 별도의 설치부지가 필요 없어, 실제 거주면적이 협소한 지형 조건에 적합
④ 생산지와 소비지가 동일하여 송전 등으로 인한 전력 손실을 최소화
⑤ PV를 건물 외장재로 사용함으로써 건설 시 재료비용 절약
⑥ 환경친화적인 건물 의장 요소로서 건물 가치 향상에 기여
⑦ 건물은 대부분의 사람들이 거주하는 공간으로 홍보의 장 역할
⑧ 신축 또는 기존 건물의 개보수 시 적용 가능

6 결론

태양광발전시스템을 건물에 적용하는 기술은 현재 실용화 단계에 있어, 차후 열과 빛의 전달을 조절하는 것 이외에 에너지를 생산하는 등의 다른 System과 상호 보완관계를 유지할 수 있는 연구가 필요하다.

> ▶ 전열교환기의 소자구조와 효율에 대하여 설명하시오.(단, 효율의 각 변수는 습공기 선도를 그리고 표시할 것)
>
> ▶ 현열교환기와 전열교환기를 설명하시오.
>
> ▶ 전열교환기(Total Heat Exchanger)에 대하여 다음 질문에 답하시오.
> 1) 회전형과 고정형 전열교환기의 특징을 설명하시오.
> 2) 운전 시의 상태를 공기선도에 도시하고 열회수량을 나타내는 식을 여름철과 겨울철로 나누어 쓰시오.

1 전열교환기와 현열교환기

① 전열교환기는 천연펄프지를 특수가공하여 만든 고투습 엘리먼트(열교환기)를 통해 공기 중의 현열과 잠열을 회수하는 장치이다.

② 현열교환기는 공기 중 기체의 현열, 즉 온도만 금속제 또는 PE로 제작한 엘리먼트(열교환기)로 제어하는 장치이다.

③ 에너지 회수열량에 있어서 전열교환기는 현열교환기에 비해 약 2.5배의 큰에너지 회수율을 나타낸다. 이러한 차이는 금속재질의 현열교환기가 수분의 이동(잠열)에 따른 잠열 회수능력이 없기 때문에 발생한다.

④ 전열교환기는 고투습 엘리먼트를 통해 공기 중 온도 및 습도를 제어하여 재실자에게 쾌적함을 제공하지만, 현열교환기는 온도만 제어하므로 실내가 건조해지는 단점이 있다.

⑤ 공기 대 공기 열교환기의 일종으로 공조배기열을 이용하여 외기부하를 경감하는 것을 목적으로 설치한다.

2 전열교환기

1) 특징

① 실내 배기와 환기용 외기를 열교환하는 장치로 현열과 잠열을 모두 교환하는 열교환기이다.

② 설비비가 많이 들고 기계실 면적이 증대된다.

③ 외기부하 감소로 냉동기, 보일러, 코일 등의 용량을 작게 설계할 수 있으며 운전경비 절감이 가능하다.

④ 실내외 온도차가 클수록 회수열량이 많아지며, 고온다습하고 한랭건조한 기후의 국내에서

는 유용성이 크다.

⑤ 일반공조용 열회수뿐만 아니라 보일러에 공급되는 외기의 예열용이나 쓰레기 소각장치 등에서 폐열회수용으로도 응용 가능하다.

2) 종류

(1) 회전식

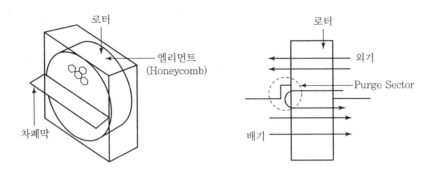

① 석면 등으로 만든 얇은 판에 염화리튬과 같은 흡수제를 침투시켜 현열과 동시에 잠열을 교환하는 엔탈피 교환장치이다.

② 설비비가 많이 드나 외기 피크부하를 감소시켜 열원기기 용량을 줄일 수 있으므로 초기 투자비 회수기간이 짧아진다.

③ 배기가 지닌 열과 습기를 회전자 엘리먼트에 흡착시키고 이 회전자를 저속으로 회전시켜 급기 쪽으로 옮긴다.

④ 알루미늄 박지, 세라믹 파이버, 난연지, 석면 등의 박판소재에 흡습재로 염화리튬 등을 침투시키고, 표면적이 최대가 되고 공기저항이 최소가 되도록 벌집형(Honeycomb)의 원통으로 제작한다.

⑤ 흡습성이 있는 허니콤형의 로터를 외기의 유로와 배기의 유로를 교대로 회전시킨다.(11~13rpm)

⑥ 로터 상부에는 외기가 통하고 하부에는 실내배기를 통과시킨다.

⑦ 여름철에는 로터의 엘리먼트가 외기의 유로에서 고온고습의 외기에 의하여 가열되고 흡습한다. 그리고 이 부분이 회전하여 실내에서의 배기의 유로에 들어가면 배기에 의하여 냉각 제습된다.

⑧ 겨울철에는 배기의 온습도가 외기보다 높고 배기에 의하여 로터 소재의 온도와 수분 함유량이 상승하며 이것이 회전하여 외기와 접촉해서 온습도를 방출하여 외기에 주어진다.

⑨ 로터 내의 배기가 회전에 의하여 도입외기와 혼합하는 것을 방지하기 위하여 Purge Sector를 설치한다.

⑩ 회전자 엘리먼트 구동방법에 따라 벨트구동, 체인구동 방식이 있다.

⑪ 효율은 전면풍속 3m/s이고, 외기량 : 배기량＝1:1일 때 약 60~70%(최고 90%)이다.
⑫ 회전수 5rpm 이상에서는 효율이 대체로 일정하다.

(2) 고정식

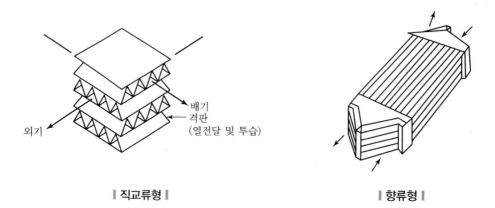

‖ 직교류형 ‖   ‖ 향류형 ‖

① 직교류형과 향류형이 있다.
② 직교류형의 경우 전열성과 투습성이 있는 재료로 격판을 만들어 외기 측 유로와 배기유
로를 교대로 서로 방향을 바꾸어서 배열한다.
③ 향류형은 ϕ6mm 정도의 특수 부직포가 전열교환 매체로 사용된다.
④ 현열 및 잠열은 칸막이 판을 통하여 전달된다. 즉, 전열면 벽의 열전도와 투습성에 의하
여 현열 및 잠열 이동이 이루어진다.
⑤ 외기 측과 배기가 혼합될 우려가 적다.
⑥ 설치 공간이 크다.

TIP 직교류식

- 직교류 플레이트관식의 엘리먼트를 가지고 칸막이판(급기나 배기의 통로를 막는 관)과 간격판으
로 구성한다.(재료는 회전식과 동일)
- 엘리먼트 재질의 열투과성과 투습성을 이용하여 그 양측을 흐르는 급배기 사이에서 열과 수분을
교환한다.(엘리먼트는 고정)
- 입출구 덕트 연결이 어렵고 회전식에 비해 설치공간을 많이 차지한다.
- 효율은 회전식보다 다소 떨어지나 큰 차이는 없다.(최고효율 70%)

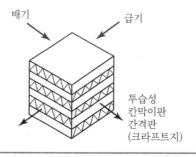

---

(3) 전열교환기의 효율

외기를 기준으로 하여 배기풍량과 외기풍량이 같을 때 적용

① 여름 $\eta = \dfrac{h_2 - h_2'}{h_2 - h_1}$　　　② 겨울 $\eta = \dfrac{h_2' - h_2}{h_1 - h_2}$

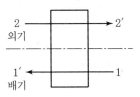

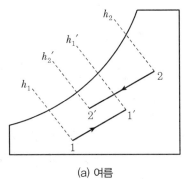

(a) 여름

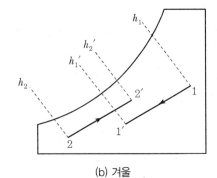

(b) 겨울

‖ 전열교환기의 효율 ‖

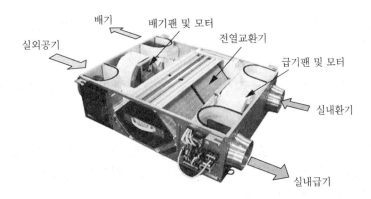

‖ 전열교환기의 구조 ‖

▶ 자연통풍 방식과 강제통풍 방식의 냉각탑을 비교하여 설명하시오.

▶ 냉각탑의 성능은 입·출구 수온과 입구공기의 습구온도에 의해 좌우된다.
  1) 효율을 각 매체의 온도 함수로 나타내시오.
  2) 냉각탑의 성능에 영향을 미치는 인자를 5가지 열거하고 설명하시오.
  3) 용량제어를 위한 냉각탑 병렬 운전 시에 필요한 연통관의 설치목적 및 주의사항을 나열하시오.

▶ 냉각탑의 냉각능력을 측정하는 표준조건을 기술하시오.

▶ 냉각탑의 성능(냉각능력)과 관련하여 설계조건, 표준설계온도를 설명하고, 성능(냉각능력)에 영향을 주는 항목을 열거하고 설명하시오.

▶ 건물공조용 냉각탑에서의 쿨링레인지(Cooling Range)와 쿨링어프로치(Cooling Approach)의 정의에 대하여 일반적인 실제온도(℃)를 병기하여 설명하시오.

▶ 냉각수 펌프의 양정 산정 시 고려해야 할 사항을 설명하시오.

▶ 냉각탑의 부분부하 시 용량제어 운전방법에 대하여 설명하고, 냉각탑과 응축기 주위의 배관시스템 개념도를 그리고 설명하시오.

▶ 냉동장치 중 특히 냉각수 계통이 수질에 의한 장애가 많다. 냉각수 계통의 수질장해 종류를 기술하고 방지대책에 대하여 설명하시오.

▶ 종합병원 건축물의 옥상에 공기조화용으로 가스직화식 흡수식 냉온수기를 사용하는 냉각탑이 설치되어 있다. 냉각탑 순환수의 청결을 유지하기 위한 소독 기준과 방법에 대하여 설명하시오.

▶ 냉각탑과 응축기가 각각 설치되는 위치에 따라서 냉각수 순환펌프의 설치위치와 배관의 시공방법이 달라져야 한다. 다음과 같은 경우에 가장 적합한 시공방법을 그림으로 표현하고 설명하시오.
  1) 냉각탑이 응축기보다 높은 위치에 있는 경우
  2) 냉각탑과 응축기가 동일한 높이에 있는 경우
  3) 냉각탑이 응축기보다 낮은 위치에 있는 경우

▸ 냉각탑의 백연 발생 원인과 방지 방안에 대하여 설명하시오.

▸ 냉각탑에서 백연현상이란 무엇인지 설명하시오. 아울러 백연현상의 방지대책에 대하여 설명하시오.

▸ 냉각탑의 백연 방지방법을 2가지만 설명하시오.

1 냉각탑의 종류 및 특징

1) 냉각탑의 종류

개방식	대기식 냉각탑		
	자연통풍식 냉각탑		
	강제통풍식 냉각탑	공기와 물의 흐름방향에 따라	대향류형
			직교류형
		Fan의 위치에 따라	압입식
			흡출식
밀폐식	건식 폐형 냉각탑		
	증발식 밀폐형 냉각탑		

(1) 개방형 냉각탑

냉동기, 열기관, 발전소 등에서의 뜨거운 배수를 주위의 공기와 직접 열교환시켜 냉각시키는 것으로, 공기의 흐름 방식 및 물과 공기의 흐름 방향에 따라 구분한다.

① 대기식 냉각탑 : 열특성이 그다지 좋지 않고, 입지면적이 많이 필요하므로 최근에는 잘 사용하지 않는다.

② 자연통풍식 냉각탑 : 대기의 습구온도가 낮은 지역에서는 설비비가 많이 들지만, 송풍기 동력이 필요 없어 운전비가 싸므로, 화력이나 원자력 발전소 등에 자주 이용된다.

③ 강제통풍식 냉각탑 : 냉각효과가 크고, 성능이 안정되어 있으며, 싼 가격으로도 소형 · 경량화가 가능하다. 대용량의 공업용, 중 · 소규모의 공조용 등에 널리 사용된다.

(2) 밀폐식 냉각탑

공기와 프로세스 유체가 직접 접촉하지 않고 사용하는 방식으로 공기가 프로세스 유체에 직접 영향을 미치지 않는 장점이 있으나, 열교환기의 열저항만큼 열특성이 나빠지므로 냉각탑 본체가 대형화되는 단점이 있다.

2) 냉각탑의 종류별 특징

(1) 대향류형 냉각탑

① 장점
- 물, 공기 흐름이 반대 방향으로 열특성이 좋다.
- 소형, 경량이고 가격이 싸다.
- 토출 공기 재순환 우려가 적다.

② 단점
- 높이가 높고 비산 수량이 많다.
- 펌프, 팬 동력이 크다.
- 소음이 크고, 보수 점검이 어렵다.

③ 냉각수 살수 방식
- 가압식 : 분사 노즐을 이용
- 중력식 : 살수관으로부터 자유 낙하
- 회전식 : 살수 헤더가 회전하면 분사

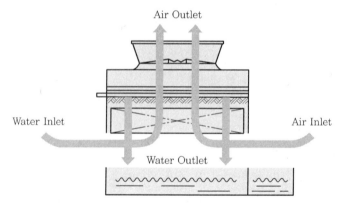

‖ 대향류형 냉각탑 ‖

(2) 직교류형 냉각탑

① 장점
- 높이가 낮고 비산 수량이 다소 적다.
- 펌프동력 및 송풍동력이 작다.
- 보수 점검이 용이하다.
- Unit 조합으로 여러 대 설치가 용이하고 공장 생산이 용이하다.

② 단점
- 점유 면적이 크고 중량이 크다.
- 열특성이 대향류형보다 낮다.

- 토출공기 재순환의 우려가 있다.(흡입구가 높음)
- 대향류 대비 가격이 다소 비싸다.
- 비산 수량이 많다.

③ 냉각수 살수 방식 : 충진재 상부 수조판에 다수의 구멍을 뚫어 자유 낙하

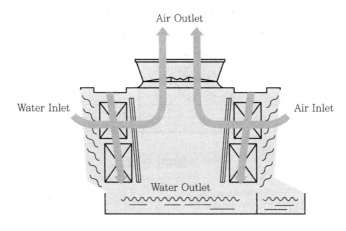

┃ 직교류형 냉각탑 ┃

(3) 밀폐형 냉각탑

① 장점
- 냉각수의 대기 노출이 없어 수질오염의 염려가 없다.
- 소음 및 비산이 적다.
- 건물 내 지하 설치에 적합하다.

② 단점
- 개방식에 비해 장비의 크기가 훨씬 커진다.
- 고가이고 구조가 복잡하다.

③ 냉각탑 충진재 대신에 밀폐 회로관 또는 열교환기를 설치할 수 있다.

④ 냉동 공조장치 이외에 화학, 발전, 전력 설비 등의 냉각 장치로도 다양하게 응용된다.
(물뿐만 아니라 브라인, 기름 등 각종 유체 사용)

⑤ 냉동기의 응축기로 사용할 경우 증발식 응축기로 분류된다.

⑥ 열교환기 종류 : 다관식, 핀관식, 평판식

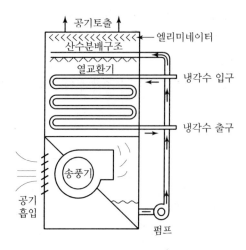

┃ 밀폐형 냉각탑 ┃

(4) 대기식 냉각탑(Atmospheric Cooling Tower)

탑 내에 판자를 등간격으로 상, 하로 쌓아 물을 그 위에 뿌리고 공기는 단과 단 사이를 수평으로 자연 통풍되어 통과하는 직교류형 냉각탑이다.

① 제원
- 물의 살수량 : $2 \sim 6 m^3 / m^2$
- 풍속 : $2 m/s$
- 탑의 폭 : $4m$
- 탑의 높이 : $12m$

② 특징
- 수원이 풍부하지 못하거나 냉각수를 절약하고자 할 때 사용한다.
- 공기 접촉 또는 증발잠열에 의해서도 냉각되므로 증발식 응축기와 원리는 비슷하다.
- 외기의 습구온도의 영향을 받으며 외기 습구온도는 냉각탑의 출구온도보다 항상 낮다.
- 물의 증발로 냉각수를 냉각시킬 때 2% 정도의 소모로 1℃의 수온을 낮게 할 수 있으며 95% 정도의 물 회수가 가능하다.

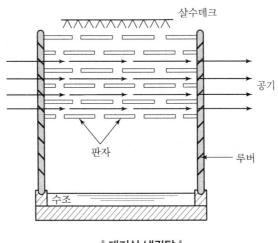

‖ 대기식 냉각탑 ‖

2 냉각탑의 설계

이론적으로는 냉각탑 수온이 접촉하는 공기의 습구온도까지 냉각이 가능하나, 실제로는 공기의 습구온도까지 냉각이 안 된다.

1) 물 – 공기의 온도관계

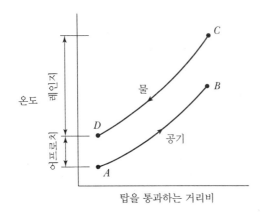

‖ 대항류형 냉각탑에서 물 – 공기의 온도관계 ‖

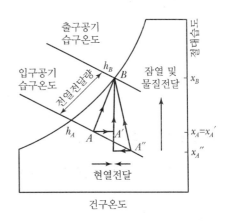

‖ 냉각탑을 통과하는 공기의 상태 ‖

① 레인지(Range)
  • 레인지 = $C - D$
  • 레인지는 냉각탑의 크기나 능력에 따라 정해지는 것이 아니고, 열부하와 유량에 따라 정해진다.
  • 압축식 냉동기는 5℃ 정도, 흡수식 냉동기는 6~9℃ 정도로 설정한다.

② 어프로치(Approach)

- 어프로치 $= D - A$
- 어프로치의 크기는 냉각탑의 크기(용량)와 반비례한다.
- 일반적으로 공조용은 5℃ 정도로 설정한다.

③ 습공기상의 변화

- 공기의 변화 : $A \rightarrow B$

  $A \rightarrow A'$: 공기의 현열 가열(물의 현열 냉각)

  $A' \rightarrow B$: 공기의 잠열 가열(물의 잠열 냉각)
- 공기 입구 상태가 A''로 변해 $A'' \rightarrow B$로 변화하면, 잠열성분만 변하므로 증발량이 적어 진다.

2) 냉각수 순환량(L)

$$L = \frac{q_c}{(tw_1 - tw_2) \cdot C}$$

여기서, q_c : 냉각열량(kcal/h)

tw_1, tw_2 : 냉각탑 입구, 출구온도(℃)

3) 냉각탑의 송풍량(G)

$$G(\mathrm{kg/h}) = \frac{q_c}{h_2 - h_1}$$

여기서, h_1, h_2 : t'_2, t'_1에서 포화공기의 엔탈피(kcal/kg)

4) 냉각탑의 냉각 열량(q_c)

① 압축식 : 냉동기 부하의 1.3배
② 흡수식 : 냉동기 부하의 2.5배

5) 냉각톤

① 냉각탑 용량은 순환수량, 입출구 수온, 입구공기 습구온도로 표시되어야 한다. 그러나 습구 온도 변화와 여러 냉동기 형태별 차이를 감안한 비교를 위해 상당 RT로의 변환도 필요하다.
② 냉각탑의 상당 RT의 의미는 표준적 조건에서 운전되는 왕복동 또는 터보 냉동기가 몇 RT를 감당해내는 냉각탑 용량인가 하는 것이다.
③ 냉각탑 1상당 RT의 표시

- 냉각열량 : 3,900kcal/h

- 입구수온 : 37℃
- 출구수온 : 32℃
- 습구온도 : 27℃
- 순환수량 : 13L/m＝0.78m³/h

6) 냉각수 펌프

(1) 냉각수 펌프 양정

$$H = H_1 + H_2 + H_3 + H_4$$

여기서, H_1 : 냉각탑 살수 헤드와 수면의 높이차

H_2 : 전 배관의 마찰손실＋배관 부속의 마찰손실

H_3 : 냉동기(응축기, 흡수기)의 압력손실수두

H_4 : 냉각탑 살수 헤드 분사압(또는 분사 시 압력손실수두)

(2) 냉각수 펌프 동력

$$P(\text{kW}) = \frac{Q \times H}{6,120 \times \eta} \times K$$

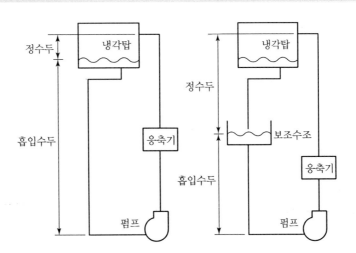

❸ 향류형 냉각탑에서 물과 공기의 온도관계

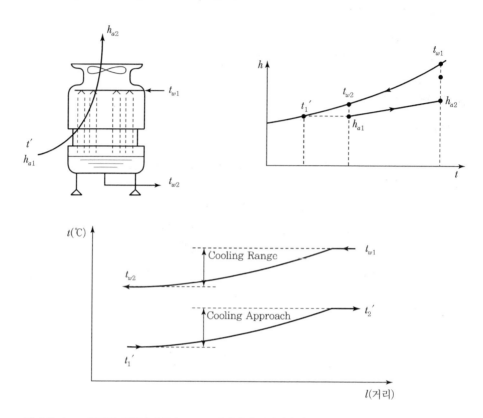

여기서, t_{w1} : 냉각탑 입구수온(℃), t_{w2} : 냉각탑 출구수온(℃)

t_1' : 입구공기 습구온도(℃), t_2' : 출구공기 습구온도(℃)

h_{a1} : 입구공기 엔탈피(kcal/kg′), h_{a2} : 출구공기 엔탈피(kcal/kg′)

1) 쿨링레인지(Cooling Range)

냉각탑 입구수온(t_{w1}) − 냉각탑 출구수온(t_{w2})이며, 약 5℃ 정도이다.

2) 쿨링어프로치(Cooling Approach)

① 냉각탑 출구수온(t_{w2}) − 냉각탑 입구공기온도(t_1')이며, 일반적으로 3~5℃ 정도로 한다.

② Cooling Approach를 작게 하기 위해서 물과 공기의 접촉을 보다 많이 할 수 있어야 하므로 장치가 커지게 된다.

③ 냉각탑에 의해 냉각되는 물의 출구온도는 외기의 습구온도에 따라 변동되고 입구공기와 습구온도가 같은 조건일 때 어프로치가 작은 냉각탑이 그만큼 많이 냉각되었으므로 능력이 크다는 뜻이다. 어프로치를 작게 하기 위해서는 물과 공기의 접촉을 보다 많이 할 수 있게 설계하여야 한다.

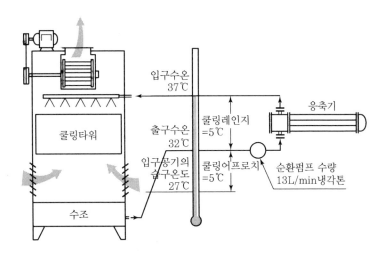

입구수온 37℃

응축기

쿨링타워

출구수온 32℃

입구공기의 습구온도 27℃

쿨링레인지 =5℃

쿨링어프로치 =5℃

순환펌프 수량 13L/min냉각톤

수조

3) 냉각탑의 효율

$$\eta_{CT} = \frac{t_{w1} - t_{w2}}{t_{w1} - t_1{'}} = \frac{\text{Coolimg Range}}{\text{Cooling Range} + \text{Cooling Approach}}$$

4) 특징

① 동일한 공기와 수온의 조건에서 대향류가 대수평균온도차(LMTD)가 크게 되어 냉각탑의 전열면적 및 크기를 줄일 수 있어 경제적이다.

② 냉각탑의 전열량은 공기의 건구온도와는 관계가 없다.

③ 냉각탑의 용량은 입구공기의 습구온도를 낮게 하거나, 냉각탑 입구수온을 높게 함으로써 증가시킬 수 있다.

4 냉각탑의 성능요소

1) 습구온도(Wet Bulb Temperature)

냉각탑의 능력은 대략 탑 출입구 습구온도와 수온의 평균온도차에 비례한다.

2) 건구온도와 상대습도(Dry Bulb Temperature & Relative Humidity)

3) 순환수량, 입출구 수온차(Range), 어프로치(Approach)

4) 간섭효과(Interference)

냉각탑 상류의 열원은 흡입공기의 습구온도를 높여 냉각탑 성능저하로 나타난다. 새로운 냉각탑의 설치장소는 이미 설치되어 있는 탑의 바람이 불어가는 쪽을 피하고 열 배기구와는 간격을 유지해야 한다.

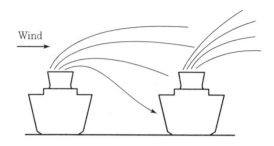

5) 재순환(Recirculation)

① 입구공기 습구온도는 탑에서 배출된 공기의 일부가 다시 탑의 흡입구로 들어오는 것에 의해 영향을 받을 수 있다.

② 재순환의 가능성은 기본적으로 바람의 힘과 방향과 관련이 있으며 바람의 속도 증가에 비례하여 증가하는 경향이 있다.

③ 옥상 패러핏이나 펜스 등의 장애물이 주요한 성능저하 역할을 하게 되며 냉각탑의 모양이나 방향 결정에 따라서도 재순환의 크기가 달라진다. 탑보다 높은 장애물은 피하고 탑의 좁은 면이 바람의 방향과 마주하도록 배치한다.

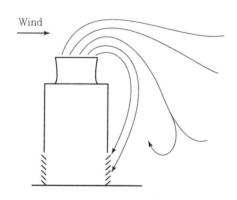

6) 풍량

5 냉각탑의 용량제어

1) 냉각수량 제어

① 냉각탑에 공급되는 수량을 제어하거나 일부를 바이패스시키는 방법을 사용한다.

② 2-way, 3-way 밸브를 사용한다.(전기식이나 공압식)

③ 송풍기 및 펌프의 동력은 대개 감소하지 않는 단점이 있다.

④ 계통이 단순하고 부하 변동이 클 경우 펌프 회전수 제어나 대수제어도 검토 가능하다.

⑤ 밸브의 마찰 손실이 밸브로부터 냉각탑 상부 살수헤더까지의 마찰손실과 낙차보다 크지 않도록 주의한다.

2) 공기유량제어

① 송풍기 회전수 제어, 날개 피치의 변화, 댐퍼 제어 등이 있다.

② 복잡하고 설비비가 많이 드나, 비산량 감소에는 효과적이다.

③ 송풍기의 On/Off에 의한 제어를 일반적으로 많이 사용한다.

3) 냉각탑 분할 운전

① 다수의 냉각탑을 연결했거나, 대용량의 냉각탑을 내부 분할해 다수의 송풍기를 설치한 경우 부하에 해당하는 만큼 송풍기 대수제어(On/Off)를 한다.

② 펌프 동력 절감은 없으나 송풍동력 절감 및 자연 냉각 효과가 있다.

6 냉각탑 수질 관리

① 냉각탑 운전 시 대기오염물질에 의한 냉각수 오염으로 부식, 슬라임, 스케일 등이 발생한다.

② 냉각수 순환이나 열전달을 방해하고 시스템의 수명을 단축시킬 수 있어 적극적인 수질 관리가 필요하다.

③ 수질 관리 대책

• 스케일 분산제 투입이나 스케일 방지, 제거 기구를 설치한다.

• 이온수지 교환 등으로 경수연화 처리를 한다.

• 여과기 등을 이용한 필터링을 통해 슬라임 원인 물질을 제거한다.

• 적절한 블로 다운으로 고농축도 관리를 한다.

• 주기적으로 수조를 청소한다.

• 휴지기 퇴수 조치 및 냉각탑 개구부 보호덮개 설치를 한다.

④ 블로 다운 방법

• 주기적으로 오버 플로를 실시한다.

• 별도의 블로 배관을 설치한다.(상시적으로 일정량에 대해 블로 다운 실시)

- 타이머와 전자밸브를 이용해 주기적으로 블로 다운을 실시한다.
- 기타
  - 압력스위치 연동(수질 악화에 의한 압력 상승 감지)
  - PH 센서와 연동
  - 도전율계와 연동

⑤ 각종 장해의 구체적인 예

부식, Scale에 의한 장해		Slime에 의한 장해	
장해의 종류	장해의 구체적인 예	Fouling의 종류	장해의 구체적인 예
공통 사항	열교환 효율의 저하	공통 사항	열교환 효율의 저하
부식 장해	• 열교환기의 누설 • 재질의 강도 저하 • 열교환기의 폐쇄	Slime 부착형	• 열교환기의 폐쇄 • 펌프압 상승, 유량 저하 • 부식의 촉진
Scale장해	• 펌프압 상승, 유량 저하 • 부식의 촉진 • 처리 약품의 흡착, 낭비	Slime 퇴적형	• 냉각탑의 효율 저하 • 충진재의 변형, 낙하 • 처리 약품의 흡착, 낭비 • 외관 오염, 시각 공해 • Sludge의 퇴적

※ Slime 장해는 수중에 용존하여 있는 영양원을 이용하여 세균, 사상균, 조류 등의 미생물이 증식하고, 이 미생물을 주체로 하여 여기에 토사와 같은 무기물이나 먼지 등이 섞여져 형성되는 연니성(軟泥性) 오염물의 부착이나 퇴적에 의해 일어나는 장해이다.

7 냉각용수 수처리의 목적

① 에너지 절약 및 용수 절약
② 장비 및 배관 수명의 연장
③ 쾌적한 환경 조성

8 연통관

① 2대 이상의 개방형 냉각탑을 병렬로 설치할 때 연통관을 설치한다.
② 냉각탑을 병렬로 설치 시 냉각수의 분배 불균형으로 인하여 한쪽에서는 냉각수 부족현상이 발생하고 다른 쪽은 냉각수가 넘치는 현상이 발생한다.
③ 연통관을 설치하여 균형을 잡고, 병렬로 된 분기관에 밸브 등을 설치하여 양을 조절하는 기능도 한다.

④ 계통도(냉각탑을 2대 병렬로 설치할 경우)

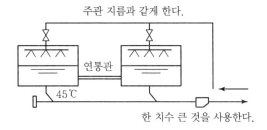

⑤ 연통관 설치목적
- 냉각탑을 병렬로 설치할 경우 배관저항, 관로저항으로 인하여 차이가 발생한다.
- 냉각탑의 냉각수 공급이 불균형해져 한쪽으로 치우쳐 흘러 냉각능력이 떨어진다.
- 흐름의 불균일로 한쪽에 냉각수 부족현상이 발생하면 연통관 설치로 해소한다.
- 자연통풍 이용 시(저부하 시) 냉각수 분배를 균등하게 한다.(균등수위 유지)

9 Cooling Tower의 냉각수 온도 제어

흡수식 냉동기를 사용하는 경우나 연간 공조를 하는 경우 또는 항온항습실의 공조, 스포츠센터 등 응축온도를 일정하게 유지할 필요가 있을 때 냉각수 수온 제어를 할 필요가 있다. 종류로는 3방밸브에 의한 수온 제어, 2방밸브에 의한 수온 제어, 냉각탑 팬모터의 On-Off에 의한 수온 제어 등이 있다.

1) 3방밸브에 의한 수온 제어

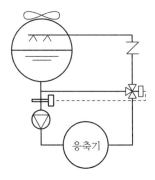

(a) 분류3방밸브에 의한 방법

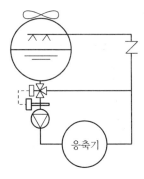

(b) 혼합3방밸브에 의한 방법

2) 2방밸브에 의한 수온 제어

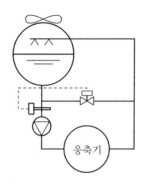

3) 냉각탑 Fan Motor의 On – Off에 의한 수온 제어

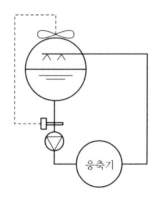

⑩ 백연현상

1) 백연(Plume)

① 냉각탑으로부터 방출되는 포화습공기(수증기)가 대기에 좀 더 차가운 공기와 혼합되는 과정에서 재응축을 일으켜 생성된다.

② 백연은 순수한 수증기에 속하므로 대기오염원으로 간주하기는 어려우나, 더 낮은 대기온도로 갈수록 가시도가 높아지게 된다.

2) 백연의 발생

① 백연은 동절기 낮은 기온에서 극대화되며 여름철의 경우 백연 발생이 극히 미소하다.

② 백연은 냉각탑으로부터 방출된 포화습공기와 대기의 찬공기가 물리적 작용을 일으켜 방출되는 포화습공기 내에 함유된 미세한 수분을 재응축시킴으로써 발생되며 가시도는 매우 낮다.

③ 백연은 방출 포화습공기가 포화곡선을 초과하는 조건에서 발생한다.

④ 백연 발생을 억제하기 위해서는 방출 포화습공기 조건을 포화곡선 이내로 끌어내려야 한다.

즉, 방출 포화습공기의 상대습도를 낮추는 기계적인 장치를 수반하여야 한다.

⑤ 백연은 단지 시각적인 공해일 수는 있으나 결코 유해한 환경 오염원이 아니다.

3) 백연의 환경적인 영향

① 동절기 외에 우기 또는 이상 기후 발생 시 간혹 백연이 발생하는 경우도 있지만 출현 빈도는 극히 제한적이다.

② 집단 주거지역 또는 밀집된 도시 내에서의 백연 방출의 문제점
- 시각적 판단공해
- 시야 방해
- 화재로 인한 연기로 오인

4) 백연 방지 방식

(1) 열원가열식

① Steam, Hot Water, Electric과 같은 열원으로 Dry Section(Heating Coil)에 흡입공기를 가열하는 방식

② 백연을 완전히 제거할 수도 있지만, 엄청난 열원에너지 비용을 발생시키므로 극히 비경제적이다.

③ Plant에서 폐온수 또는 Steam 등을 이용할 수 있는 경우 유효하게 적용할 수 있다.

(2) 냉각수가열식

① 부하를 거쳐 냉각탑으로 돌아오는 냉각수(Hot Water)를 이용하여 Dry Section에 흡입공기를 가열하는 방식

② 열원가열식에 비해 Dry Section의 규모가 훨씬 더 크고 설계조건에 따라 백연 제거의 효율 범위는 약 30~80%가 되지만, 추가적인 열원에너지 비용이 없기 때문에 널리 사용되고 있다.

(3) 배기혼합식

① 실내 설치 냉각탑으로부터 Duct를 통해 방출하는 습공기와 배기를 혼합하여 백연을 감소시키는 방식

② 냉각탑의 방출 덕트와 실내 배기덕트를 연결시켜서 낮은 습도의 배출공기를 냉각탑의 포화습공기와 적절히 혼합시켜 배출함으로써 백연 감소 효과를 얻을 수 있다.

③ 배기조건이 백연 감소 조건과 반드시 일치되어야 한다. 또한 덕트 설계 시 냉각탑 방출 덕트와 실내 배기덕트의 Balance, 공기의 혼합 제어, 역류 방지 등을 충분히 고려하여야 한다.

④ 배기 조건만 충족한다면 제일 경제적인 백연 방지 시스템이 될 수 있다.

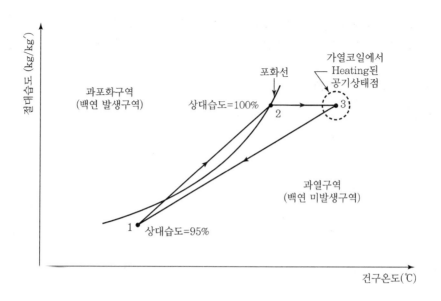

5) 백연 방지 적용 방법

냉각탑에서 토출되는 고온다습한 공기가 저온다습한 외기와 혼합되는 과정에서 노점온도 이하로 냉각되면서 백연이 발생하므로 토출공기를 가열시켜 상대습도를 낮추면 백연현상을 방지할 수 있다.

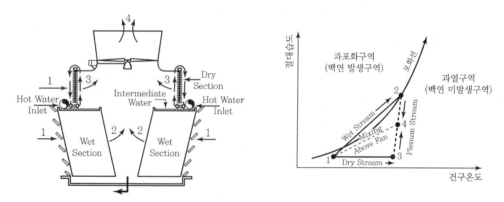

1 : 냉각탑으로 유입되는 외기 상태점

2 : 냉각탑의 토출공기 상태점

3 : 냉각수 가열식을 사용하여 냉각탑 토출공기를 가열시켜 상대습도를 낮춘 백연코일로부터 토출되는 공기의 상태점

3 → 1 : 토출공기와 외기가 혼합되어 백연 발생 없이 외기상태로 돌아가는 경로

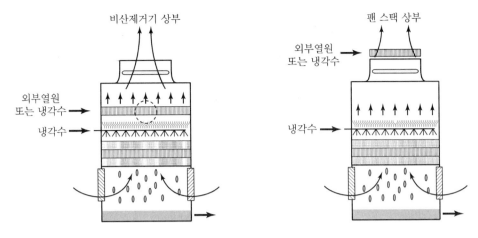

‖ 백연 방지 냉각탑 ‖

11 냉각탑의 수배관

냉각탑과 응축기 사이를 연결한 수배관의 지름은 대략 냉각수 순환펌프 지름과 동일하게 한다. 펌프 토출 측 배관 유속은 2m/s 전후로 하며, 냉방실 내를 통과하는 배관은 보온을 하고 그 외의 부분은 보온을 하지 않는다.

1) 냉각탑이 응축기보다 높은 위치에 있는 경우

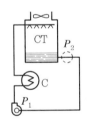

① 일반적으로 냉각탑을 옥상에 설치하는 경우이다.
② 펌프는 응축기 옆(P_1)에 설치하되, 콘덴서 옆에 공간이 없을 경우 P_2에 설치한다.
③ 2대 이상의 냉각탑을 공통의 배관으로 할 때에는 각 냉각탑 입구에 밸브를 설치하고 양쪽의 수량이 균일하게 되도록 한다.

2) 냉각탑과 응축기가 동일한 높이에 있는 경우

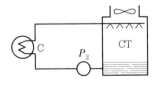

① 옥상에 냉동기를 설치하는 경우이다.

② 응축기와 냉각탑을 동일 레벨로 설치하고 상호 간의 거리가 멀 때에는 냉각탑 옆의 P_2에 설치한다.

3) 냉각탑이 응축기보다 낮은 위치에 있는 경우

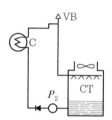

① 응축기가 냉각탑보다 상부에 설치되는 경우이며 냉각탑 옆에 펌프를 설치한다.

② 운전 정지 시에는 냉각탑 수조로 배관계 내의 물이 유입되므로 수조의 크기를 크게 한다.

③ VB 위치에 진공브레이커(Vacuum Breaker)를 설치한다.

▶ Heat Pump 방식 중 공기 – 물 방식(Air To Water System)에 대하여 ① 개요(개념), ② 방법, ③ 개략계통도(구조)를 그리고 기기의 역할 설명, ④ 적용가능한 곳에 대하여 기술하시오.

▶ 1대의 열펌프시스템을 이용하여 여름철에는 냉방기, 겨울철에는 난방기로 이용하는 열펌프 방식 냉난방장치가 각광을 받고 있다. 이에 대한 다음 물음에 답하시오.
  1) 공기 – 공기를 이용하는 열펌프 사이클의 냉각 운전 방식에 대한 장치도를 나타내시오.
  2) 공기 – 공기를 이용하는 열펌프 사이클의 난방 운전 방식에 대한 장치도를 나타내시오.
  3) 위 각각의 장치도에 대한 $P-h$ 선도를 나타내시오.(단, 장치도의 각 점은 $P-h$ 선도의 각 점과 일치하여야 한다.)
  4) 위 각각의 장치도에 대한 이론 성능계수식을 나타내시오.(단, 장치도와 선도의 기호는 임의로 정하여 사용한다.)

▶ 히트펌프의 성적계수에 대해 설명하시오.

▶ 히트펌프가 적용 가능한 분야에 대해 설명하시오.

▶ CO_2 절감을 위하여 각종 폐열을 회수할 필요가 있다. 그러나 현재 국내에 가동 중인 Heat Pump에는 설비 및 운전 미숙으로 여러 가지 문제점이 발생하는 경우가 많다. 이와 관련하여 Heat Pump의 원리, 냉매 특성, 열원 방식의 종류, 사용 온도범위, 사고 원인 및 결과 등에 대하여 설명하시오.

▶ 냉동기와 열펌프의 성능계수(COP : Coefficient of Performance)에 대하여 각각 비교하여 설명하시오.

▶ 열펌프를 이용하여 건물의 냉난방을 하고자 한다.
  1) 열펌프의 구성요소를 설명하시오.
  2) 열펌프의 열원 3가지를 설명하시오.
  3) 열펌프의 난방 성능계수(COP)를 정의하고 설명하시오.
  4) 열펌프 냉난방 방식의 장단점을 설명하시오.

▶ 최근 전력부족이 사회적 이슈가 되고 있고, 압축기 부품기술이 발달하면서 다양한 방식의 히트펌프가 개발 및 보급되고 있다. 다음의 질문에 답하시오.
  1) 히트펌프 방식별 회로전환 방식과 특징을 설명하시오.
  2) 히트펌프의 난방 COP를 나타내는 방법을 설명하시오.

▶ 공기 대 공기 열펌프의 구성과 제상(Defrosting)에 대하여 설명하시오.

▶ 가스엔진열펌프(GHP)의 특징과 이를 적용한 공기조화시스템의 종류에 대하여 설명하시오.

▶ 지열히트펌프를 이용한 냉·난방시스템에 대하여 설명하시오.

▶ 지열 이용방법의 종류별 특성과 장단점에 대하여 설명하시오.

▶ 지열펌프시스템은 지열을 추출(absorb)하거나 실내에서 추출한 열을 지중으로 방열(reject)하기 위해 여러 가지 형식의 지중순환회로를 지하에 설치한다. 지열 펌프시스템의 종류에는 개회로형 지열펌프시스템(Open Loop System)과 폐회 로형 지열펌프시스템(Closed Loop System)이 있다. 개회로형 지열펌프시스템 과 폐회로형 지열펌프시스템을 각각 그림을 그려서 설명하고, 각 시스템의 장단점 을 설명하시오.

▶ 지열을 이용하는 히트펌프의 지열원 열교환기 형식은 크게 수직형, 수평형, 지하 수형 및 연못형으로 구분된다. 각 형식의 장단점에 대하여 설명하시오.

▶ 지열을 이용한 히트펌프시스템 중 대표적인 4가지 시스템에 대하여 설명하시오.

▶ 수축열 지열히트펌프 시스템과 관련하여 다음의 질문에 답하시오.
  1) 열원계통의 개략도를 작도하시오.
  2) 축열재의 구비조건을 열거하여 설명하시오.
  3) 수축열식 지열히트펌프 시스템의 장단점을 열거하고 이에 대해 설명하시오.

▶ 제1종 흡수식 히트펌프의 작동원리에 대해 설명하시오.

▶ 태양열과 가스를 이용한 하이브리드 흡수식 냉난방시스템을 계획하고자 한다. 다음에 대하여 설명하시오.
  1) 일사량과 냉방부하의 관계
  2) 시스템 개념도
  3) 시스템의 기대효과

I. 열펌프(Heat Pump)

1 개요

① 히트펌프는 저온 범위의 열(공기, 지하수, 폐열 등)을 흡수하여 고온 범위로 Pump-up 한다는 데서 그 이름이 붙여진 것으로, 냉동기가 증발기의 흡열작용(냉각력)을 이용하는 것인데 비해, 히트펌프는 응축기의 방열을 이용하는 것이다.

② 히트펌프는 각종 배열 등 미활용 에너지를 이용하여 에너지 절약에 도움이 되며, 에너지의 균형 있는 이용에도 도움이 된다.(전력은 여름에는 수요가 많지만, 겨울에는 수요가 급감 → 히트펌프 사용에 의해 수요 유발 필요)

③ 히트펌프는 연소를 수반하지 않으므로 대기오염이 없고 냉난방 양 열원을 겸하므로 보일러실이나 굴뚝 등의 공간을 절약할 수 있다.

2 히트펌프의 장점

① 에너지 효율이 높다.(COP가 3.0 이상)
② 연료의 연소가 수반되지 않으므로 깨끗하고 안전한 무공해 장치이다.
③ 각종 배열 등 미활용 에너지를 이용하므로 에너지 절약형이다.
④ 1대로 냉난방을 겸용할 수 있어 설비의 이용효율이 높다.

3 히트펌프의 원리

증발기의 흡열과 압축일을 합한 만큼 응축기에서 방열하므로 증발기에서 열의 흡수(채열원)가 용이한 구조이다.

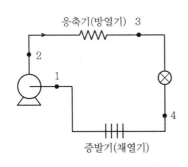

‖ 히트펌프 계통도 ‖

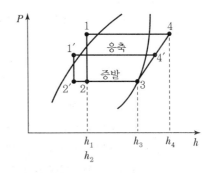

‖ 히트펌프 사이클의 몰리에르 선도 ‖

① 냉동사이클 : $1' → 2' → 3 → 4'$, 히트펌프 사이클 : $1 → 2 → 3 → 4$

② COP(Coefficient of Perfomamce, 성적계수, ε_h)

$$COP(\varepsilon_h) = \frac{응축열량}{압축기\ 일량} = \frac{방열량}{압축일} = \frac{h_4 - h_1}{h_4 - h_3} = \frac{h_4 - h_3}{h_4 - h_3} + \frac{h_3 - h_1}{h_4 - h_3} = 1 + \varepsilon$$

여기서, h_1, h_2, h_3, h_4 : 냉매의 엔탈피

③ 히트펌프 응축기에서 고온을 얻기 위해서는 응축온도(압력)가 높아야 한다. 이때 압축기, 압력
　용기, 배관 등의 내압성능이나 윤활유의 고온에 의한 열화를 고려해야 한다.

④ 실용적인 성능계수는 대략 4~5 정도이며, 증발온도가 높고 응축온도가 낮을수록 COP가 증가
　된다. 그러므로 배열, 회수열, 태양열 등 적당한 채열원이 있으면 난방열원의 에너지를 1/2~
　1/5 정도로 줄일 수 있다.

⑤ 채열원은 열량이 풍부하고, 온도가 높고, 안전하며 쉽게 얻을 수 있는 것이 좋다.

4 히트펌프의 열원

1) 열원별 특징

공기	• 열원의 용량이 무한하고 장비구성도 간단하여 널리 이용 • 대기온도가 빙점 이하로 떨어질 경우 난방능력이 저하되고 표면에 서리가 결빙하는 문제가 발생(동절기 외기온도에 따른 운전상 어려움이 있고, 보조난방장치, 제상장치가 필요) • 공기와 열전달계수가 작아 열교환기 용량이 커져야 함 • 물을 열원으로 하는 것보다 10~30% 정도 낮은 성능 • 제상작업 시 난방 불가에 따른 불편함 고려
물	• 수원의 종류 : 상하수도, 강물, 공업폐수, 지하수, 바닷물, 호수 등 • 지하수는 연중 평균온도가 높고(4~10℃) 온도 변화가 크지 않아 가장 효과적인 열원 • 강물, 호수, 바닷물, 하수 등은 수질상태나 이용여건에 제약이 많고 열악한 수질로 인한 물때나 부식, 유지관리상의 어려움이 많음 • 하천과 호수는 좋은 열원이나 동계에 낮은 온도로 결빙을 피할 수 있게 설계해야 함 • 해수는 수심 25~50m에서 5~8℃를 상시 유지하여 좋은 열원이며 결빙의 문제가 없음 • 공기열원보다 초기 설비비가 많이 소요 • 물의 열전달 용량이 커 장비 효율이나 운전성에는 유리
지열	• 신 · 재생에너지의 하나로 최근 히트펌프식 냉난방기 열원으로 이용이 증가 • 열교환 방식에 따라 직접팽창 방식(냉매와 토양의 직접 열교환)과 밀폐회로 방식(물을 이용한 토양−물−냉매 간 간접 열교환 방식)으로 분류 • 냉매관로 형태에 따라 수직형과 수평형으로 분류 • 수직형의 경우 굴착에 따른 시공비의 증가와 유지보수상의 어려움이 있음 • 연간 온도가 일정하고 열원으로 성질이 우수

태양열	• 열원의 무한성과 청정성으로 최근 다방면으로 활용 중
	• 일조시간이 한정되어 있고 기상상태에 따라 용량의 편차가 심해 보조 난방장치나 축열시설이 반드시 필요
	• 순간적 부하 변동에 효과적으로 대처하기가 곤란
	• 시설투자비에 비해 가동효율이 높지 않음
	• 소규모 주택, 건물에 적용
기타	• 건물에서 배출되는 실내 발생열
	• 열병합발전이나 소각로 등 장비의 배기가스나 배열
	• 하수, 산업 배출수, 공정 냉각수 등은 비교적 높은 온도를 유지하지만 거리가 멀고 유출 및 배출 형태가 다름
	• GHP의 경우 가스엔진의 냉각수나 배기가스의 폐열을 활용

2) 사용 열원별 사용 온도범위

열원	온도범위(℃)
대기	−10~15
배출공기	15~25
지하수	4~10
호수	0~10
하천수	0~10
해수	3~8
지열(100~200m)	11~15
배출수, 유출수	>10

5 히트펌프의 열원이 갖추어야 할 조건

① 활용할 수 있는 양이 항상 일정하고 풍부해야 한다.
② 높은 성적계수(COP 3 이상)를 유지할 수 있는 정도의 에너지 레벨(Energy Level)이 요구된다.
③ 열교환기 설계 제작에 어려움이 없는 물질이어야 한다.(부식성, 독성 등이 없을 것)
④ 수요처 인근에 있어야 한다.(이송손실, 배관 투자비 등의 증대 방지)

6 히트펌프의 종류별 특성 및 용도

1) 공기 – 공기 방식 열펌프

① 열원인 대기로부터 열을 흡수하고, 응축기에서 실내 공기를 가열하는 방식이다.
② 현재 국내에서 가장 많이 보급된 방식이다.

③ 고온을 얻기 위해 토출압력이 매우 높으므로 압축기 수명이 현저히 단축되기 때문에, 왕복동식보다는 소형의 경우 로터리형이나 스크롤형이 사용된다.

④ 외기가 낮아질 경우 열펌프의 성능이 저하되어 보조 열원이 필요하다.

⑤ 냉난방 전환 방식
  • 냉매 흐름 전환 방식 : 4방밸브 조작
  • 공기 흐름 전환 방식 : 덕트 관로상의 전동댐퍼 조작

⑥ 보통 4방밸브를 조작해 냉매의 흐름 방향을 바꾸어 냉난방을 겸하는 형태의 냉난방기로 널리 보급 중이다.

⑦ 덕트 설치공간이 많이 소요된다.

⑧ 고장이 적다.(공기회로 절환)

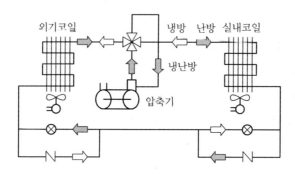

‖ 공기 – 공기 열펌프의 개략도 ‖

2) 물 – 공기 방식 열펌프

① 지하수, 생활하수, 공장폐수 등의 열원을 이용하여 실내공기를 가열하는 방식이다.

② 지표수나 지하수 등의 열원과 직접 열교환하거나 2차 유체를 통해 간접적으로 열교환하기도 한다.

③ 공기 방식에 비해 채열용 열교환기가 소형이다.

④ 제상(Defrost)이 필요 없다.

⑤ 열회수 방식으로 많이 사용한다.

⑥ 냉매만으로 사이클 절환이 가능하고, 장치가 간단하다.

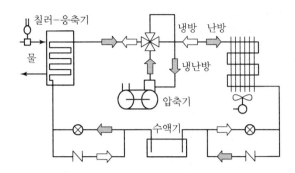

‖ 물−공기 열펌프의 개략도 ‖

3) 공기 − 물 방식 열펌프

① 대기를 열원으로 외기 코일에서 열을 흡수(채열 측 공기)한 뒤 열펌프의 응축기에서 물을 가열(방열 측 물)하여, 이 온수를 이용해 난방하는 방식이다.

② 외기나 배기 중의 열을 흡수하여 물을 가열 난방용 또는 급탕용으로 활용한다.

③ 외기 온도가 낮을 경우 열펌프 성능이 떨어져, 주로 저온 난방에 적용한다.

④ 냉매 흐름을 바꿔 냉수를 만들어, 냉온수를 이용하는 시스템도 구성 가능하다.

⑤ 축열 방식(수축열) 및 장거리 이송이 가능하다.

⑥ 종류

㉮ 냉매 절환 방식

• 방열 측이 물이므로 축열조를 사용하여 냉동기 용량을 작게 할 수 있다.

• 외기 온도가 높을수록 고효율의 Heat Pump가 된다.

• 대형기종은 Fan 소음에 유의해야 한다.

• 왕복식, 스크루식, 터보식 냉동기에 사용된다.

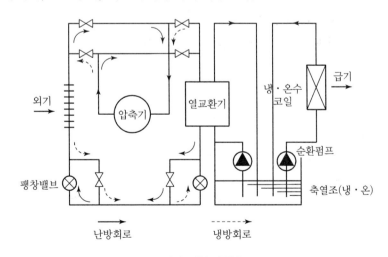

‖ 냉매 절환 방식 ‖

④ 수회로 절환 방식
- 외기 0℃ 이하에서는 부동액을 사용한다.
- 부동액 농도 관리가 번잡하다.
- 사용이 간단하다.
- Heating Tower가 커진다.

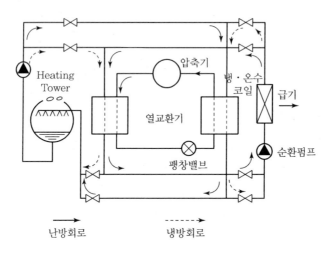

| 수회로 절환 방식 |

⑦ 적용
  ㉮ 축열조를 이용한 냉방설비에 적용
  ㉯ 외기를 이용한 온수 생산
    - 어류 양식업
    - 복지시설 및 실버타운의 욕실
    - 사우나 및 찜질방의 온수 생산
  ㉰ 냉방을 이용하는 병원의 의료기 소독
  ㉱ 건축물의 페리미터 존 냉방설비와 난방설비

4) 물-물 방식 열펌프

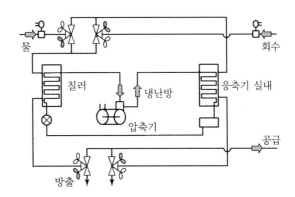

‖ 물-물 열펌프의 개략도 ‖

① 지하수, 폐수 등에서 열을 흡수하여 난방, 급탕용 물을 가열한다.
② 열원과 가열 대상이 모두 물인 방식으로, 냉난방 운전조건에 따라 냉수와 온수의 이용이 모두 가능하다.
③ 4방밸브를 이용한 냉매 흐름의 변화로 냉난방을 전환하나, 열원과 가열 대상인 물의 흐름 방향을 바꾸어 냉난방 운전 전환을 하기도 한다.
④ 호텔, 목욕탕, 스포츠센터 등의 생활 하수를 사용하면 매우 높은 COP를 얻을 수 있다.
⑤ 열교환기의 오염을 방지하기 위해 자동세척이 가능한 열교환기가 필요하다.

7 히트펌프의 문제점

① 가혹한 운전조건(높은 토출압력)에서 운전되기 때문에 압축기의 고장이 빈번하다.
② 공기열원의 경우 사용 가능 지역이 제한된다.(우리나라의 경우 영호남 등의 남부지방에 적용 가능)
③ 공기열원 히트펌프의 경우 겨울철 실외 온도가 5℃ 이하로 내려가면 증발기에 성애가 끼고 냉매, 윤활유 작용에 무리가 따라 컴프레서 효율이 저하된다.
④ 기기 메이커의 기술수준이 미흡하다.(압축기, 열교환기 등)
⑤ 이용자의 히트펌프에 대한 에너지 절약성, 공장 폐열 이용효과 등에 대한 이해가 부족하다.
⑥ 산업용의 경우 히트펌프 적용대상 공정이 주요 공정 노하우(know-how)인 경우가 많아, 기기 제조사 측에서 시장 접근에 한계가 있다.
⑦ 공기열원이므로 제상이 번거롭다.
⑧ 공기열원의 경우 외기온도가 낮아지면 히트펌프의 가열능력은 떨어지는 데 비해 실의 가열부하는 증가한다.

8 히트펌프의 활성화 방안

① 히트펌프 및 그 기술에 대한 홍보
② 히트펌프의 연구개발, 보급확대 등을 위한 국가적 정책
  • 에너지 절약의 목적을 위한 각종 인센티브
  • 투자 촉진 세제를 통한 지원
③ 에너지 절약 분야에 관련된 정부출연기관 등으로부터 자금 지원
④ 건축설계 초기 단계에서 히트펌프용 축열공간 확보
⑤ 오존층 파괴와 상관이 없는 냉매에 적합한 시스템 개발

Ⅱ. GHP(Gas Heat Pump)

1 GHP의 특징

EHP(Electric Heat Pump, 전기식 히트펌프)와 GHP(Gas Heat Pump, 가스히트펌프)는 모두 냉매의 히트펌프 사이클 순환을 통해 냉난방을 하는 설비로, EHP는 전기모터를 사용하여 컴프레서를 구동하는 반면, GHP는 가스엔진을 사용하여 컴프레서를 구동한다.

1) 기계실 불필요

GHP의 실내기는 천장에, 실외기는 옥상에 설치하므로 별도의 기계실이 필요하지 않다.(공조기 사용 시 기계실, 냉각탑, 보일러 등의 공간 필요)

2) 멀티형 냉난방

GHP의 실내기는 각각의 조절기로 개별 제어되므로 수요처의 다양한 공조수요에 개별 대응이 가능하다.

3) 뛰어난 경제성

GHP는 가스를 사용하므로 종전의 전기를 주 동력원으로 사용하는 냉난방설비에 비해 에너지 비용이 저렴하며, 유지관리비 등을 획기적으로 줄여준다.

4) 엔진 파워를 이용한 쾌적 운전

엔진의 배열을 유효하게 이용하고, 최적의 회전수로 운전하는 등, 엔진이 가지고 있는 특성을 최대한 이용하여 힘차고 안정적인 쾌적 운전을 실현한다.

5) 파워풀 난방

GHP는 엔진배열을 이용하여 냉매의 난방사이클을 Pre-heating하므로 별도의 에너지 소비 없이 뛰어난 난방성능을 나타낸다.(동절기 외기온도 −20℃에도 사용 가능)

6) 빠른 난방 운전 대응

스위치를 켜면서부터 발생하는 엔진의 열에너지로 냉매를 가열하므로, 추운 아침에도 신속히 실온을 쾌적 온도로 상승시킬 수 있다.

7) 인버터 효과

미세한 회전수 제어가 가능한 가스엔진은 인버터 효과를 발휘한다. 에너지 손실이 적고 외기 온도의 변화에도 신속하게 반응하여 안정된 난방으로 설정온도를 유지한다.

8) 고연비와 저소음

GHP의 실외기는 엔진의 부하가 적고 부드럽게 회전하는 고속 스크롤 컴프레서와 대형 저소음 팬을 채택하여 고연비, 정숙성을 동시에 실현한다.

2 시스템 원리

냉각수의 온도가 높아지면 실외 열교환기(라디에이터)에 의해 방열된다.

1) 냉방 운전

① 냉매는 가스엔진으로 구동되는 컴프레서(Compressor)에 의해 압축된다.
② 고온 고압의 냉매가스는 실외 열교환기에서 응축 액화한다.
③ 냉매액은 실내 유닛의 팽창밸브에서 감압된다.
④ 저압으로 된 냉매액은 실내 열교환기에서 실내공기로부터 흡열하고 증발되고 그 증발열에 의해 실내는 냉방된다.
⑤ 냉매가스는 컴프레서에 들어가 사이클을 반복한다.

2) 난방 운전

① 냉매는 가스엔진으로 구동되는 컴프레서(Compressor)에 의해 압축된다.
② 압축에 따라 고온 고압으로 된 냉매가스는 실내 열교환기에서 응축 액화한다.
③ 팽창밸브에서 감압된 저압의 냉매액은 실외 유닛 열교환기에서 외기로부터 열을 흡수하고 흡열된 냉매는 이중관 열교환기에서 배기가스 열교환기와 엔진에 의해 가열된 온수(냉각수)의 열을 회수하여 증발 냉매가스가 된다.
④ 냉매가스는 다시 컴프레서에 들어가 사이클을 반복한다.

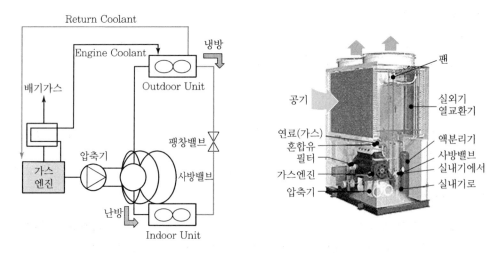

‖ 사이클 구조 ‖

3 GHP의 장점

1) 경제적 측면

① 건축비, 설치비 10~20% 절감 및 건축기간 단축 효과
- 건물의 층고를 덕트 설치 시와 비교하여 20~30cm 낮출 수 있음
- 냉매배관 설치만으로 간편하게 짧은 기간 내 공사 완료

② 유지관리비 30~50% 절감
- 적은 전력요금(전기 에어컨의 1/10) 및 값싼 가스요금 적용(특히, 냉방 시)
- 유지관리 인력 불필요(간편하게 리모컨으로 조작 가능)

③ 수변전 설비비용 절감

2) 쾌적성 측면

① 최저 소음 및 급배기 장치 불필요
- 실내소음이 31~50dB로 냉난방 기기 중 최저 수준(도서관 : 40dB, 조용한 사무실 : 50dB, 대화 시 : 60dB)
- 냉난방을 냉매에 의한 간접 방식으로 하므로 급배기 장치가 불필요

② 빠르고 강력한 냉난방 가능
- 설정온도 도달시간이 짧음(EHP : 약 36분, GHP : 약 22분)
- EHP 운전 시 필요한 제상 운전 불필요

③ 습도 조절 및 인버터 기능 탑재
- 건조 운전 기능이 있어 실내습도 조절이 가능
- 자동으로 마이콤이 엔진 회전수를 조절하여 실온을 일정하게 유지

3) 공간적 측면

① 건물의 다양한 공간에 대응
- 실외기 1대에 실내기 20대까지 설치 가능
- 냉매배관 길이 실장 100m, 상당장 125m까지 연결 가능

② 실내 인테리어를 고급스럽고 산뜻한 분위기로 연출 가능
- 콤팩트하고 다양한 실내기 선택 가능(18type, 52가지 모델)

③ 지하 및 실내공간 활용 극대화에 기여
- 실외기 옥상(지상) 설치 및 실내기 천장형으로 설치 시

4 공조시스템 구성

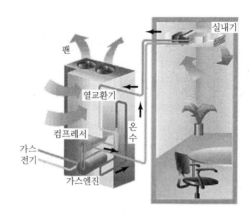

▌시스템의 구성 ▌

Ⅲ. 지열원 히트펌프(Ground Source Heat Pump)

1 구조 및 특징

① 땅속 15m 이하에 연중 일정하게 유지되는 지중온도(15℃)를 이용하여 히트펌프와 함께 냉동 사이클을 구성하여 냉방 · 난방 및 급탕에 활용하는 시스템이다.

② 땅속에 관을 매설하여 냉매를 직접 팽창(동절기에 증발기 역할)시키거나 관 내에 물이나 브라인 등을 통하게 하여 대지와 열교환한다.

③ 전열이 좋은 코일을 1.2~3m 정도 땅에 묻어 냉난방 사이클을 위한 외부코일(Heat Source)로서 사용한다.

2 장단점

1) 장점

① 사계절 연중 안정적 열원 공급이 가능하다.

② 지중열을 이용한 지열시스템과 수축열시스템이 결합된 축열식 지열 히트펌프시스템이다.

③ 지열축열조와 수축열조의 축열조를 완충작용으로 사용하여 히트펌프 장비 효율이 높고 안정적이다.

④ 대체에너지 시스템이며 심야전력을 이용하는 에너지 절약 시스템이다.

⑤ 환경규제에 적극 대처 가능한 친환경적인 냉난방시스템이다.

⑥ 심야전력을 이용한 축열탱크 설치로 지열공간 및 천공수 감소가 가능하다.

⑦ 연중 냉방, 난방, 급탕을 동시에 공급 가능하다.

⑧ 효율적이며, 무제상 운전이 가능하다.

2) 단점

① 관의 길이가 길므로 직접팽창식으로 사용할 경우 압력강하로 인한 압축비 증가가 우려되고 펌프 소요동력이 증가한다.

② 설비비가 많이 들고 지질의 종류에 따른 열용량 예측이 어렵다.

③ 지중 매설공사가 어렵고 관의 부식이 우려된다.

④ 코일의 파손 등에 의한 고장 시 보수가 어렵다.

⑤ 관내 Flash Gas 발생으로 인한 냉동능력 저하가 우려된다.

③ 사이클 회로

미국 환경보호국(EPA)에서 공인한 가장 효율적, 친환경적인 냉난방시스템이다.

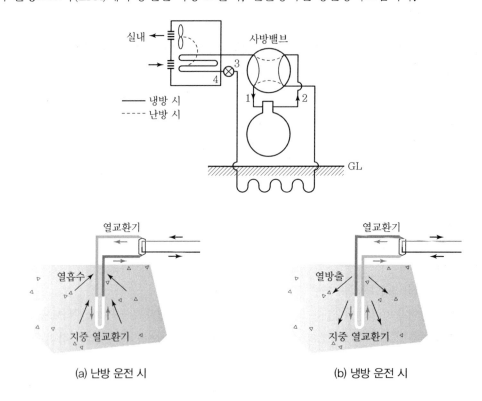

(a) 난방 운전 시   (b) 냉방 운전 시

④ 지열 이용 시스템의 종류

밀폐형 시스템의 경우 파이프(열교환기) 회로 구성에 따라 폐회로(Closed Loop) 방식과 개방회로(Open Loop) 방식으로 구분한다.

1) 폐회로(Closed Loop) 방식

① 일반적으로 적용되는 폐회로는 파이프 폐회로로 구성되어 있는데 파이프 내에는 지열을 회수(열교환)하기 위한 열매가 순환되며, 파이프의 재질은 고밀도 폴리에틸렌이 주로 사용된다.

② 폐회로 시스템은 루프의 형태에 따라 수직, 수평 루프 시스템 등으로 구분한다.

㉮ 수직 시스템

- 깊이 100~150m의 지중에 수직으로 파이프를 매설한다.
- 수평 시스템보다 시공비가 비싸나 루프의 길이가 짧고 냉난방에 효율적이다.

㉴ 수평 시스템
  • 큰 부지만 확보되면 설치가 간단하여 가장 경제적인 방식이다.
  • 수평으로 설치하기 때문에 파이프 손상 등의 우려가 있다.
  • 수직형에 비해 효율이 떨어지며 소형 시스템에 적용이 가능하다.
  • 1.2~1.8m 깊이로 매설한다.
㉳ 우물형 시스템
  설치가 간단하고 경제적이나 이용 가능한 넓이의 우물이 있어야 한다.

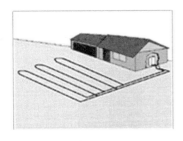
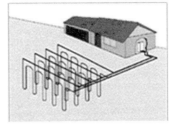

(a) 수평형   (b) 수직형   (c) 우물형

‖ 폐회로 방식 ‖

2) 개방회로(Open Loop) 방식

① 수원지, 호수, 강 등에서 공급받은 물을 개방형 회로를 순환시켜 열교환한다.
② 설치비용이 저렴하고 설치 공간이 작으며 열전달 효과가 좋다.
③ 풍부한 수자원이 있는 곳에 적용될 수 있다.
④ 폐회로에 비해 열매회로 내부가 오염되기 쉽고, 보수 및 관리가 많이 필요하다.
⑤ 폐회로가 파이프 내 열매(물 또는 부동액)와 지열 Source가 열교환되는 것에 비해 개방회로는 파이프 내로 직접 지열 Source가 회수되므로 열전달 효과가 높고, 설치비용이 저렴한 장점이 있다.

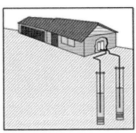

‖ 개방회로 방식 ‖

5 지열 히트펌프의 특징

① 성능 효율이 높고(5RT 기준 COP : 3.86(냉방 시 3.91)) 지열을 이용하여 열원이 안정적이다.

② 신·재생에너지원으로 화석연료 사용이 전혀 없으며, 저렴한 운전비용으로 경제적이다.

③ 폭발이나 화재의 위험이 없고 사계절 모두 냉난방이 가능하며 온수를 마음대로 쓸 수 있다.

④ 냉방 에너지는 일반 에어컨 대비 약 44%, 난방 에너지는 약 80%의 에너지 절감 효과가 있다.

⑤ 안정적인 운전으로 장비수명은 약 25년, 지하 열교환기 수명은 50년 이상이다.

⑥ 열교환기가 지중에 삽입되어 건물 외관이 미려하고 보일러 및 연료탱크가 불필요하여 설비기기의 옥내외 설치를 최소화할 수 있다.

⑦ 대기오염물질 배출 절감과 화석연료 사용 절감효과로 이산화탄소 배출량을 감소시키며 교토 의정서 비준에 유효하다.

IV. 수축열 지열히트펌프 시스템

1 축열시스템

열에너지를 저장했다가 필요시 사용하는 시스템으로 열원기기와 공조기를 2원화하여 열의 생산과 소비를 임의로 조절하여 에너지를 효율적으로 사용하는 방법

1) 장점

(1) 경제적인 측면

① 열원장치 용량의 감소로 수변전 설비 용량 축소 등 초기 투자비 감소
② 전력공급의 Peak Cut, 전력부하 균형
③ 심야전력 이용으로 경비절감 가능
④ 열원설비 용량 및 부속설비의 축소

(2) 기술적인 측면

① 부하 증가에 대한 대응이 용이
② 열원기기 고장에 대한 융통성
③ 부분부하 시 대처가 용이(기기의 고효율 운전이 가능)
④ 열공급의 신뢰성 향상(안정된 열공급)
⑤ 축열수조 내의 물은 소화용수로 사용 가능
⑥ 열회수로 인한 에너지 절감 및 수요공급의 열 밸런스 조절 가능
⑦ 저온급기 및 송수 방식 적용 가능

2) 단점

① 축열조 설치비용이 고가
② 설비공간의 확대
③ 축열조의 열손실이 발생(열 누설, 혼합 손실 → 대책이 필요)
④ 야간축열 시 인건비 상승
⑤ 온도 기능 저하로 코일 열수 증가
⑥ 수처리 비용 증가

3) 축열제의 구비조건

① 단위체적당 축열량이 클 것
② 열의 출입이 용이할 것
③ 취급이 용이할 것

④ 가격이 저렴할 것

⑤ 대량 구입이 가능할 것

⑥ 화학적으로 안정될 것

⑦ 부식이 없을 것

⑧ 독성이 없을 것

⑨ 폭발성이 없을 것

4) 축열조의 구비조건

① 운전시스템에 적합한 동적 열특성을 겸비할 것

② 물 흐름이 균일하여 사수역이 없고, 정체가 없을 것

③ 조 내의 물 흐름과 연통관 부위의 유속이 적절할 것

④ 조 내에 급격한 수위차가 없을 것

⑤ 열손실이 적을 것

⑥ 누수 및 물의 넘침이 없을 것

⑦ 물의 교체나 청소가 용이할 것

⑧ 강도적으로 강하고 화학적, 열적으로 안정할 것

⑨ 구축비가 저렴할 것

2 축열의 방법

1) 수축열(현열) 축열 방식

① 현열 이용 : 액체, 고체

② 냉수(Chiller Water)를 만들어 저장하였다가 냉수의 현열을 이용하여 냉방부하를 처리한다.

③ 축열조 용량이 증가하므로 일반적으로 비용이 증가한다.

④ 1차 측 축열매체와 2차 측 부하처리 매체가 같은 유체(물)인 시스템으로 단순하고 열손실이 작다.

2) 빙축열(잠열) 축열 방식

① 잠열 이용 : 상변화, 전이

② 얼음을 만들어 저장하여 두었다가 필요시 얼음의 융해잠열을 이용하여 냉방부하를 처리한다.

3 수축열 방식

1) 구성

① 수축열조(Chilled Water Storage Tank)

탱크 상부에는 온수, 탱크 하부에는 냉수가 저장된다.(온도에 따른 비중차에 의한 온도 성층화로 분리)

② 냉동기/히트펌프

- 용량 : 피크냉방부하 용량의 50~60% 정도
- 수축률 : 50% 정도

③ 냉각탑(Cooling Tower)

- 냉동기에서 발생하는 응축잠열을 처리하는 곳
- 직교류형, 대향류형을 사용

2) 장점

① 축열조의 방랭효율이 빙축열에 비해 8배 이상 높다.

② 일반 표준냉동기를 사용하여 높은 증발온도를 유지하므로 냉동기 효율이 높다.(타 시스템에 비해 30% 이상 에너지 절약)

③ 시스템이 간단하고 제어 및 조작이 용이하다.

④ 비축열식보다 경제성이 우수하다.

⑤ 비상시 축열조를 소방용수로 사용 가능하다.

⑥ 온수 저장이 가능하므로 겨울철 난방이 가능하다.(히트펌프식, 태양열, 지열 사용)

⑦ 별도의 저온용액(Brine)을 사용하지 않으므로 친환경적이다.

⑧ 빙축열에 비해 제어가 간단하다.

⑨ 초기 투자비가 저렴하다.

⑩ 운전경비가 절감된다.

3) 단점

① 수축열 탱크 공간이 크다.

② 수축열조의 수질관리가 필요하다.

4) 수축열시스템의 원리

① 물의 현열(Sensible Heat)만을 이용하여 축랭 및 방랭하는 시스템이다.

② 값싼 심야전력(22:00~08:00)을 이용하여 냉동기로 5.0℃의 물을 만들어 수축열조의 밑 부분에 저장한다.

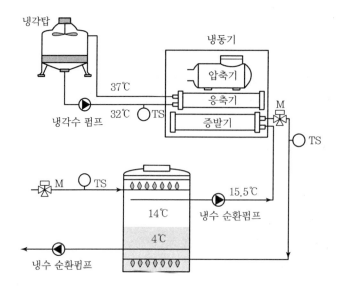

③ 수축열시스템의 핵심기술은 물의 온도에 따른 밀도차를 이용하여 낮은 온도의 물과 높은 온도의 물을 분리하여 저장하는 물분배기(Diffuser)의 설계기술이다.

④ 심야에 냉수를 생산, 저장하였다가 주간에 냉방에 사용하는 최신 냉방시스템이다.

⑤ 탱크 내 냉수와 환수의 온도차를 이용한 온도성층화 수축열조를 사용한다.

5) 수축열시스템의 특징

① 야간에 축랭한 후 주간에 냉동기와 축열조 병렬 운전을 하면 비축열식에 비해 냉동기 용량이 50% 이상 감소한다.

② 시스템이 간단하고, 제어 및 조작이 용이하다.

③ 냉동기 용량이 작아지므로 초기 투자비가 저렴하고, 값싼 심야전력 요금이 적용된다.

④ 기존 설치된 냉동기에 수축열조와 제어반 등만을 추가하여 냉방능력을 2배 이상 쉽게 증가시킬 수 있다.

⑤ 기존 물탱크가 있는 경우에는 수정하여 사용이 가능하다.

⑥ 값싼 심야전력으로 냉수를 저장하여 주간에 냉수를 순환시켜 경부하 시 냉동기의 간헐 운전으로 순간전력소모 증대 및 장비의 내구성 저하를 방지함으로써 에너지 효용성이 증대된다.

⑦ 값싼 심야전력으로 냉수를 저장하여 주간 Peak Load 시 냉동기의 부분운전과 수축열조의 해빙에 대한 고찰 없이 현열만으로도 신속한 부하 변동에 대해 대응이 용이하다.

⑧ 히트펌프, 태양열, 지열 등을 이용하여 온수를 저장하면 난방이 가능하다.

⑨ 화재 시에는 소방용수로, 가뭄 시에는 비상급수로 사용이 가능하다.

⑩ 브라인 용액을 사용하지 않으므로 환경친화적이다.

4 수축열 지열히트펌프 시스템

1) 특징

① 전력요금이 낮은 비업무시간에 냉난방에 필요한 열에너지를 생산하여 저장하고, 전력요금이 비싸고 부하가 큰 주간 피크 시간대에 사용한다.

② 피크 부하에 해당되는 부분을 비가동시간인 비업무시간대에 열에너지를 생산하여 저장하면, 냉온수를 생산하는 데 필요한 냉온수 생산 장치(냉동기 또는 히트펌프 유닛)의 용량을 크게 줄일 수 있다.

③ 수축열 방식은 물의 현열을 이용하므로 잠열을 이용하는 빙축열 방식에 비하여 필요한 물의 양이 훨씬 많으므로 큰 시설공간을 필요로 한다. 반면에, 기존의 냉방 장치를 그대로 사용할 수 있으며, 냉방은 물론 난방에도 사용할 수 있어 지열히트펌프와 연계되어 널리 사용되고 있다.

2) 구성

① 지열히트펌프 시스템에 수축열 저장을 결합한 방식이다.

② 지열히트펌프 유닛에서 생산된 냉온수를 건물로 공급하기 전에 수축열조에 저장한다.

③ 주요한 구성요소는 건물, 히트펌프 유닛, 지중열교환기 그리고 수축열조이다.

④ 각 구성요소를 연결하는 지중순환수 루프, 냉매 루프, 히트펌프 순환수 루프, 건물순환수 루프, 공기 루프의 다섯 개의 순환 루프로 구성된다.

⑤ 연결 배관 및 관련 부품 그리고 효율적으로 운전하기 위한 제어장치로 구성된다.

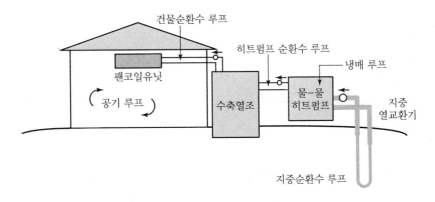

‖ 수축열 지열히트펌프 시스템 구성 다이어그램 ‖

3) 수축열 지열히트펌프의 에너지 흐름

① 여름철에 냉방을 수행하고 겨울철에 난방을 수행하는 지열히트펌프 시스템이다.

② 건물 내부에서 추출한 열을 지중에 저장하고, 지중에 저장한 열을 추출하여 건물 난방에 이용하는 과정을 반복하면서 지중을 열저장소로 이용한다.

③ 수축열 지열히트펌프 시스템도 일반적인 지열히트펌프 시스템과 같은 방법으로 지중을 열 저장소로 이용한다.

④ 냉방운전을 수행하는 경우에는 건물 내부의 열이 수축열조를 거쳐서 히트펌프를 통하여 지중열교환기에 의하여 지중에 저장된다.

⑤ 난방운전을 수행하는 경우에는 지중에 저장된 열이 지중열교환기를 통하여 히트펌프로 전달되고, 히트펌프 유닛에서 온수의 형태로 수축열조에 저장된 후 건물 내부로 전달되는 경로를 거치게 된다.

⑥ 냉방운전에서는 건물에서 지중으로 열에너지가 이동하고, 난방운전에서는 지중에서 건물로 열에너지가 이동한다.

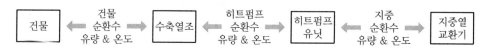

┃ **수축열 지열히트펌프 시스템의 에너지 흐름** ┃

4) 장점

① 에너지 효율이 높다.
② 유지비가 저렴하다.
③ 에너지 가용성 및 편리성이 우수하다.
④ 온도 제어가 간편하다.
⑤ 건축적 외관을 아름답게 할 수 있다.

5) 단점

① 지형적 및 지하구조적 제한이 있다.
② 초기 투자비가 많이 든다.

5 결론

① 수축열에너지 저장은 온실가스 배출 절감에 기여할 수 있는 동시에, 에너지 비용 절감에 크게 기여할 수 있는 유용한 기술이다. 이러한 유용한 기술을 지열히트펌프와 원활하게 연계하여 두 가지 기술의 장점을 살릴 수 있다.

② 기존 지열히트펌프 시스템에 비하여 수축열조를 중심으로 저장과 공급단계를 거치므로 순환동력이 크게 증가한다. 또한 수축열조가 개방형인 경우가 대부분이라 순환동력의 증가는 더욱 더 크다.

③ 냉수나 온수를 저장할 때, 온도에 따른 밀도 변화를 이용하는데, 저장한 열에너지의 대부분을 이용하지만, 축열조 내부에서 발생하는 손실도 고려할 필요가 있다.

④ 순환동력과 손실을 최소화하는 수축열조와 순환시스템의 설계를 통하여 지중열교환기의 길이를 최소화할 수 있도록 하는 것이 중요하다.

⑤ 건물의 에너지부하 대신에 히트펌프 유닛 용량으로 지중열교환기를 설계하는 관행을 시급히 개선하여야 한다.

Ⅴ. 흡수식 히트펌프(Absorption Heat Pump)

1 흡수식 히트펌프와 증기압축식 히트펌프

구분	증기압축식	흡수식
개략도		
승온방법	압축기 이용	화학반응
시스템 구동 에너지	전력	가스, 태양열, 지열, 폐열
종류	• EHP(Electric Heat Pump) • GHP(Gas Driven Heat Pump)	• 흡수식 냉온수기 • 흡수식 히트펌프

※ 증기압축식의 압축기 역할을 하는 기기는 흡수기와 발생기이다.

2 흡수식 히트펌프의 장단점

1) 장점

① 구성부분이 간단하다.

② 구동부분이 펌프, 팬뿐이라 소요동력이 작고 소음이 적다.

③ 오존층 파괴 위험이 없다.(자연냉매 사용)

④ 발생기 열원으로 태양열, 지열, 폐열 등을 이용할 수 있다.

2) 단점

① 비교적 큰 전열면적이 필요해 제작비용이 많이 든다.

② 성적계수가 낮다.

③ 냉매가 낮은 온도에서 비등하여야 하므로 진공이 요구된다.

④ 냉매 누설 시 시스템에 악영향을 미친다.

③ 제1종 흡수식 히트펌프

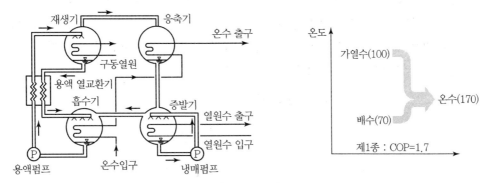

‖ 제1종 흡수식 히트펌프 ‖

① 응축압력(P_c) > 증발압력(P_e)인 경우에 해당한다.

② 재생기에 고온수나 증기 또는 폐열 등과 같은 고열원을 필요로 하는 기존의 흡수식 냉동기처럼 저열원을 증발기에서 흡수하여 응축기 및 흡수기에서 방열작용을 통하여 온수 등의 형태로 이용한다.

③ 냉매 Cycle
   - 증발기에서 폐열 등의 열원으로부터 열을 흡수하여 증발한 냉매증기는 흡수기 용액에 흡수되면서 등압하에서 방열하여 온수 등을 가열
   - 펌프를 통해 재생기에 유입된 희용액은 외부로부터 고온의 열을 받아 냉매증기를 발생
   - 재생기에서 발생한 냉매증기는 응축기에서 등압하에 외부로 열을 방출하여 응축 액화함과 동시에 온수 등을 가열
   - 액화된 냉매는 다시 증발기로 되돌아가 Cycle을 반복
   - 재생기와 흡수기 사이에 열교환기를 설치하여 재생기에서 필요한 가열량을 절감

④ 흡수액 Cycle
   - 흡수기에서 냉매증기 흡수
   - 용액펌프에 의한 승압
   - 가열 농축
   - 감압
   - 흡수기로 되돌아감

⑤ COP(열손실량 무시)

$$COP = \frac{Q_A + Q_C}{Q_G} = \frac{Q_G + Q_E}{Q_G} = 1 + \frac{Q_E}{Q_G} \text{(항상 1보다 크다)}$$

$$\therefore \ Q_G + Q_E = Q_A + Q_C$$

여기서, Q_G : 재생기 입열량, Q_E : 증발기 입열량(폐열 이용)
Q_A : 흡수기 발열량, Q_C : 응축기 방열량

⑥ 증발기에는 온도레벨이 낮은 열원이 공급되고, 재생기에는 가스, 증기 등의 구동열원이 공급된다.

⑦ 흡수기에서의 흡수열과 응축기에서의 응축열에 의해 온수를 생산하는데, 얻어지는 열량은 증발기 폐열원으로부터 받은 열량과 재생기 구동열원의 합과 같다. ⇒ 열증대형(熱增大型)

⑧ 고온의 열원을 이용해서 저온의 열을 중온(中溫)까지 높인다. 폐열원으로부터 회수하는 열량이 많을수록 재생기에서 가열량을 줄일 수 있다.

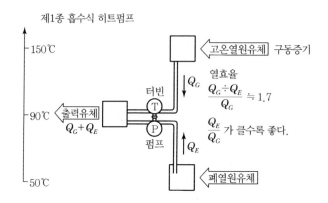

┃ 제1종 흡수식 히트펌프의 작동 개요도 ┃

④ 제2종 흡수식 히트펌프

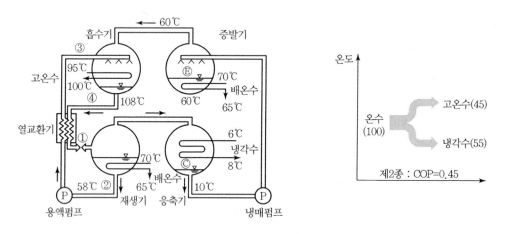

┃ 제2종 흡수식 히트펌프 ┃

① 증발압력(P_e) > 응축압력(P_c)인 경우에 해당한다.

② 압력이 낮은 부분에 재생기와 응축기가 있고 높은 부분에 흡수기와 증발기가 있다.

③ 중간온도의 열이 시스템에 공급되어 공급열의 일부는 고온의 열로 변환되며(흡수기), 다른 일부 열은 저온의 열로 변환되어 주위로 방출된다.(응축기)

④ 산업현장에서 버려지는 폐열의 온도를 제2종 열펌프를 통하여 사용 가능한 높은 온도까지 승온

시킬 수 있어 에너지를 절약할 수 있다.

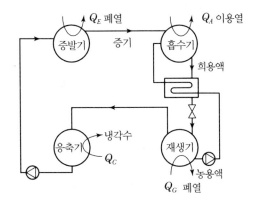

⑤ 냉매 Cycle
- 증발기에서 폐열을 흡수하여 증발한 냉매증기는 흡수기 용액에 흡수되며 이 과정에서 흡수기 냉각수를 가열하여 고온수 생산
- 이때 생성된 온수의 온도는 흡수된 냉매증기의 포화온도보다 용액의 비점 상승분만큼 상승
- 교축밸브를 통해 재생기에 유입된 희용액은 관 내의 폐온수, 폐증기에 의해 가열되어 냉매증기를 발생하고 재생된 농용액은 펌프를 통해 흡수기로 재순환
- 재생기에서 발생한 냉매증기는 응축기의 관 내를 흐르면서 저온의 냉각수에 의하여 응축 액화하여 냉매펌프에 의해 증발기로 운반

⑥ 흡수액 Cycle
- 흡수기에서 냉매증기 흡수
- 교축밸브를 통해 재생기로 유입
- 가열 농축
- 용액펌프에 의한 승압
- 흡수기로 되돌아감

⑦ COP
- $COP = \dfrac{Q_A}{Q_G + Q_E} = \dfrac{Q_G + Q_E - Q_C}{Q_G + Q_E} = 1 - \dfrac{Q_C}{Q_G + Q_E}$ (항상 1보다 작다)
- 일반적으로 COP는 약 0.5 정도이다.
- 버려지는 폐온수, 폐증기 등을 사용할 수 있어 응용성은 크다.

⑧ 특징
- 흡수기 방열(Q_A)만 사용하고, 응축기(Q_C)는 흡수기(Q_E)보다 낮은 출력 때문에 사용하지 않는다.
- 흡수기에서 폐열보다 높은 온수 및 증기 발생이 가능하다.

- 외부에 폐열원이 있는 경우 주로 사용한다.
- 효율은 낮지만 고온의 증기, 고온수 발생이 가능하다.

제2종 흡수식 히트펌프

| 제2종 흡수식 히트펌프의 작동 개요도 |

태양열과 가스를 이용한 하이브리드 흡수식 냉난방시스템에 대하여 설명하시오.

1 개요

- 신 · 재생에너지원 중 가장 효율적이고 활용도가 높으며 특히 흡수식 유닛과 직접 연계되는 에너지원인 태양열을 이용한 흡수식 냉난방시스템이다.
- 기존 태양열시스템은 급탕 및 난방용으로만 활용됐으나 하이브리드 방식은 하절기 냉방까지 실현하여 태양열의 효용성 및 시스템 효율을 향상시킨 방식이다.

1) 태양열 급탕 · 난방시스템

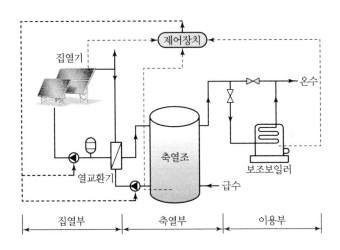

∥ 태양열 급탕시스템 계통도 ∥

① 현재까지 태양열시스템은 소규모 주택용 급탕시스템 위주였으나, 최근 중규모 건물 등에 적합한 태양열 급탕 · 난방시스템이 보급되고 있다.
② 태양열을 모으는 집열부, 모아진 열을 저장하는 축열부, 저장된 열을 급탕 및 난방에 이용하는 이용부, 흐린 날이나 일사량이 없을 때를 대비한 보조보일러, 시스템 동작을 제어하는 제어장치로 구성된다.
③ 집열기에서 태양열에 의해 승온된 집열매체가 열교환기에서 축열조의 물 측으로 열량을 전달하고 재순환되며 지속적으로 태양열을 집열한다.
④ 열교환기에서 열량을 전달받은 물은 축열조에 저장되고, 이 물을 급탕 · 난방에 이용한다.
⑤ 일사량이 적거나 없어 축열조의 온수 온도가 낮을 경우 보조보일러를 통하여 공급한다.
⑥ 4계절 급탕부하가 비교적 일정한 목욕탕, 복지시설 등에 적합한 방식이다.

2) 태양열 1중 효용 흡수식 냉난방시스템

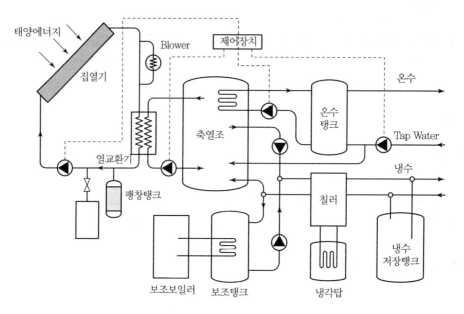

∥ 태양열 냉난방시스템 계통도 ∥

① 집열기에서 태양열로 집열된 집열매체가 축열조 온수와 열교환하여 축열조로 열이 공급된다.
② 축열조에 저장된 온수를 열원으로 한 1중 효용 흡수식 냉동기는 냉수를 생산하고 이를 수요
처 냉방열원으로 사용한다.

3) 기존 태양열시스템의 보완점

(1) 태양열 급탕 · 난방시스템 하절기 과열 문제

하절기 급탕 · 난방부하 부재 및 감소로 태양열시스템 과열 문제가 발생한다.

(2) 태양열 1중 효용 흡수식 냉난방시스템 효율 향상

1중 효용 흡수식 냉방의 COP는 0.7 수준이며, 흐린 날 보조보일러 가동 시 보일러 효율을
감안한 COP는 0.5~0.6 수준이다.

(3) 태양열 흡수식 냉방시스템 구축 설비비 및 설치면적 절감

막대한 집열기 설치면적 및 집열기 구축 비용이 들고, 보조보일러 설비비가 요구된다.

(4) 태양열 흡수식 냉방시스템 A/S 및 기술적 보완

효율적인 시스템 운용을 위해 시스템 설계자 및 사용자의 충분한 기술력 습득이 필요하다.

2 태양열 하이브리드 흡수식 냉난방시스템

1) 주요 원리

① 태양열에너지를 하절기 잉여 열원으로 하여 하이브리드 흡수식 유닛을 이용하여 냉방을 구동하고 비하절기에는 급탕 및 난방용으로 사용하는 신개념 시스템이다.

② 하절기의 무효상태로 버려지던 태양열원을 적극 활용할 수 있다.

③ 일사량 및 냉난방부하에 따른 구분
  • 냉방 1중 효용 운전(태양열 단독 모드, 일사량이 충분할 때)
  • 냉방 2중 효용 운전(가스구동 냉방 단독 모드, 일사량이 없을 때)
  • 냉방 하이브리드 운전(가스+온수구동 냉방 모드, 일사량이 작거나 냉방부하가 큰 경우 온수와 가스를 동시에 이용하여 냉방)
  • 태양열 난방 운전
  • 난방 흡수식 운전(흡수식 가스구동 난방 모드, 일사량이 없을 때 가스 난방)

④ 운전 기동 시 먼저 태양열 온수조건을 확인하여 냉방부하가 40~50% 이하까지는 1중 효용 흡수식 모드로 기동하고, 냉방부하가 커지면 자동으로 보조열원인 가스구동 2중 효용 운전이 추가되어 1중, 2중 겸용의 하이브리드 흡수식 냉방모드로 전환한다.

⑤ 태양열 온수조건이 불충분하면 효율이 높은 가스구동 2중 효용 흡수식 냉방모드로 구동된다.

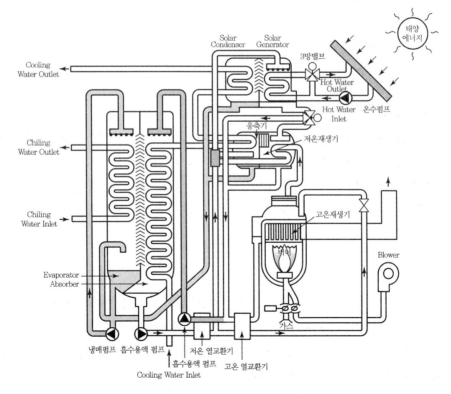

‖ 하이브리드 흡수식 유닛 개략도 ‖

2) 시스템 구성

(1) 태양열 집열시스템
① 태양열 집열기
② 태양열 축열조
③ 반밀폐형 팽창탱크
④ 열매체 순환펌프
⑤ 온수 순환펌프
⑥ 축열 열교환기
⑦ 방열기
⑧ 태양열 차온제어반
⑨ 유량계

(2) 하이브리드 흡수식 냉난방시스템
① 하이브리드 흡수식 냉온수기
② 냉각탑
③ 냉(온)수 펌프
④ 냉각수 펌프
⑤ 온수 공급펌프
⑥ 냉수 팽창탱크
⑦ 절환 자동밸브류

3) 에너지 절감 효과
① 태양열 하이브리드 흡수식과 일반 흡수식 냉온수기 운영 실적을 비교해 보면 태양열 하이브리드 흡수식을 사용할 경우 50% 이상의 에너지 절감이 가능하다.
② 연간 운전기간 중 50% 이하의 냉난방부하가 가스 사용 없이 냉난방이 가능하다.
③ 50~100% 부하 시에도 COP 1.6 이상의 고효율 운전이 가능하다.

3 결론
① 태양열 하이브리드 흡수식 냉난방시스템은 태양열에너지 이용 기술로 하절기 집열기 과열 문제와 태양열 냉방설비 비용의 대폭적인 절감이 가능한 신개념 기술이다.
② 효율적이고 활용도가 높은 태양열에너지 이용을 활성화하기 위해 다양한 실무경험과 A/S 조직 문제에 대한 업계의 노력이 필요하다.
③ 정부 차원의 태양열 냉방에 대한 관심과 적극적인 지원 정책이 필요하다.

▶ 펠티에 효과(Peltier Effect)를 정의하고, 펠티에 효과를 이용한 냉동장치의 특징에 대해서 설명하시오.

▶ 전자냉동시스템에 대하여 간단한 그림과 함께 특징을 설명하시오.

1 펠티에 효과(Peltier Effect)

① 열전대에 전류를 흐르게 했을 때, 전류에 의해 발생하는 줄열 외에도 열전대의 각 접점에서 발열 혹은 흡열 작용이 일어나는 현상을 말한다.

② 두 금속의 접합점에서 한쪽은 열이 발생하고, 다른 쪽은 열을 빼앗기는 현상을 이용하여 냉각 및 가열을 할 수 있으며, 이러한 특성 때문에 냉동기나 항온조 제작에 사용된다.

③ 펠티에가 1834년 발견한 것으로, 최근에는 도체에 사용하는 열전소자의 연구가 진행되어 전자냉동 등에서 이용하고 있다.

2 제벡 효과(Seebeck Effect)

① 금속 또는 반도체의 양 끝을 접합하여 온도차를 주면 회로에 열기전력을 일으키는데, 이것을 제벡 효과라 한다.

② 1821년에 T. Seebeck이 Cu와 Bi 또는 Sb에 대하여 발견했다.

③ 열기전력을 측정하여 온도로 환산하는 열전대식 온도계는 공업적으로 널리 이용되고 있고, 고온에서 극저온까지 각종 열전대가 개발되어 있다. 온도계측용의 열전대에는 은-금(철 첨가), 크로멜-금(철 첨가), 구리-콘스탄탄, 크로멜-콘스탄탄, 크로멜-알루멜, 백금·로듐-백금, 텅스텐-텅스텐 레늄 등 여러 가지가 있다.

3 열전냉동기

① 성질이 다른 두 금속을 접속시켜 직류 전류를 흐르게 하면 접합부에서 열의 방출과 흡수가 일어나는 현상을 이용하여 저온을 얻는 방법, 즉 펠티에(Peltier) 효과를 이용한 것이다.

② 냉동용 열전반도체로는 비스무트텔루르, 안티몬텔루르, 비스무트셀렌 등이 있다.

③ 운전부분이 없어 소음이 없고 냉매가 없으므로 배관이 불필요하다.

④ 냉매 누설에 의한 독성, 폭발, 대기오염, 오존층 파괴 등의 위험이 없다.

⑤ 수리가 간단하고 수명이 반영구적이다.

⑥ 소형부터 대형까지 제작이 가능하다.

⑦ 전류의 흐름 제어로 용량조절이 용이하다.

⑧ 가격과 효율 면에서 불리하다.

⑨ 휴대용 냉장고와 전자식 룸쿨러(Room Cooler), 가정용 특수 냉장고, 물 냉각기, 광통신용 반도체 레이저의 냉각, 핵잠수함 내의 냉난방장치, 의료 · 의학물성 실험장치 등 특수분야, 컴퓨터나 우주선 등의 특수 전자장비의 냉각용으로 사용된다.

4 열전냉동기의 구성

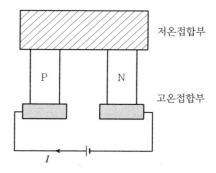

① 2종류의 P형, N형 전자냉각소자를 π모양으로 접합한 것이 최소단위이며, 이러한 것이 여러 개 결합되어 전자냉동기를 이룬다.

② 그림과 같은 방향으로 전류를 흐르게 하면, Peltier 효과에 의해 P−N접합 전극은 흡열하고, 상대 극은 발열한다.

③ 전자냉동기는 흡열을 이용한 것이다.

 열전반도체의 구비조건
- 흡열량이 클 것
- 열에 대해 전기저항이 낮을 것
- 열전도율이 작을 것

> ▶ 환기 방식(제1종, 제2종, 제3종, 제4종)의 종류를 나열하고, 이에 대해 각각 기술하시오.
>
> ▶ 실내에서 거주하는 시간이 늘어남으로써 실내공기 오염의 심각성이 강조되고 있다. 다음과 같은 인자가 실내에서 발생되고 있을 때 환기량을 구하는 관계식을 기호에 대한 설명을 포함해서 기술하시오.
> 1) 실내발열량 H(kcal/h)가 있는 경우
> 2) M(kg/h)인 가스의 발생이 있는 경우
> 3) W(kg/h)인 수증기 발생이 있는 경우

1 환기의 정의

환기란 실외로부터 청정한 공기를 실내에 공급하고, 실내의 오염공기를 실외로 배출하여 실내의 오염공기를 제거 또는 희석하는 과정을 말한다.

2 환기의 목적

① 실내공기의 열, 증기, 취기, 분진, 유해물질에 의한 오염을 방지한다.
② 산소농도 등의 감소에 의한 재실자의 불쾌감 및 위생적 위험성 증대를 방지한다.
③ 생산공정이나 품질관리에 있어서 주위 환경으로부터 제품과 주변기기의 손상을 방지한다.

3 환기의 분류

1) 환기 목적에 따라

① 쾌적환기(보건용 공조) : 인간을 대상으로 환기
② 공정환기(산업용 공조) : 사물을 대상으로 환기

2) 환기 방법에 따라

① 자연환기 : 바람과 온도차에 의한 환기
② 기계환기 : 기계 장치를 통한 환기(1종 환기, 2종 환기, 3종 환기)

3) 환기 부위에 따라

① 전체환기(희석환기)
- 실 전체를 환기 대상 영역으로 한다.
- 급기로 실내 전체 공기를 희석하여 배출한다.

② 국부환기
- 오염이 발생한 특정 부위를 환기 영역으로 한다.(주방, 공장, 실험실 등)
- 국소환기 장치로는 보통 후드(Hood)를 사용한다.

③ 집중환기
- 유해물질이 한 곳에 집중되어 있는 경우를 대상으로 한다.
- 오염지역만을 집중적으로 환기시키는 방법이다.

4 환기 방식의 종류

1) 자연환기

① 공기의 온도에 따른 밀도차를 이용한 환기 방식으로 풍압을 이용하는 방식
② 온도차를 이용하는 방식
③ 풍압과 온도차를 병용하는 방식

2) 기계환기

송풍기 등의 기계적인 힘을 이용하여 강제로 환기하는 방식

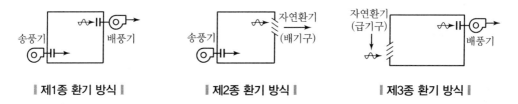

‖ 제1종 환기 방식 ‖   ‖ 제2종 환기 방식 ‖   ‖ 제3종 환기 방식 ‖

(1) 제1종 환기(병용식) : 급기팬+배기팬

① 정확한 환기량과 급기량 변화에 의해 실내압을 정압 또는 부압으로 유지한다.
② 일반공조, 기계실, 전기실, 보일러실, 병원 수술실 등에 사용한다.

(2) 제2종 환기(압입식) : 급기팬+배기구

① 실내를 정압(+) 상태로 유지하여 오염공기 침입을 방지한다.
② C/R, 무균실, 무진실, 반도체 공장, 식당 등 유해가스, 분진 등이 외부로부터 유입되는 것을 방지하고자 하는 곳에 사용한다.

(3) 제3종 환기(흡출식) : 급기구 + 배기팬

① 실내를 부압(-) 상태로 유지하여 실내에서 발생되는 취기와 수증기 등이 다른 공간으로 유출되지 않도록 한다.

② 주방, 화장실, 차고, 수증기·열기·냄새 유발장소 등 유해가스, 분진 등이 외부로 유출되는 것을 방지하고자 하는 곳에 사용한다.

5 환기량(외기 도입량) 계산방법

1) 실내발열량 H(kcal/h)가 있는 경우(기계실 등의 환기)

실내에 변압기와 모터 등 발열체가 있는 경우와 일사량의 영향을 받는 경우

$$H_s = \gamma \cdot Q \cdot C_p \cdot \Delta t$$

$$Q(\mathrm{m}^3/\mathrm{h}) = \frac{H_s}{0.29 \cdot \Delta t}$$

여기서, H_s : 발열량(현열)(kcal/h)

C_p : 정압비열(0.24kcal/kg·℃)

γ : 공기 비중량(1.2kg/m³)

Δt : 환기와 실내공기의 온도차(℃)

2) M(kg/h)인 가스의 발생이 있는 경우

$$Q(\mathrm{m}^3/\mathrm{h}) = \frac{M}{C_r - C_o}$$

여기서, M : 실내 유해가스 발생량(m³/h)

C_r : 정상상태에서 실내 가스농도(m³/m³)

C_o : 외기 중의 가스농도(m³/m³)

3) W(kg/h)인 수증기 발생이 있는 경우

실내에 다량의 수증기가 발생하는 경우

$$Q(\mathrm{m}^3/\mathrm{h}) = \frac{G_s}{1.2\Delta x}$$

여기서, G_s : 수증기 발생량(kg/h)

Δx : 실내공기와 환기의 절대습도차(kg/kg′)

> ▶ 최근 공동주택 환기시스템의 필요 원인에 대해 기술하시오.

> ▶ 법규상 신축 공동주택의 자연환기와 기계환기설비의 설치기준을 설명하고 자연
> 환기설비의 성능 확인방법에 대하여 기술하시오.

1 공동주택의 환기설비의 필요성

① 최근 건축물의 에너지 절약을 위하여 시행되고 있는 건물 외피의 고기밀화 및 내부 마감재료로
부터 발생하는 휘발성유기화합물(VOCs) 및 폼알데하이드(HCHO) 등의 유해화학물질로 인하
여 실내 거주자에게 기본적으로 요구되는 필요환기량이 부족하게 되어 실내공기질이 급격히 악
화되고 있으며, 이는 국민건강에 부정적인 영향을 주는 원인이 되고 있다.

② 이러한 문제 해결을 위하여 신축 공동주택 및 불특정 다수인이 이용하는 주요 다중이용시설 건
축물에서 유해화학물질을 효과적으로 제거할 수 있는 방안이 요구된다.

③ 새집증후군 문제의 근본적인 해결을 위하여 신축 공동주택 및 다중이용시설 등 주요 건축물에
서 요구되는 환기 기준과 이를 효과적으로 확보할 수 있는 환기설비를 규정하여 실내공기질을
일정 수준 이상 확보함으로써 대다수 국민들의 건강과 안전을 보장할 수 있는 쾌적한 실내공기
환경을 조성할 필요가 있다.(「건축물의 설비기준 등에 관한 규칙」)

2 공동주택의 환기 효과

① 오염물질 배출 : 실내 오염공기를 배출하고 신선한 외부 공기를 공급

② 탈취(냄새 제거) : 불쾌한 냄새를 제거하여 쾌적한 실내환경 조성

③ 제진(먼지 제거) : 중금속, 유해 미생물, 세균 등이 포함된 분진을 제거하여 쾌적하고 위생적인
실내환경 확보

④ 제습(과다한 습기 제거) : 최근 기밀화된 건물 내부의 과다한 실내 습기로 결로현상 및 곰팡이
등의 문제가 발생하므로 환기를 통하여 실내 습기를 제거하여 쾌적한 주거환경 확보

⑤ 실온 조절 : 여름철 밤에 실내의 더운 공기를 배출하고 시원한 외기를 도입하며, 열교환식 환기
장치로 실내온도를 균일하게 유지시켜 겨울철 난방효과 확보

③ 공동주택 환기설비 기준

① 신축 또는 리모델링하는 공동주택과 공동주택을 다른 용도와 복합하여 건축하는 건축물로서 주택이 100세대 이상인 건축물의 자연 또는 기계환기에 의한 필요환기량을 시간당 0.7회 이상으로 정한다.

② 자연환기설비의 경우, 환기횟수 등 필요한 사항을 지방건축위원회의 심의를 받도록 한다.

③ 기계환기설비를 설치하는 경우, KS 규격 등을 따르도록 한다.

④ 공동주택의 환기 방식 유형

1) 자연환기 방식

① 온도차에 의한 압력과 건물 주위의 바람에 의한 압력으로 발생한다.

② 재실자가 개구부 등을 임의로 개폐하여 실내의 온도 및 실내 공기오염을 억제한다.

③ 실내온도차나 외부 바람에 의한 풍압에 의해 환기 효과가 변하므로 계획된 환기량 유지가 곤란하다.

④ 환기를 임의로 조절하기가 곤란하여 과도한 에너지 낭비와 불충분한 환기를 가져올 수 있다.

⑤ 적당한 자연환기 성능을 확보하기 위해 개구부의 적절한 배치 및 환기 경로의 확보가 필요하다.

2) 기계환기 방식

① 최근 에너지 절약을 위하여 고기밀화된 건축물에서 매우 효과적인 방식이다.

② 요구되는 환기량을 적절히 제공할 수 있고 기후의 변화에 대응하기가 쉽다.

③ 종류

- 제1종 환기 : 외부 공기를 공급하는 송풍기와 실내공기를 배출하는 송풍기가 결합된 환기체계
- 제2종 환기 : 외부 공기를 공급하는 송풍기와 실내공기가 배출되는 배기구가 결합된 환기체계
- 제3종 환기 : 외부 공기가 도입되는 공기 흡입구와 실내공기를 배출하는 송풍기가 결합된 환기체계

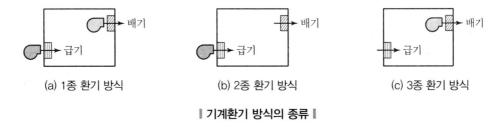

(a) 1종 환기 방식 (b) 2종 환기 방식 (c) 3종 환기 방식

‖ 기계환기 방식의 종류 ‖

3) 혼합형 환기 방식(하이브리드 환기 방식)

① 자연 및 기계환기설비를 적절히 조화시켜 환기성능과 실내공기 환경을 효과적으로 유지하면서 건물 에너지소비량을 최소화 할 수 있는 방식(하이브리드환기 방식 : hybrid ventilation system)

② 환기와 냉난방이 동시에 요구되는 건물에 대한 에너지 절약적인 방식

③ 주로 사무소용 건물에 활용되어 오던 환기 방식이 최근 주거용 건물에 적용하기 시작하면서 재실자들에게 쾌적한 실내 공기환경을 제공해주고 있음

④ 종류

㉮ 자연환기 + 기계환기 방식
- 중간기 또는 하계 야간냉각(Night Cooling)에는 자연환기 방식을 적용한다.
- 하계와 동계, 또는 재실자 수가 증가하였을 때에는 기계환기설비를 활용한다.

㉯ 자연환기 + 보조팬 환기 방식
저압의 보조팬을 이용하여 자연환기의 구동력이 약하거나 환기량을 늘려야 할 기간에 적절히 증대할 수 있으며 최근 가장 많이 개발, 적용되고 있는 방식이다.

㉰ 연돌효과 + 기계환기 방식
자연환기의 구동력이 필요 환기량의 일부를 담당할 수 있도록 조절이 가능한 방식이다.

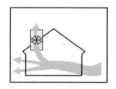

(a) 자연환기 + 기계환기   (b) 자연환기 + 보조팬   (c) 연돌효과 + 기계환기

‖ 혼합형 환기 방식의 종류 ‖

5 신축 공동주택 등의 자연환기설비 설치기준(「건축물의 설비기준 등에 관한 규칙」)

신축 공동주택 등에 설치되는 자연환기설비의 설계·시공 및 성능평가방법은 다음 각 호의 기준에 적합하여야 한다.

1) 세대에 설치되는 자연환기설비는 세대 내의 모든 실에 바깥공기를 최대한 균일하게 공급할 수 있도록 설치되어야 한다.

2) 세대의 환기량 조절을 위하여 자연환기설비는 환기량을 조절할 수 있는 체계를 갖추어야 한다.

3) 자연환기설비는 바깥공기의 변동에 의한 영향을 최소화할 수 있는 구조와 형태를 갖추어야 한다.

4) 자연환기설비의 각 부분의 재료는 충분한 내구성 및 강도를 유지하여야 하고 표면결로 및 바깥공기의 직접적인 유입으로 인하여 발생할 수 있는 불쾌감(콜드 드래프트 등)을 방지할 수 있는 재료와 구조를 갖추어야 한다.

5) 자연환기설비는 도입되는 바깥공기에 포함되어 있는 입자형·가스형 오염물질을 제거 또는 여과할 수 있는 일정 수준 이상의 공기여과기를 갖추어야 한다. 이 경우 공기여과기는 입자 포집률을 중량법으로 측정하여 50% 이상 확보하여야 하며 공기여과기의 청소 또는 교환이 쉬운 구조이어야 한다.

6) 자연환기설비를 지속적으로 작동시키는 경우에도 대상 공간의 사용에 지장을 주지 아니하는 위치에 설치어야 한다.

7) 자연환기설비로 인하여 발생하는 소음은 대표길이 1m(수직 또는 수평 하단)에서 측정하여 40dB 이하가 되어야 한다.

8) 자연환기설비는 가능한 외부의 오염물질이 유입되지 않는 위치에 설치되어야 하고, 화재 등 유사시 안전에 대비할 수 있는 구조와 성능이 확보되어야 한다.

9) 실내로 도입되는 바깥공기를 예열할 수 있는 기능을 갖는 자연환기설비는 최대한 에너지 절약적인 구조와 형태를 가져야 한다.

10) 자연환기설비는 설치되는 실의 바닥부터 수직으로 1.2m 이상의 높이에 설치하여야 하며, 2개 이상의 자연환기설비를 상하로 설치하는 경우 1m 이상의 수직간격을 확보하여야 한다.

6 신축 공동주택 등의 기계환기설비의 설치기준(「건축물의 설비기준 등에 관한 규칙」)

신축 공동주택 등의 환기횟수를 확보하기 위하여 설치되는 기계환기설비의 설계·시공 및 성능평가방법은 다음 각 호의 기준에 적합하여야 한다.

1) 기계환기설비의 환기기준은 시간당 실내공기 교환 횟수(환기설비에 의한 최종 공기흡입구에서 세대의 실내로 공급되는 시간당 총 체적 풍량을 실내 총 체적으로 나눈 환기횟수를 말한다)로 표시하여야 한다.

2) 하나의 기계환기설비로 세대 내 2 이상의 실에 바깥공기를 공급할 경우의 필요 환기량은 각 실에 필요한 환기량의 합계 이상이 되도록 하여야 한다.

3) 세대의 환기량 조절을 위하여 환기설비의 정격 풍량을 최소·적정·최대의 3단계 또는 그 이상으로 조절할 수 있는 체계를 갖추어야 한다.

4) 공기공급체계 또는 공기배출체계는 부분적 손실 등 모든 압력 손실의 합계를 고려하여 계산한 공기공급능력 또는 공기배출능력이 환기기준을 확보할 수 있도록 하여야 한다.

5) 기계환기설비는 신축 공동주택 등의 모든 세대가 규정에 의한 환기횟수를 만족시킬 수 있도록 24시간 가동할 수 있어야 한다.

6) 기계환기설비의 각 부분의 재료는 충분한 내구성 및 강도를 유지하도록 하여야 한다.

7) 기계환기설비는 다음 각 목의 어느 하나에 해당되는 체계를 갖추어야 한다.

  가. 바깥공기를 공급하는 송풍기와 실내공기를 배출하는 송풍기가 결합된 환기체계
  나. 바깥공기를 공급하는 송풍기와 실내공기가 배출되는 배기구가 결합된 환기체계

다. 바깥공기가 도입되는 공기흡입구와 실내공기를 배출하는 송풍기가 결합된 환기체계

8) 바깥공기를 공급하는 공기공급체계 또는 바깥공기가 도입되는 공기흡입구는 입자형·가스형 오염물질을 제거 또는 여과하는 일정 수준 이상의 공기여과기 또는 집진기 등을 갖추어야 한다. 이 경우 공기여과기는 입자 포집률이 비색법 또는 광산란 적산법으로 측정하여 60% 이상인 환기효율을 확보하여야 하고, 수명연장을 위하여 여과기의 전단부에 사전여과장치를 설치하여야 하며, 여과장치 등의 청소 또는 교환이 쉬운 구조이어야 한다.

9) 기계환기설비는 바깥공기의 변동에 의한 영향을 최소화할 수 있도록 공기흡입구 또는 배기구 등에 완충장치 또는 석쇠형 철망 등을 설치하여야 한다.

10) 기계환기설비는 주방 가스대 위의 공기배출장치, 화장실의 공기배출 송풍기 등 급속환기설비와 함께 설치할 수 있다.

11) 공기흡입구 및 배기구와 공기공급체계 및 공기배출체계는 기계환기설비를 지속적으로 작동시키는 경우에도 대상 공간의 사용에 지장을 주지 아니하는 위치에 설치되어야 한다.

12) 기계환기설비에서 발생하는 소음의 측정은 대표길이 1m(수직 또는 수평 하단)에서 측정하여 소음이 40dB 이하가 되어야 한다.

13) 외부에 면하는 공기흡입구와 배기구는 교차오염을 방지할 수 있도록 1.5m 이상의 이격거리를 확보하거나, 공기흡입구와 배기구의 방향이 서로 90° 이상 되는 위치에 설치되어야 하고 화재 등 유사시 안전에 대비할 수 있는 구조와 성능이 확보되어야 한다.

14) 기계환기설비의 에너지 절약을 위하여 폐열회수형 환기장치를 설치하는 경우에는 폐열회수형 환기장치의 유효환기량이 표시용량의 90% 이상이어야 하고, 폐열회수형 환기장치의 안과 밖은 물 맺힘이 발생하는 것을 최소화할 수 있는 구조와 성능을 확보하도록 하여야 한다.

15) 기계환기설비는 송풍기, 폐열회수형 환기장치, 공기여과기, 공기가 통하는 관, 공기흡입구 및 배기구, 그 밖의 기기 등 주요 부분의 정기적인 점검 및 정비 등 유지관리가 쉬운 체계로 구성되어야 한다.

16) 실외의 기상조건에 따라 환기용 송풍기 등 기계환기설비를 작동하지 아니하더라도 자연환기와 기계환기가 동시 운용될 수 있는 혼합형 환기설비가 설계도서 등을 근거로 필요 환기량을 확보할 수 있는 것으로 객관적으로 입증되는 경우에는 기계환기설비를 갖춘 것으로 인정할 수 있다.

17) 중앙관리 방식의 공기조화설비(실내의 온도·습도 및 청정도 등을 적정하게 유지하는 역할을 하는 설비를 말한다)가 설치된 경우에는 다음 각 목의 기준에도 적합하여야 한다.

　　가. 공기조화설비는 24시간 지속적인 환기가 가능한 것일 것. 다만, 주요 환기설비와 분리된 별도의 환기계통을 병행 설치하여 실내에 존재하는 국소 오염원에서 발생하는 오염물질을 신속히 배출할 수 있는 체계로 구성하는 경우에는 그러하지 아니하다.

　　나. 중앙관리 방식의 공기조화설비의 제어 및 작동상황을 통제할 수 있는 관리실 또는 기능이 있을 것

7 자연환기설비의 성능 확인

1) 자연환기설비의 정의

실내 환기를 위하여 설치한 설비로, 실내외 온도차 또는 풍압차 등 자연적인 구동력으로 공기 유동이 일어나도록 의도적으로 설계된 외부 공기의 실내급기용 또는 실내공기의 외부 배기용 설비를 의미하며, 원칙적으로 일반 출입문, 창문 등의 창호는 자연환기설비에서 제외한다.

2) 자연환기설비의 유형

① 개구부 설치형
    • 창틀 설치형 : 창틀이나 출입문틀에 설치되는 자연환기설비
② 유리 설치형 : 창문 유리 부위에 직접 설치되는 자연환기설비
③ 구조체 설치형 : 외벽체나 외벽에 면하는 바닥판에 설치되는 자연환기설비
④ 기타 : 이중외피형 자연환기설비 등

‖ 창틀 설치형 자연환기설비의 예 ‖

‖ 유리설치형 자연환기설비의 예 ‖

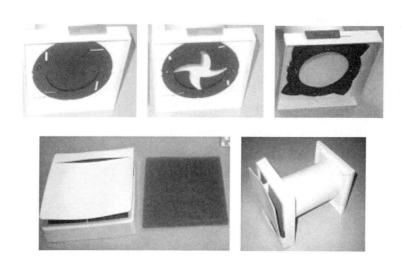

┃ 구조체 설치형 자연환기설비의 예 ┃

⑤ 동일한 형상과 구조를 가졌다 하더라도 설비 내부에 송풍기(팬)가 설치되어 있는 경우에는 하이브리드 환기 방식인 경우가 대부분이므로 기계환기설비로 판정한다.

┃ 하이브리드 환기설비의 예 ┃

3) 자연환기설비의 성능 확인방법

자연환기설비의 환기 성능평가는 신축 공동주택 등의 각 평형에 대해 실물실험(Full Scale Test), 축소모형실험(Mock-up Test), 전산유체역학(CFD : Computational Fluid Dynamics) 해석용 또는 네트워크 모델을 이용한 컴퓨터 프로그램의 시뮬레이션 등 3가지 방법에 의한 평가 결과의 자료를 근거로 판단할 수 있다. 다만, 이미 평가를 거친 평형과 동일한 평면 및 단면구조를 갖는 신축 공동주택 등의 경우 그에 의한다.

(1) 실물실험(Full Scale Test)에 의한 성능평가

실제 건축물에 성능평가 대상 자연환기설비를 설치하고, 환기성능을 현장 측정한 결과치에 의하여 환기기준(시간당 0.7회±10%)을 만족하는지 확인한다. 이때 측정은 평균 실내온도 20~30℃ 이내, 평균 외기온도 20℃ 이상, 측정기간 중의 최대 외부 풍속 5.0m/s 이내의 범위에서 수행된 것을 인정하며, 연속하여 최소 7일 이상 측정된 결과의 평균치(1시간 간격)가 환기기준 이상이어야 한다.

(2) 축소모형실험(Mock-up Test)에 의한 성능평가

실제 자연환기설비의 1/5 이상 축소모형을 실험한 결과에 의한 결과치를 근거로 성능평가 대상 자연환기설비의 환기성능이 환기기준(시간당 0.7회±10%)을 만족하는지 확인한다. 이때 측정은 자연환기설비가 설치된 실험실 내외부의 온도가 동일한 조건에서, 내외부 압력차가 4Pa 이하에서 수행된 것을 인정하며, 연속하여 24시간 이상 측정한 결과의 평균치(1시간 간격)가 환기기준 이상이어야 한다.

(3) 전산유체역학(CFD) 해석용 또는 네트워크 모델을 이용한 컴퓨터 프로그램의 시뮬레이션 결과에 의한 성능평가

국제적으로 그 성능을 인정받은 CFD 해석용 또는 네트워크 모델용 컴퓨터 프로그램을 이용하여 실물실험과 동일한 측정조건을 입력하여 실시한 시뮬레이션 결과가 환기기준 이상이어야 한다.

4) 자연환기설비의 주요 검토 및 유의사항

① 실내 총체적의 산정결과가 정확한지 여부를 확인한다.
② 제출된 심의대상 자연환기설비의 사양서를 면밀히 검토하여 송풍기(팬) 등의 기계장치가 이용되었는지 여부를 확인하여야 한다.
③ 환기설비에 외부로부터 유입되는 오염물질을 적절히 여과할 수 있는 장치가 설치되어 있는지 여부를 확인한다.
④ 실내의 열이 외부로 직접 손실되지 않는 구조인지 여부를 확인한다.
⑤ 환기가 지속적으로 일어날 수 있는 시스템인지 여부를 확인한다.
⑥ 실물실험, 축소모형실험 또는 컴퓨터 시뮬레이션의 측정 입력조건이 성능 확인방법상의 조건과 동일한지 여부와 측정 및 시뮬레이션 결과치의 적정성을 정확히 판단하여야 한다.

> ▶ HACCP에 대해서 설명하시오.
>
> ▶ 식품위해요소 중점관리기준(Hazard Analysis and Critical Control Point : HACCP)에 대한 다음 내용을 설명하시오.
> 1) HACCP의 정의
> 2) 생물학적 위해요소
> 3) 화학적 위해요소
> 4) 물리적 위해요소
>
> ▶ 우리나라에서도 2008년 12월부터 일정 규모 이상의 업체에 대해 HACCP (Hazard Analysis and Critical Control Point)이 적용되는 것으로 고시되는 등, 국내외적으로 관심이 높다. HACCP 냉동공조 설비 시 고려하여야 할 사항에 대해 설명하시오.

1 HACCP(Hazard Analysis Critical Control Point)

식품의 원재료 생산에서부터 제조, 가공, 보존, 조리 및 유통단계를 거쳐 최종소비자가 섭취하기 전까지 각 단계에서 위해물질이 해당 식품에 혼입되거나 오염되는 것을 사전에 방지하기 위하여 발생할 우려가 있는 위해요소(생물학적 위해, 물리적 위해, 화학적 위해 등)를 규명하고 이들 위해 요소 중에서 최종 제품에 결정적으로 위해를 줄 수 있는 공정, 지점에서 해당 위해요소를 중점적으로 관리하여 식품의 안전성을 높이기 위한 과학적이고 체계적인 위생관리시스템이다.

※ GMP(Good Manufacturing Practice)는 제약부문에서의 안전기준(우수 의약품 제조관리 기준)이므로 혼동하지 말 것

2 HACCP의 정의

① 보통 약자로 "HAS – SIP"(해썹 또는 해십)이라고 발음하고, Risks To Food Safety를 예측 및 분석하는 방법이다.

② 식품의약품안전청에서는 식품위해요소 중점관리기준으로 부르고 있다.

③ HACCP은 위해분석(HA)과 중요 관리점(CCP)으로 구성되어 있는데, HA는 위해 가능성이 있는 요소를 찾아 분석, 평가하는 것이며, CCP는 해당 위해요소를 방지 및 제거하고 안전성을 확보하기 위하여 중점적으로 다루어야 할 관리점을 말한다.

④ 최종적으로 HACCP이란 식품을 원재료 생산에서부터 제조, 가공, 보존, 유통단계를 거쳐 최종 소비자가 섭취하기 전까지의 각 단계에서 발생할 우려가 있는 위해 요소를 규명하고, 이를 중점적으로 관리하기 위한 중요 관리점을 결정하여 자주적이며 체계적이고 효율적인 관리로 식품의 안전성(Safety)을 확보하기 위한 과학적인 위생관리체계이다.

⑤ 식품 구역의 환경 여건을 관리하는 단계나 절차와 GMP(적정제조기준 : Good Manufacturing Practice) 및 SSOP(위생관리절차 : Sanitation Standard Operating Procedures) 등을 전체적으로 포함하는 식품 안전성 보장을 위한 예방적 시스템이다.

③ HACCP의 역사

① HACCP의 원리가 식품에 응용되기 시작한 것은 1960년대 초 NASA(미국 항공우주국)가 미생물학적으로 100% 안전한 우주식량을 제조하기 위하여 Pillsbury사, 미육군 NATICK 연구소와 공동으로 HACCP을 실시한 것이 최초이다.

② 1973년 미국 FDA에 의해 저산성 통조림 식품에 도입되었으며, 이후 전 미국의 식품업계에서 신중하게 도입이 논의되기 시작하였다.

③ 최근 세계 각국은 식품의 안전성 확보를 위해 HACCP을 이미 도입했거나 도입을 서두르고 있다.

④ 우리나라는 1995년 12월 29일 「식품위생법」에 HACCP 제도를 도입하여 식품의 안전성 확보, 식품업체의 자율적이고 과학적 위생관리 방식의 정착과 국제기준 및 규격과의 조화를 도모하였다.

⑤ 기존 위생관리가 최종제품의 규격관리검사라면, HACCP은 공정관리를 통한 사전 예방관리에 의의가 있다.

④ HACCP 도입의 필요성

① 최근 수입 식육이나 냉동식품, 아이스크림류 등에서 살모넬라, 병원성 대장균 O-157, 식중독 세균이 빈번하게 검출되고 있다.

② 농약이나 잔류수의약품, 항생물질, 중금속 및 화학물질, 다이옥신 등에 의한 위해 발생이 광역화되고 있다.

③ 위해요소를 효과적으로 제어할 수 있는 새로운 위생관리기법인 HACCP을 법적 근거에 따라 도입하여 적용하고 있거나 적용을 추진하고 있다.

④ EU, 미국 등 각국에서 이미 자국 내로 수입되는 몇몇 식품에 대하여 HACCP을 적용하도록 요구하고 있으므로 수출 경쟁력 확보를 위해서도 HACCP 도입이 절실히 요구되고 있는 실정이다.

5 일반적인 위해요소의 구분

1) 생물학적 위해요소(병원성 미생물(살모넬라균) 등)

① 생물, 미생물들로 사람의 건강에 영향을 미칠 수 있는 것이 해당한다.

② 보통 Bacteria는 식품에 넓게 분포하고 있으며, 대다수는 무해하나 일부 병원성을 가진 종에 있어서 문제시된다.

③ 식육 및 가금육의 생산에서 가장 일반적인 생물학적 위해 요인이다.

2) 화학적 위해요소(잔류농약, 비허가 식품첨가물 등)

① 오염된 식품이 광범위한 질병 발현을 일으키기 때문에 큰 주목을 받고 있다.

② 비록 일반적으로 영향을 미치는 원인은 더 적으나 식인성 질병을 일으킬 수 있다.

③ 화학적인 위해의 3가지 오염원

㉮ 비의도적(우발적)으로 첨가된 화학물질
- 농업용 화학물질 : 농약, 제초제, 동물약품, 비료 등
- 공장용 화학물질 : 세정제, 소독제, 오일 및 윤활유, 페인트, 살충제 등
- 환경오염물질 : 납, 카드뮴, 수은, 비소, PCBs 등

㉯ 천연적으로 발생하는 화학적 위해
   이플라톡신과 같은 식물, 동물 또는 미생물의 대사산물 등

㉰ 의도적으로 첨가된 화학물질
   보존료, 산미료, 식품첨가물, 아황산염 제재, 가공보조제 등

3) 물리적 위해요소(돌, 쇳가루, 유리조각 등)

① 외부로부터의 모든 물질이나 이물 등의 여러 가지 것들이 포함된다.

② 제품을 소비하는 사람에게 질병이나 상해를 발생시킬 수 있는 식품 중에서 정상적으로는 존재할 수 없는 모든 물질적 이물로 정의된다.

③ 최종 제품 중에서 물리적 위해요소는 오염된 원재료, 잘못 설계되었거나 유지, 관리된 설비 및 장비, 가공공정 중의 잘못된 조작 및 부적절한 종업원 훈련 및 관행과 같은 여러 가지 원인에 의해 발생할 수 있다.

6 HACCP 냉동공조 설비 시 고려사항

① AHU, 덕트, 디퓨저 등 HVAC 시스템의 위생적 대책이 강구되어야 한다.

② 부위별 점검구가 설치되고 먼지가 쌓이지 않고 청소가 용이해야 한다.

③ 흡습성 자재를 쓰지 않고 도장이 떨어지지 말아야 한다.

④ 드레인이 차지 않게 먼지가 발생될 물건은 격리한다.

⑤ 이를 부문별로 정리해 보면 다음과 같다.

   ㉮ AHU
- 보온재는 수분 흡수되면 미생물이 증식할 수 있으므로 SUS, 강판 등 세척이 용이한 자재로 마감할 것
- 작업실 외에 설치할 때는 기밀성이 좋게 할 것
- 팬은 청소가 가능하게 청소구와 배수가 잘 되게 할 것
- 팬모터와 벨트는 밖으로 나가게 할 것

   ㉯ 환기횟수
- 수증기, 열기, 분진, 취기, 매연 발생부위에 후드 분진 배풍기로 구성된 장치를 설치할 것
  - 포착속도는 0.25m/s
  - 후드 내에는 점검구 설치
  - 튀김용 배기에는 기름받이, 기름필터 설치
- 오염구역 배기가 청정구역으로 들어가지 않게 할 것
- 비오염구역 양압은 5Pa(0.5mmH₂O)을 유지하고 환기덕트는 완만한 굴곡으로로 하여 먼지가 쌓이지 않게 할 것
- 환기 계통은 설비별 단독 배기할 것
- 급기량은 실용적의 20~30배로 하며 열원은 별도 구성하고 단독 배기할 것
- 배기구에는 분진방지 필터를 설치할 것
- 배기구는 강풍으로 인한 외기오염이 없게 할 것

   ㉰ 덕트
- 청정도별로 단독 배기할 것(고청정도 작업실용은 단독으로 배기하여 필터 부착)
- 덕트 내부를 점검할 것(청소 가능한 구조의 점검구)
- 실내 노출덕트의 연결부 등에 먼지가 쌓이지 않게 평탄하게 할 것
- 되도록 천장 내에 설치하되 부득이 실내에 설치할 경우 덕트 위에 먼지가 쌓이지 않도록 거리를 두어 청소가 가능하게 하거나 천장에 밀착시켜 틈을 메울 것
- 리턴덕트는 되도록 바닥 가까이 설치하고 필터를 부착시킬 것
- 내부 결로의 가능성이 있으면 물배기 장치를 할 것
- 작업실 벽을 통과할 때는 밀봉을 잘하여 새지 않게 할 것

   ㉱ 배관
- 천장 밑의 배관은 되도록 적게 하고, 기계 위를 통과하지 못하게 할 것
- 기계 연결 배관은 되도록 매설할 것
- 브라켓, 지지대 등은 먼지가 쌓이지 않게 할 것
- 관통부는 완전히 밀폐할 것
- 배관은 청결히 하고, 연결 부위는 인체에 무해한 것으로 할 것

> ▶ 구역형 집단에너지 사업(CES)에 대하여 설명하시오.

> ▶ 열병합설비 중 터빈을 이용한 고압증기 회수방식과 엔진을 이용한 온수 회수방식에 대한 흐름도(Flow Diagram)와 개요, 장점, 단점을 설명하고 터빈 방식에서 터빈의 연도와 보조보일러의 연도를 하나의 연도로 사용할 경우 주의해야 할 사항이 무엇인지 설명하시오.(단, 보조보일러는 콘덴싱 보일러를 사용한다.)

> ▶ 열병합발전 설비를 사용원동소(Prime Mover)에 따라 구분하고 간단히 설명하시오.

> ▶ 천연가스를 연료로 하는 가스엔진 열병합발전과 가스터빈 열병합발전의 특징을 설명하시오.

> ▶ 열병합발전시스템(Cogeneration System)에 대하여 설명하시오.

> ▶ 복합발전(Combined – cycle Power Generation)은 열 – 일 변환의 효율을 높이기 위하여 2개 이상의 열기관 사이클을 조합하여 시스템을 구성한 것이다. 대표적으로 증기터빈(Rankine) 사이클 위에 가스터빈(Brayton) 사이클을 올린 형태를 예로 들 수 있다. 이에 대하여 다음 물음에 답하시오.
> 1) 가스-증기 복합발전시스템의 구성도를 그리고 작동유체의 흐름을 표시하시오.
> 2) 각 구성요소의 기능과 작동유체의 상태변화에 관하여 설명하시오.

---

1 **열병합발전**

① 열병합발전시스템(CHP : Combined Heat & Power Generation System)은 하나의 에너지 원으로부터 전력과 열을 동시에 발생시키는 종합에너지시스템(TES : Total Energy System) 으로 발전 시 부수적으로 발생하는 배열을 회수하여 이용하므로 에너지 종합효율을 높이는 것이 가능하기 때문에 산업체, 건축물 등의 전력 및 열원으로서 주목받고 있다.

② 산업체, 건물 등에 필요한 전기·열에너지를 보일러 가동 및 외부 전력회사의 수전에 의존하지 않고 자체 발전시설을 이용하여 일차적으로 전력을 생산한 후 배출되는 열을 회수하여 이용하므로 기존 방식보다 30~40%의 에너지 절약효과를 거둘 수 있는 고효율 에너지 이용 기술이다.

③ 기존 화력발전소의 발전효율은 약 40% 정도이고 이것을 송전하는 데 발생하는 손실을 감안하면 이용효율은 약 35% 정도이나 열병합발전시스템(CHP)의 발전효율은 발전기 형식, 용량 등에 차이는 있으나 25~40% 범위 내에 있다. 그리고 발전 시 배열은 발전량보다 1.5~2배 정도

발생되며 이것을 유효에너지로 회수할 경우 총 효율은 75~85%까지 향상된다.

② 열병합발전시스템(CHP)의 효과

① 전기와 열에너지를 낭비 없이 동시에 사용함으로써 에너지 이용효율이 향상된다.
② 에너지 절약으로 에너지 비용을 절감한다.
③ 전력 피크컷에 의해 계약용량 저감과 기본요금 절감이 가능하다.
④ 특별고압 또는 고압수전을 회피할 수 있다.
⑤ 에너지원의 분산으로 비상시 전력과 열의 안정적 확보가 가능하다.
⑥ 건물 내 비상발전기를 열병합발전시스템(CHP)과 병용으로 설치하여 공간의 유효 이용과 건설비 저감이 가능하다.
⑦ 환경오염을 방지한다.

③ 열병합발전시스템(CHP)의 종류 및 특징

1) Gas Turbine System

입력에너지로 가스를 사용하며 가스터빈을 가동해서 전력을 생산하고 500℃ 이상의 배기가스를 이용한 폐열보일러를 가동하여 증기를 생산하여 난방, 급탕 및 흡수식 냉동기를 가동하여 냉방에 이용한다.

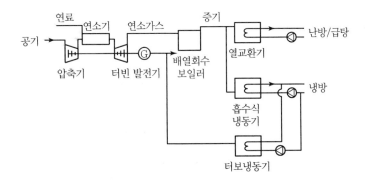

① 장점
  • 대기오염을 현저히 감소시키며 소음, 진동이 적다.
  • 시스템이 간단하고, 설치 공간이 작고, 발전효율이 높다.
  • 기동 정지가 짧다.
② 단점
  • 연료비가 많이 들고 제어장치가 복잡하다.
  • 고온의 단열재료를 필요로 한다.

2) Steam Turbine System

증기보일러에서 발생된 고온 고압의 증기를 이용하여 터빈에서 전력을 생산하고 배압 또는 추기를 이용하여 난방, 급탕 및 흡수식 냉동기를 가동하여 냉방에 이용한다.

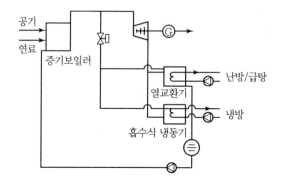

① 장점
  • 연료의 선택범위가 넓다.
  • 냉온수의 안정적 공급이 가능하다.
② 단점
  • 건설기간이 길며, 설치공간이 넓다.
  • 발전효율이 떨어진다.
  • 출력당 건설비가 고가이다.
  • 기동 정지에 시간이 소요된다.

3) Gas Engine System

가스엔진의 회전력으로 발전기를 가동하여 전력을 생산하고 500℃ 이상의 배기가스와 85℃ 정도의 엔진 냉각수를 회수하여 난방, 급탕 및 흡수식 냉동기를 가동하여 냉방에 이용한다.

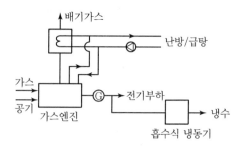

① 장점
  • 시스템이 간단하다.
  • 자동운전이 용이하다.
  • 발전효율이 높다.

- 전력량과 회수열량의 비가 적당하다.
- 청결한 환경이 유지된다.
- 터빈 방식에 비해 소형, 경량이다.
② 단점
- 마력당 중량이 크다.
- 대용량에 부적합하다.
- 소음, 진동이 있다.

4) Disel Engine System

디젤엔진을 가동하여 전력부하를 생산하고 폐열로 난방 · 급탕부하에 사용한다.

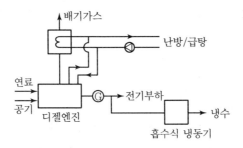

① 장점
- 시스템이 간단하고, 발전효율이 높다.
- 설치면적이 작고, 자동제어가 간단하다.
- 부하 변동에 대한 추종성이 크다.
- 터빈 방식에 비해 소형, 경량이다.
② 단점
- 냉각수 온도(90℃) 이상이어야 한다.
- NOx, SOx 배출 우려가 있다.
- 대용량에 부적합하다.
- 소음, 진동이 있다.
- 장시간 연속운전이 곤란하다.

5) 연료전지 System

수소와 산소가 가지고 있는 화학에너지를 전기화학반응에 의하여 직접 전기에너지로 변환시키는 고효율 무공해 발전 장치로서 도시가스, 메탄올, 가솔린 등 탄화수소 연료를 수소가스로 개질하여 전력으로 변환하여 발전하며, 종합효율은 80%로 높다. 종류는 인산형(PAFC), 알칼리형(AFC), 고분자전해질형(PEMFC), 용융탄산염형(MCFC), 고체산화물형(SOFC), 직접메탄올형(DMFC)이 있다.

① 작동원리

　㉮ 연료(수소)를 연소과정 없이 전기로 직접 바꾸어 주는 에너지 변환장치이다.(배터리 : 에너지 저장장치)

　㉯ 전해질을 사이에 두고 두 전극이 샌드위치 형태로 위치하며 두 전극을 통하여 수소이온과 산소이온이 지나가면서 전류를 발생시키고 부산물로 열과 물이 발생한다.

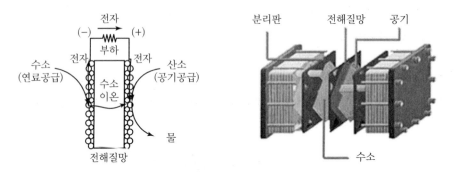

음극 : $H_2 \rightarrow 2H^+ + 2e^-$

양극 : $\frac{1}{2}O_2 + 2H^+ + 2e^- \rightarrow H_2O$

- 연료극에서 수소가 수소이온과 전자로 분해된다.
- 수소이온은 전해질을 거쳐 공기극으로 이동한다.
- 전자는 외부회로를 거쳐 전류를 발생한다.
- 공기극에서 수소이온과 전자, 그리고 산소가 결합하여 물이 된다.

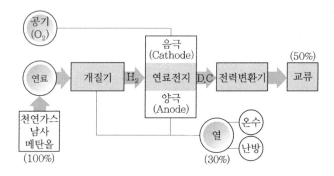

② 연료전지의 특징

- 고효율
- 무공해 : NOx과 SOx을 배출하지 않음
- 무소음 : Moving Part가 없음
- 모듈화 : 건설과 증설이 용이하고 다양한 용량이 가능
- 다연료 : 수소, 석탄가스, 천연가스, 메탄올, 휘발유 등 사용 가능
- 열병합 : 폐열 활용이 가능

6) 복합발전 방식

복합발전이란 열효율 향상을 위해 두 종류의 열 사이클을 조합하여 발전하는 것으로, 가스터빈 사이클과 증기터빈 사이클을 결합하여 하나의 발전 플랜트로 운용하는 방식이다. 가스터빈의 열 사이클은 브레이턴 사이클(Brayton Cycle)로 압축기, 연소기, 터빈을 통해 이루어진다. 터빈으로 공급되는 연소가스 온도가 1,000℃ 이상이고 대기 중으로 배출되는 배기가스 온도가 500℃ 이상이다.

가스터빈에서 배출되는 배기가스 열량의 일부를 회수하기 위해 배열회수보일러(HRSG : Heat Recovery Steam Generator)로 보내 증기를 생산하여 증기터빈을 운전한다. 고온가스로 가스사이클에서 한번 발전한 후 증기사이클에서 다시 이용하여 총 두 번에 걸쳐 전력을 생산하므로 열효율이 높아진다. 복합사이클의 열효율은 55~60% 정도이다.

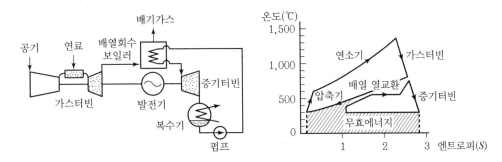

(1) 복합발전의 원리

① 압축기에서 공기를 압축하여 연소기에서 연료와 혼합 연소되어 고온 고압의 연소가스를 생성한다.

② 고온 고압의 연소가스는 터빈으로 보내어져 회전력으로 전력을 생산한다.

③ 가스터빈 사이클인 Brayton Cycle을 이용하여 발전을 하고 난 고온의 배기가스(500℃ 이상)에 남아 있는 많은 열량 중 일부를 회수하기 위한 방안으로 배열회수보일러(HRSG : Heat Recovery Steam Generator)로 보내 증기를 생산한다.

④ 배열회수보일러에서 발생된 고온 고압의 증기는 증기터빈으로 보내어 증기터빈(Ranking Cycle)을 돌려 발전한다.

⑤ 증기터빈을 돌려 발전을 하고 난 스팀은 복수기에서 응축되어 급수펌프에 의해 배열회수보일러로 공급된다.

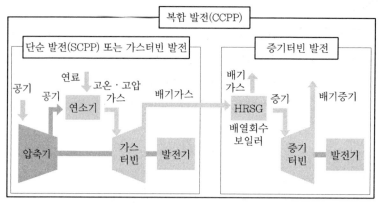

※ CCPP : Combined Cycle Power Plant

(2) 복합발전의 특징

① 열효율이 높다.

② 부분부하 운전 시 열효율 저하가 작다.

③ 기동 정지 시간이 짧다.

④ 최대 출력이 대기온도에 따라 변화한다.(대기온도가 낮아지면 공기 밀도가 증가하여 흡입공기량이 증가되므로 연료의 추가 공급이 가능하여 출력이 증가하고 가스터빈 출력 증대와 함께 배열회수보일러에서 발생증기 증가로 증기터빈 출력도 약간 증대)

⑤ 공해 발생이 적다.

⑥ 건설공기가 짧고 건설단가가 싸다.

4 소형 열병합발전

1) 소형 열병합발전

주로 천연가스를 연료로 발전용량이 10,000kW 이하인 가스엔진 또는 가스터빈을 이용하여 열과 전기를 동시에 생산·이용하는 고효율 종합에너지시스템을 말한다.

2) 소형 열병합발전의 종류

(1) 가스엔진 방식

① 15~2,000kW의 수요처에 적합하다.

② 전기 생산에 따른 배가스로부터 열회수가 가능하다.

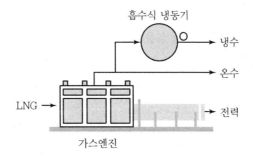

(2) 가스터빈 방식

① 500kW급 이상의 대량 수요처에 적합하다.

② 가스터빈 발전기와 배열회수보일러로 구성된다.

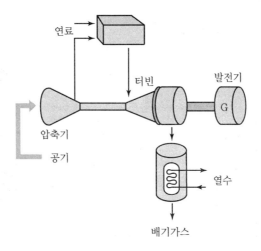

(3) 증기터빈 방식

① 제철소, 석유화학플랜트 등 대규모 발전 플랜트에 적합하다.

② 터빈 배기에 따른 공정용 증기 활용이 가능하다.

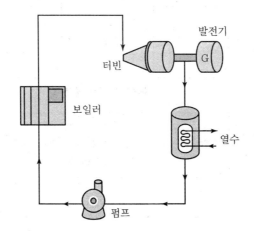

(4) 연료전지 방식

① 소형 열병합용으로는 아직 상용화되지 않고 있다.
② 향후 열병합발전시스템의 주요 설비로 활용될 것으로 보인다.

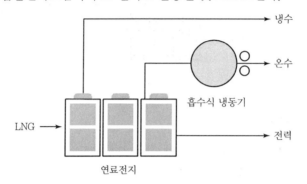

3) 소형 열병합발전 사업 개념도

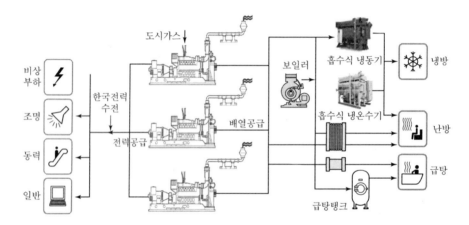

4) 소형 열병합발전의 필요성

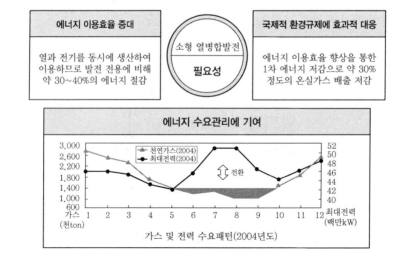

5) 소형 열병합발전의 장단점

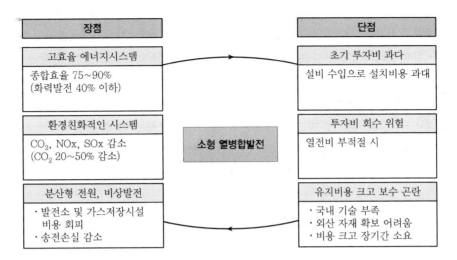

장점	단점
고효율 에너지시스템 종합효율 75~90% (화력발전 40% 이하)	**초기 투자비 과다** 설비 수입으로 설치비용 과대
환경친화적인 시스템 CO_2, NOx, SOx 감소 (CO_2 20~50% 감소)	**투자비 회수 위험** 열전비 부적절 시
분산형 전원, 비상발전 · 발전소 및 가스저장시설 비용 회피 · 송전손실 감소	**유지비용 크고 보수 곤란** · 국내 기술 부족 · 외산 자재 확보 어려움 · 비용 크고 장기간 소요

(중앙: 소형 열병합발전)

6) 소형 열병합발전 지원제도

① 에너지이용합리화 자금 지원(지원조건은 해마다 상이)

② 설치자금 세액공제(「조세특례제한법」에 의거하여 투자금액의 10%를 법인세 또는 소득세에서 공제)

③ 설계 및 장려금 지원(지원조건은 해마다 상이)

④ 도시가스요금 우대 적용(주택난방용 요금보다 저렴한 열병합발전용)

5 구역전기사업(CES)

1) 구역전기사업의 정의

① 전기를 생산하여 이를 전력시장을 통하지 않고 특정한 공급구역 내 전기사용자에게 직접 공급(「전기사업법」 제2조)

② 빌딩, 호텔, 병원 및 재개발지구와 같은 밀집된 수요처 인근에 열병합발전 설비를 건설하여 전기와 열(냉난방, 급탕)을 공급하여 실질적으로 발전·배전 및 전기판매를 겸업

③ 종래의 전기사업의 종류는 발전사업, 배전사업, 송전사업 및 전기판매사업의 4종류이었으나 구역전기사업이 새로 추가

④ 구역전기사업은 전력시장을 통하지 아니하고 전기를 공급하므로 현행 전기사업법이 채택한 강제풀(Gross Pool)의 예외

⑤ 구역전기사업자는 부족한 전력이나 남는 전력을 전력시장에서 또는 전기판매사업자와 거래 가능

⑥ 구역전기사업자가 부족한 전력 또는 잉여전력을 기래할 수 있는 경우
- 발전기 불시정지, 점기점검 및 보수 등으로 인하여 공급능력을 상실한 경우
- 구역전기사업자의 공급능력이 당해 특정한 공급구역 전력수요에 비하여 부족한 경우
- 구역전기사업자가 당해 특정한 공급구역의 수요를 충당하고 남는 전력이 발생한 경우

2) 구역전기사업의 효과

① 수도권 전원 개발 및 발전소 입지난의 해소와 안정적 전력 수급 확보
② 송전선로 건설비용 및 송전손실 저감과 전력계통의 안정성 제고
③ 에너지 이용효율의 향상 및 환경 개선과 관련 산업의 발달 촉진
④ 열원시설 집중관리에 의한 환경오염 감소
⑤ 안정적인 에너지공급시스템

6 터빈의 연도와 보조보일러의 연도를 하나로 사용하는 경우 주의사항

1) 일반보일러의 연도

① 일반보일러의 배기가스 온도는 100℃ 이하 또는 200℃ 정도
② 콘덴싱보일러의 배기가스 온도는 약 50℃ 정도
③ 발전기 가동 시 배기가스 온도는 450~500℃ 정도
④ 기존 보일러 및 터빈의 연도는 내부 스테인리스 철판과 외부 알루미늄판 사이에 약 5cm 공기층을 둔 이중연도
⑤ 연도 이음은 플랜지이음 방식 및 내열코킹 처리
⑥ 이중연도라 해도 발전기 가동으로 인해 연도 외부가 200℃ 이상 상승 가능

2) 터빈과 보일러의 연도 공동사용 시 문제점 및 대책

① 터빈의 고온 배기가스에 의한 연도 주위의 화재 위험성(주위에 발화물질)
② 보조보일러와 터빈의 연도를 별도로 구성
③ 터빈의 연도는 내부 스테인리스 철판에 미네랄울이나 세라크울로 두껍게 단열처리
④ 연도 이음 방식의 용접 시공
⑤ 3중 연도 시공

건구온도 28℃, 습구온도 18℃일 때 습공기가 증발기의 외부 표면을 지나 건구온도 13℃, 상대습도 70%로 냉각된다. 공기의 전면풍속이 2.0m/s라고 할 때, 냉방능력이 1RT인 증발기를 설계하고자 한다. 습공기 선도를 이용하여 다음을 구하시오.
1) 상태점을 습공기 선도에 표시
2) 증발기의 전면면적(m²)
3) 응축수 유량(kg/h)
4) 현열비(현잠열비, SHF)
5) 공기의 질량유량(kg/s)

1 상태점

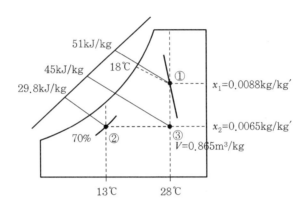

2 증발기의 전면면적(m²)

면풍속이란 외관상 풍속으로 코일통과 풍량을 코일 전면면적으로 나눈 값이며, 공조기 전면면적은 풍향과 전면풍속으로 결정된다.

$$F_A = \frac{Q}{W}$$

여기서, F_A : 코일의 전면면적(m²)
Q : 공기의 체적유량(m³/s)
W : 코일의 전면풍속(m/s)

체적유량(m³/s) = 질량유량(kg/s) × 공기비체적(m³/kg)

$$\therefore F_A = \frac{0.182 \times 0.865}{2} = 0.079 \text{m}^2$$

③ 응축수 유량(kg/h)

$$L = G(x_1 - x_2) = 0.182 \text{kg/s} \times (0.0088 - 0.0065) \text{kg/kg}' \times 3,600 \text{s/h} = 1.507 \text{kg/h}$$

여기서, x_1, x_2 : 코일 입구, 출구공기의 절대습도(kg/kg′)

④ 현열비(현잠열비, SHF)

$$\text{SHF} = \frac{q_S}{q_S + q_L} = \frac{h_3 - h_2}{h_1 - h_2} = \frac{45 - 29.8}{51 - 29.8} = 0.717$$

여기서, q_S : 현열, q_L : 잠열

⑤ 공기의 질량유량(kg/s)

냉방능력 $1\text{RT} = 3,320 \text{kcal/h} = \dfrac{3,320 \times 4.19}{3,600} = 3.86 \text{kJ/s}(\text{kW})$

질량유량$(G) = \dfrac{3.86 \text{kJ/s}}{(51 - 29.8) \text{kJ/kg}} = 0.182 \text{kg/s}$

건구온도(DB) 33℃, 상대습도(RH) 66%인 습공기(MA)에 대해 다음 사항을 관련식에 의해 계산하여 단위와 함께 설명하시오.(단, 33℃에서 포화수증기분압 $P_s =$ 37.7mmHg이며, 절대습도(AH)와 습공기 비체적(SV)은 소수 다섯째 자리에서 반올림하여 소수 넷째 자리까지, 나머지 정답은 소수 셋째 자리에서 반올림하여 소수 둘째 자리까지 기재할 것)
1) 절대습도(AH)
2) 습공기 비체적(SV)
3) 수증기 비체적(SVw)
4) 습공기 엔탈피(EH)
5) 포화도(DS : Degree of Saturation, %)

1 절대습도(AH)

$$x = 0.622 \times \frac{P_w}{P - P_w} = \frac{\phi P_s}{P - \phi P_s} \quad (상대습도 \ \phi = \frac{P_w}{P_s})$$

$$= 0.622 \times \frac{0.66 \times 37.7}{760 - 0.66 \times 37.7}$$

$$= 0.02105 = 0.0211 \text{kg/kg}'$$

여기서, P_w : 현재공기 중의 수증기분압(mmHg)

$\quad\quad\quad P$: 습공기 전압(대기압, mmHg)

$\quad\quad\quad P_s$: 포화공기 중의 수증기분압(mmHg)

$\quad\quad\quad \phi$: 상대습도

2 습공기 비체적(SV)

$$Pv = (R_a + x R_w) T 에서$$

$$v = (R_a + x R_w) \frac{T}{P}$$

$$= (29.27 + 47.06x) \frac{T}{P}$$

$$= (29.27 + 47.06 \times 0.0211) \times \frac{306}{10,332}$$

$$= 0.89628 = 0.8963 \text{m}^3/\text{kg}$$

여기서, P : 대기압(kg/m²)

T : 절대온도(K)

x : 절대습도(kg/kg')

R_a : 공기기체상수(29.27kgf · m/kg · K)

R_w : 수증기기체상수(47.06kgf · m/kg · K)

③ 수증기 비체적(SVw)

$PV = xRT$에서

$$v = \frac{V}{x} = \frac{R_w T}{P_w}$$

$$= \frac{47.06 \times 306}{0.66 \times \left(37.7 \times \dfrac{10,332}{760}\right)}$$

$$= 42.571 = 42.57 \text{m}^3/\text{kg}$$

여기서, R_w : 수증기기체상수(47.06kgf · m/kg · K)

P_w : 현재공기 중의 수증기분압(kg/m²)

T : 절대온도(K)

④ 습공기 엔탈피(EH)

$h = 0.24t + (597.3 + 0.441t)x$

$= 0.24 \times 33 + (597.3 + 0.441 \times 33) \times 0.02105$

$= 20.83 \text{kcal/kg}$

여기서, t : 건구온도(℃)

x : 절대습도(kg/kg')

⑤ 포화도(DS)

$$\text{포화도} = \frac{x}{x_s} = \frac{\phi(P - P_s)}{P - \phi P_s}$$

$$= \frac{0.66 \times (760 - 37.7)}{760 - 0.66 \times 37.7} \times 100$$

$$= 64.849 = 64.85\%$$

여기서, x : 습공기의 절대습도(kg/kg')

x_s : 포화습공기의 절대습도(kg/kg')

최근 1대의 실외기로 여러 대의 실내기를 운전하는 멀티 시스템에어컨에 대한 관심이 높다. 이러한 장치에서 E.P.R 밸브를 사용하여 그림의 $p-h$ 선도와 같이 실내기의 증발온도가 서로 다르게 운전할 수 있는 장치를 설계하고자 할 경우에 대해 다음 물음에 답하시오.

1) 그림의 $p-h$ 선도에 상응하는 장치도를 나타내고 선도의 각 점을 장치도에 표시하시오.

2) 증발기 A, B, C에 흐르는 냉매순환량(G)을 식으로 나타내시오.

3) 압축기 흡입냉매 증기의 엔탈피(h_1) 값을 구하는 식을 나타내시오.

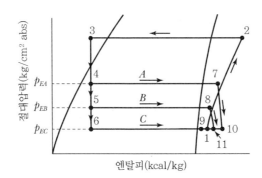

┃ 증발 온도가 다른 2대 이상의 증발기에 압축기 1대인 냉동장치 ┃

---

1 장치도

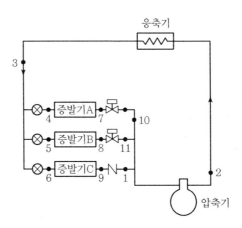

2 냉매순환량(G)

① 증발기 A의 냉매순환량(G_A)

$$G_A\,(\mathrm{kg/h}) = \frac{Q_A}{h_7 - h_4}$$

여기서, Q_A : 증발기 A의 냉동능력(kcal/h)

② 증발기 B의 냉매순환량(G_B)

$$G_B(\mathrm{kg/h}) = \frac{Q_B}{h_8 - h_5}$$

여기서, Q_B : 증발기 B의 냉동능력(kcal/h)

③ 증발기 C의 냉매순환량(G_C)

$$G_C(\mathrm{kg/h}) = \frac{Q_C}{h_9 - h_6}$$

여기서, Q_C : 증발기 C의 냉동능력(kcal/h)

3 압축기 흡입증기 엔탈피(h_1)

$$h_1 = \frac{G_A \cdot h_{10} + G_B \cdot h_{11} + G_C \cdot h_9}{G_A + G_B + G_C}$$

 압축기 1대, 응축기 1대와 증발온도가 다른 3대의 증발기 냉동사이클을 다온(多溫)증발 냉동사이클이라 한다. 이 사이클의 냉매순환량(G), 압축일량(A_w), 성능계수(COP)를 구하는 식을 쓰시오.
- 냉매순환량(G) $= G_A + G_B + G_C$
- 압축일량(A_w) $= G(h_2 - h_1)$
- 성능계수(COP) $= \dfrac{(h_9 - h_6)\,G_C + (h_8 - h_5)\,G_B + (h_7 - h_4)\,G_A}{G(h_2 - h_1)}$

아래 그림은 서로 다른 증발온도에서 3종의 냉동부하가 동시에 발생하는 암모니아 (NH₃) 냉동장치에 대한 시스템의 개략도와 관련 $P-h$ 선도를 나타낸 것으로, 이를 참조하여 다음 질문에 관계식에 의해 계산하여 답하시오.(단, 정답은 소수점 셋째 자리에서 반올림하여 소수점 둘째 자리까지 표기할 것)

1) 냉매순환량 G_1(kg/h)

2) 냉매순환량 G_3(g/sec)

3) m점의 엔탈피 h_m(kJ/kg)

4) 고단압축기의 소요동력 AW_H(kW)

5) 성적계수 COP

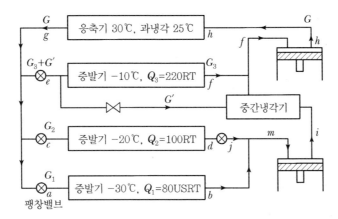

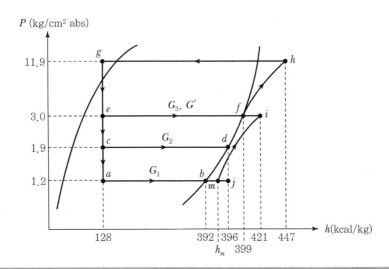

1 냉매순환량 G_1(kg/h)

$$G_1 = \frac{80 \times 3,024}{392 - 128} = \frac{241,920}{264} = 916.36 \text{kg/h}$$

2 냉매순환량 G_3(kg/h)

$$G_3 = \frac{220 \times 3,024}{399 - 128} = 2,454.91 \text{kg/h} = 682.92 \text{g/s}$$

3 m점의 엔탈피 h_m(kJ/kg)

$$h_m = \frac{G_1 \cdot h_b + G_2 \cdot h_d}{G_1 + G_2}$$

$$G_2 = \frac{100 \times 3,024}{396 - 128} = 1,128.36 \text{kg/h}$$

$$\therefore \ h_m = \frac{916.36 \times 392 + 1,128.36 \times 396}{916.36 + 1,128.36}$$

$$= 394.21 \text{kcal/kg} = 1,650.48 \text{kJ/kg} \ (1 \text{kcal} = 4.1868 \text{kJ})$$

4 고단압축기의 소요동력 AW_H(kW)

$$AW_H = (G_1 + G_2 + G_3 + G')(h_h - h_f)$$

$$G'(h_f - h_e) = (G_1 + G_2)(h_i - h_f)$$

$$G' = (G_1 + G_2)\left(\frac{h_i - h_f}{h_f - h_e}\right)$$

$$= (916.36 + 1,128.36) \times \left(\frac{421 - 399}{399 - 128}\right)$$

$$= 165.99 \text{kg/h}$$

$$\therefore \ AW_H = (916.36 + 1,128.36 + 2,454.91 + 165.99) \times (447 - 399)$$

$$= 223,949.76 \text{kcal/h} = 260.41 \text{kW}$$

5 성적계수 COP

$$\text{COP} = \frac{Q}{A\,W_H + A\,W_L}$$

$$
\begin{aligned}
A\,W_L &= (G_1 + G_2)(h_i - h_m) \\
&= (916.36 + 1{,}128.36)(421 - 394.21) \\
&= 54{,}778.05 \text{kcal/h}
\end{aligned}
$$

$$\therefore \text{COP} = \frac{(80 + 100 + 220) \times 3{,}024}{54{,}778.05 + 223{,}949.76} = 4.34$$

▶ 공조냉동장치를 운전하는 기술자는 압축기가 습압축이 발생되지 않도록 운전할
 필요가 있다. 장치의 성능을 저하시키는 습압축의 원인과 영향, 그리고 그 대책에
 대해 설명하시오.

▶ 증기압축 사이클과 관련하여 다음 사항을 설명하시오.
 1) 건압축, 과열압축 및 습압축의 증기압축 사이클에서 $P-h$ 선도와 $T-s$ 선도
  작도
 2) 과열증기 사이클의 특징, 과열증기가 발생하는 이유
 3) 습압축 사이클의 특징, 습압축 시 야기되는 문제점

1 흡입가스 상태변화에 대한 압축

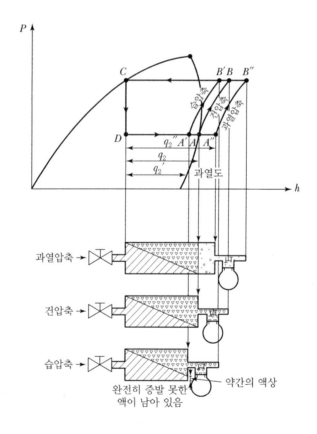

1) 건압축($A \rightarrow B \rightarrow C \rightarrow D$)

① 증발기 출구에서 냉매액의 증발이 완료되어 건조포화증기 상태로 압축기에 흡입되어 압축된다.

② 이론적인 압축 형태로서 이론적인 계산 시 적용한다.

③ 냉동사이클의 냉동효과(q_e)

$$q_e = h_A - h_D$$

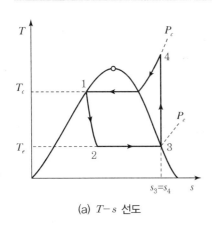

(a) $T-s$ 선도

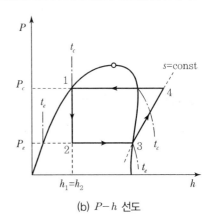

(b) $P-h$ 선도

‖ 건압축 냉동사이클 ‖

2) 과열압축($A'' \rightarrow B'' \rightarrow C \rightarrow D$)

① 냉동부하 증가 및 냉매량 공급 감소로 증발기 출구에 이르기 전에 냉매액의 증발이 완료된 이후에도 계속 열을 흡수하여 압력의 변화 없이 온도만 상승한 과열증기의 상태로서 압축기에 흡입되어 압축된다.

② 냉동효과는 증가하나 토출가스 온도가 상승하고 압축기가 과열된다.

③ 비열비가 작은 프레온 냉동장치에는 열교환기를 사용하여 냉동능력을 향상시킨다.

④ 동일 압력하에서 과열증기온도와 건조포화증기온도의 차이를 과열도라 한다.

⑤ 냉동사이클의 냉동효과(q_e'')

$$q_e'' = h_{A''} - h_D$$

⑥ $q_e < q_e''$가 되지만 실제로는 A점과 A″점의 냉매 비체적을 비교해 볼 때 A″점 쪽이 커져 냉매순환량(kg/h)이 감소하는 것과 토출가스 온도가 높아짐으로 인해 압축기 체적효율이 나빠지고 냉매순환량이 감소하는 것 때문에 냉동효과(q_e)의 증가효과는 없어진다. 따라서 과열도는 5℃ 정도로 유지하는 것이 좋다.

⑦ 과열압축 사이클은 압축 후 증기의 온도가 건압축 사이클보다 더욱 높아지므로 응축기 용량을 더 크게 하여야 하고, 냉매에 따라서는 압축기 냉각에도 주의하여야 한다.

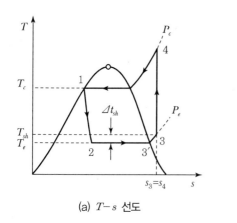

(a) $T-s$ 선도

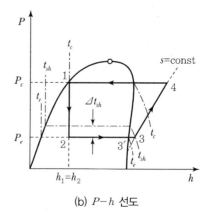

(b) $P-h$ 선도

‖ 과열압축 냉동사이클 ‖

3) 습압축($A' \rightarrow B' \rightarrow C \rightarrow D$)

① 냉동부하 감소 및 냉매량 공급 증가로 증발기 출구에서도 냉매액이 전부 증발하지 못하고, 액이 포함되어 압축기로 흡입되어 압축된다.

② 냉동효과는 감소하고, 액에 의해 흡입관에 적상이 생기고 심하면 액압축이 일어나 압축기가 파손될 수 있다.

③ 비열비가 큰 암모니아 냉동장치에 적용하여 냉매가스의 과열을 방지하여 토출가스 온도 상승을 방지할 수 있다.

④ 냉동사이클의 냉동효과(q_e')

$$q_e' = h_{A'} - h_D$$

⑤ 흡입가스 중에 냉매액이 남아 있는 상태이므로 냉동사이클의 효율이 저하되고, 리퀴드백(Liquid Back)이 심해져서 압축기에서 액압축의 위험성이 있기 때문에 피해야 할 압축 방식이다.

⑥ 리퀴드백이 일어나면 흡입관에서 실린더까지 적상이 일어난다.

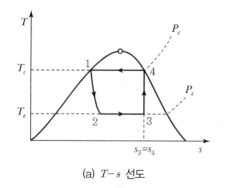

(a) $T-s$ 선도

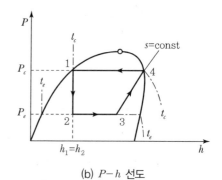

(b) $P-h$ 선도

‖ 습압축 냉동사이클 ‖

다음 그림과 같은 2단 압축 1단 팽창식의 냉동기에서 냉동능력은 5RT이다. 여기서 저단 측의 냉매순환량을 G_L, 중간냉각기의 냉매순환량을 G_M, 저단 측의 압축기 소요동력을 AW_L, 고단 측의 압축기 소요동력을 AW_H, 성적계수를 COP라 할 때, 엔탈피(h)와 G_L의 함수로서 다음 사항에 대해 설명하시오.

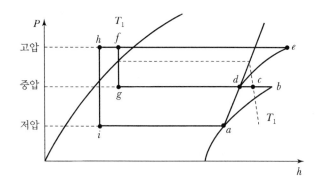

1) G_L(kg/h)
2) G_M(kg/h)
3) AW_L(kW)
4) AW_H(kW)
5) COP

1 G_L(kg/h)

$$G_L = \frac{Q_e}{h_a - h_i} = \frac{5 \times 3,320}{h_a - h_i}$$

여기서, Q_e : 냉동능력(kcal/h)

2 G_M(kg/h)

$$G_M(h_d - h_g) = G_L(h_b - h_d) + G_L(h_g - h_h)$$

과열 제거   과랭 제거

중간냉각기용 팽창밸브를 통과한 냉매액(G_M)은

$$G_M = G_L \frac{(h_b - h_d) + (h_g - h_h)}{h_d - h_g}$$

3 AW_L(kW)

$$AW_L = \frac{G_L(h_b - h_a)}{860}$$

4 AW_H(kW)

$$AW_H = G_H(h_e - h_d)$$

$$G_H = G_L + G_M$$

$$= G_L + G_L \frac{(h_b - h_d) + (h_g - h_h)}{h_d - h_g}$$

$$= G_L \frac{h_d - h_q + h_b - h_d + h_g - h_h}{h_d - h_g}$$

$$= G_L \frac{h_b - h_h}{h_d - h_g}$$

$$\therefore \ AW_H = G_L(h_e - h_d) \cdot \frac{h_b - h_h}{h_d - h_g}$$

5 *COP*

$$COP = \frac{Q_e}{AW_L + AW_H}$$

$$= \frac{G_L(h_a - h_i)}{G_L(h_b - h_a) + G_L(h_e - h_d)\frac{h_b - h_h}{h_d - h_g}}$$

$$= \frac{h_a - h_i}{(h_b - h_a) + (h_e - h_d)\frac{h_b - h_h}{h_d - h_g}}$$

그림과 같은 R－12 냉동사이클에서 각 과정의 운동에너지와 위치에너지 변화를 무시할 경우 성적계수를 구하시오.(단, 각 과정은 정상상태 과정으로 간주한다.)

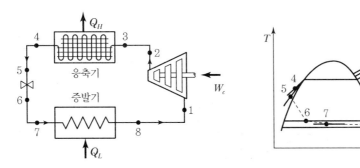

압력	온도	엔탈피
$P_1 = 125\text{kPa}$	$T_1 = -10\,°C$	$h_1 = 185.16\text{kJ/kg}$
$P_2 = 1.2\text{MPa}$	$T_2 = 100\,°C$	$h_2 = 245.52\text{kJ/kg}$
$P_3 = 1.19\text{MPa}$	$T_3 = 80\,°C$	−
$P_4 = 1.16\text{MPa}$	$T_4 = 45\,°C$	−
$P_5 = 1.15\text{MPa}$	$T_5 = 40\,°C$	$h_5 = 74.53\text{kJ/kg}$
$P_6 = P_7 = 140\text{kPa}$	−	$h_6 = h_7 = 74.53\text{kJ/kg}$
$P_8 = 130\text{kPa}$	$T_8 = -20\,°C$	$h_8 = 179.12\text{kJ/kg}$

※ 압축과정(1~2)에서 방출열량 : 4kJ/kg
※ 건도 $x_6 = x_7$로 간주

성적계수 $COP = \dfrac{Q_e}{A_w} = \dfrac{Q_e}{W_c}$

$W_c =$ 압축기 일량＋압축과정 중 방출열량

$\quad = h_2 - h_1 + 4$

$\quad = 245.52 + 185.16 + 4$

$\quad = 64.36\text{kJ/kg}$

$\therefore \ COP = \dfrac{h_8 - h_7}{h_2 - h_1 + 4} = \dfrac{179.12 - 74.53}{64.36} = 1.625$

현장에서는 그림과 같은 냉동장치(연속적인 유회수 장치를 가진 강제순환식 냉동장치)가 많다. 다음 물음에 답하시오.

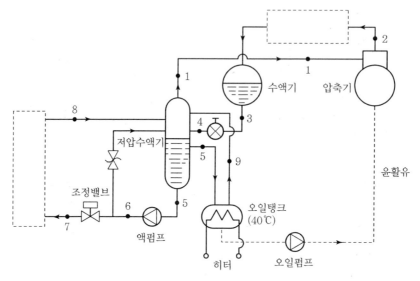

┃ 유회수 장치를 설치한 냉매액 강제순환식 냉동장치 ┃

1) 이 장치의 개요를 설명하시오.
2) 장치도를 완성하시오.(장치도에서 점선으로 표시한 부분)
3) 장치도를 $P-h$ 선도상에 나타내시오.(단, 장치도상의 냉매상태점을 선도에 표시할 것)
4) 증발기 출구의 냉매건도(x)를 나타내는 식을 쓰시오.
5) 압축기의 소요동력 계산식을 쓰시오.

---

1 장치의 개요

① 액펌프를 사용하여 냉매를 강제 순환시키는 방법으로 증발기에서 증발하는 냉매량의 4~6배의 냉매액을 순환시킨다.

② 냉매액을 강제 순환시키므로 오일의 체류 우려가 없고 다른 형식의 증발기보다 순환되는 냉매액이 많으므로 전열이 가장 우수하다.

③ 증발기 내의 압력손실이 문제되지 않아 증발기의 배관길이가 긴 대형장치에 적합하다.

④ 증발기 출구는 기·액 혼합 상태이며 액체는 저압수액기에 쌓여 재순환하고 증기만 압축기로 흡입된다.

⑤ 주로 NH₃ 대형 냉동장치나 급속 동결장치 등에 사용된다.

⑥ 액펌프, 저압수액기 등 설비가 복잡하다.

2 장치도

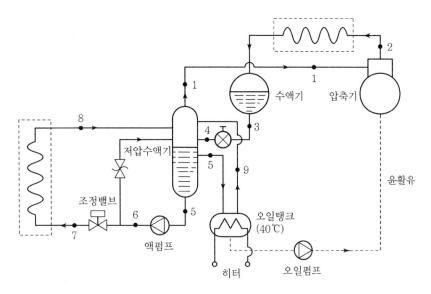

‖ 유회수 장치를 설치한 냉매액 강제순환식 냉동장치 ‖

3 *P−h* 선도

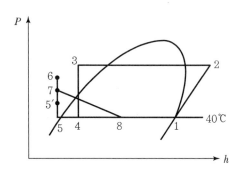

4 증발기 출구의 냉매건도(x)

$$x = \frac{h_8 - h_5}{h_1 - h_5}$$

5 압축기 소요동력(N)

$$N = \frac{G \cdot Aw}{860}$$

여기서, N : 이론동력(kW)

Aw : 압축일(kcal/h)

G : 압축기 흡입 냉매량(kg/h)

G = 증발기 순환 냉매량 + 저압수액기용 냉매량 + 오일탱크 순환 냉매량

에너지 절약과 관련하여 액-가스 열교환기가 설치된 냉동장치에 대한 수요가 증대되고 있다. 이에 대하여 다음을 설명하시오.
1) 냉동장치의 개략적 장치도
2) 압력-엔탈피 선도($P-h$ 선도)
3) 냉동능력 계산식($P-h$ 선도상의 기호를 사용할 것)
4) 냉매순환량
5) 성능계수(COP)

1 냉동장치의 개략도

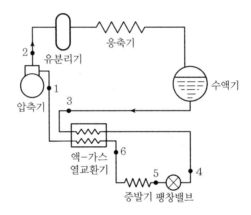

2 압력-엔탈피 선도($P-h$ 선도)

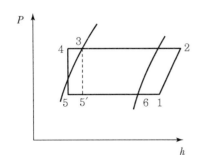

증발기를 나온 저온의 냉매증기(과열, 6 → 1)

⇕ 열교환

응축기에서 팽창밸브로 가는 냉매액(과냉각, 3 → 4)

❸ 냉동능력 계산식

1) 냉동능력

$$Q_e = q_e \times G (\text{kcal/h})$$

여기서, Q_e : 냉동능력(kcal/h)

q_e : 냉동효과(kcal/kg)

G : 냉매순환량(kg/h)

2) 냉동효과

$$q_e = h_6 - h_4 (\text{kcal/kg})$$

❹ 냉매순환량(G)

$$G = \frac{Q_e}{q_e} = \frac{Q_e}{h_6 - h_4} = \frac{V \cdot \eta_V}{v_i}$$

여기서, V : 피스톤 압출량(m³/h)

v_i : 압축기 흡입가스 비체적(m³/kg)

❺ 성능계수(COP)

$$COP = \frac{q_e}{Aw} = \frac{h_6 - h_4}{h_2 - h_1}$$

증기압축식 냉동사이클의 배관의 압력강하, 열손실, 비가역을 고려한 실제 운전 냉동사이클과 표준 냉동사이클의 $P-h$ 선도를 그리고 설명하시오.

1 표준 냉동사이클

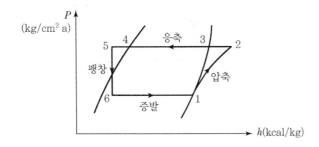

1) 압축과정(1 → 2)

① 단열압축과정으로 냉매는 건조포화증기에서 과열증기가 된다.

② 단열변화과정이지만 압축기로부터 받는 일의 열당량만큼의 엔탈피가 증가한다.

③ 2 상태는 압축기 토출 또는 응축기 흡입 지점으로 고온 고압(P_1)의 과열증기 상태이다.

2) 응축과정(2 → 5)

① 응축기에서의 과열이 제거되어 건조포화증기로 변화하면서 온도가 낮아진다.

（상태 3 : 고온 고압의 포화액 상태）

② 건포화증기는 물 또는 공기를 이용하여 포화액으로 응축시킨다.

（건조포화증기 → 습포화증기 → 포화액, 상태 4 : 고온 고압의 포화액 상태）

③ 포화액은 과냉각되어 포화액의 온도보다 5℃ 정도 과냉각된다.

（상태 5 : 응축기 출구 또는 팽창밸브 입구 지점으로 냉매는 25℃의 과냉각된 액체 상태）

3) 팽창과정(5 → 6)

단열팽창과정으로 엔탈피의 변화는 없고(등엔탈피 과정), 교축작용으로 저온 저압의 포화액과 증기(플래시 가스)가 공존하는 습증기가 된다.

4) 증발과정(5 → 1)

증발기로 흡입된 액냉매는 냉동 또는 냉각에 사용되고, 피냉각 물체로부디 열을 흡수하여 점차 증발하게 되는 잠열과정이므로 온도는 변하지 않고 증발기 출구에서 건조포화증기로 변한다.

2 실제 냉동사이클

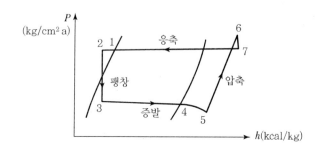

1) 1 → 2

응축기에서 응축된 고온 고압의 포화냉매액이 과냉각되는 과정으로 실제로는 관 저항으로 압력이 약간 감소한다.

2) 2 → 3

과냉각된 냉매액이 팽창밸브에서 저온 저압의 습증기(상태 3)로 교축팽창(등엔탈피 팽창)되는 과정으로 실제로는 엔탈피가 약간 증가한다.

3) 3 → 4 → 5

① 저온 저압의 습증기(상태 3)가 증발기에서 정압하에 주위로부터 흡열, 증발하여 건포화증기로 되며 실제로는 관 저항에 의해 압력이 약간 감소한다.(압력손실분만큼 선도에서 우측으로 약간 낮아짐)

② 건포화증기는 증발기 출구로부터 압축기 흡입밸브 사이 배관을 지나면서 냉동실 벽이나 주위 대기로부터 흡열하여 과열증기(상태 4)가 된다.

③ 과열증기는 압축기 흡입밸브를 통과하며 교축팽창되어 압력이 강하한다.

④ 흡입밸브를 통해 압축기 안으로 유입된 냉매는 고온의 실린더 벽으로부터 흡열하여 온도가 약간 상승한다.(압축기로 흡입되는 과정에서 압력은 낮아지고 엔탈피가 증가하며 비체적이 증가한다. 압축기 흡입가스는 냉매의 질량을 감소시켜 냉동능력을 감소시키며 체적효율을 저하한다.)

4) 5 → 6

압축기가 냉매를 압축하는 과정으로 실제로는 등엔트로피 압축도 폴리트로픽 압축도 아니지만 등엔트로피 압축으로 간주하며 고온 고압의 과열증기가 된다.

5) 6 → 7

압축된 고온 고압의 과열증기 냉매가 토출밸브를 통과하며 교축팽창되는 과정으로 압력이 약간 감소되고 엔탈피는 약간 증가한다.

6) 7 → 1

① 압축기를 나온 고온 고압의 과열증기 냉매가 응축기로 유입되어 냉각수나 공기에 의해 과열의 열을 방출하고 온도가 하강하여 건포화증기가 된다.

② 계속 방열하여 포화액으로 응축되는 과정으로 정압하에 진행되나 실제로는 관 저항으로 약간의 압력강하가 일어난다. (압력손실분만큼 선도에서 좌측으로 약간 낮아짐)

QUESTION **52**

냉동공조장치에서 압축기가 과열운전되는 경우의 원인과 영향 그리고 그 대책에 대해 설명하시오.

1 압축기 과열 원인(토출가스 온도 상승 원인)

① 고압이 상승하였을 때
② 흡입가스 과열 시(냉매 부족, 팽창밸브 열림 부족 – 속도 증가에 따른 압력강하가 커져(저압이 낮아져) 온도 역시 기준보다 내려감)
③ 윤활 불량 및 워터재킷 기능 불량(암모니아)
④ 토출·흡입밸브, 내장형 안전밸브, 피스톤링, 유분리기, 자동반유밸브, 제상용 전자밸브 등의 누설

2 압축기 과열의 영향

① 체적효율 감소로 냉동능력 감소
② 압축기 실린더 온도가 높아져 윤활유 열화·탄화로 압축기 소손
③ 냉동능력당 소요동력 증대
④ 패킹 및 개스킷의 노화 촉진

3 압축기 과열의 대책

① 냉각수 유량 확보 및 스케일, 유막 제거
② 냉매 충전량 확보, 냉매 보충, 팽창밸브 개도 조절
③ 누설부위 수리 및 교체

> 증기압축식 냉동시스템의 운전 중에 나타나는 다음 현상에 대하여 답하시오.
> 1) 압축기 토출압력이 지나치게 높아지는 원인
> 2) 압축기 토출압력이 지나치게 낮아지는 원인
> 3) 압축기 흡입압력이 지나치게 낮아지는 원인
> 4) 압축기 흡입압력이 지나치게 높아지는 원인
> 5) 압축기가 기동되지 않는 원인
> 6) 응축온도가 지나치게 높아지는 원인
> 7) 증발기의 냉각능력이 저하되는 원인
>
> 압축기에 있어 다음의 현상이 일어날 때 고장의 원인과 대책을 설명하시오.
> 1) 토출압력이 지나치게 높다.
> 2) 흡입압력이 지나치게 높다.
> 3) 압력스위치의 고압 측이 작동하여 압축기가 시동과 정지를 반복한다.
> 4) 크랭크케이스에 결로가 발생한다.
>
> 냉동기를 운전할 때 다음 2가지 경우로 인하여 압축기의 운전과 정지가 반복되었을 경우 발생 원인, 대책, 점검 방식을 각각 기술하시오.
> 1) 고압 측 압력스위치 작동으로 운전과 정지의 반복
> 2) 저압 측 압력스위치 작동으로 운전과 정지의 반복

1 압축기 토출압력이 지나치게 높아지는 경우

1) 원인

① 공기가 냉매계통에 흡입

② 냉각수(냉각공기) 온도가 높거나, 유량이 부족

③ 응축기 냉매관에 물때가 많이 끼거나, 수로 뚜껑의 칸막이 판이 부식(공랭식의 경우 응축기 핀의 오염)

④ 냉매 과충전으로 응축기의 냉각관이 냉매액에 잠기게 되어 유효전열면적 감소

⑤ 토출배관 중의 밸브가 약간 잠겨져 있음

2) 대책

① 응축기에서 에어퍼지 실시
② 냉각계통 급배수관, 스트레이너 막힘 상태 등 점검, 수압을 조절하고 밸브 조절, 공랭식의
경우 송풍기 점검
③ 냉각관 청소
④ 냉매 과충전 시 여분의 냉매 배출
⑤ 토출배관을 확실히 엶

2 압축기 토출압력이 지나치게 낮아지는 경우

1) 원인

① 냉각수량(풍량)이 너무 많거나, 냉각수온(공기온도)가 너무 낮음
② 증발기에서 액냉매가 흡입
③ 냉매 충전량 부족
④ 토출밸브 누설

2) 대책

① 냉각수 입구밸브 또는 절수밸브 조절(냉각 공기량 감소)
② 팽창밸브 조절, 자동팽창밸브의 감온통을 흡입관에 단단히 부착
③ 누설부위를 수리하고 냉매 보충
④ 토출밸브 수리 및 교체

3 압축기 흡입압력이 너무 낮은 경우

1) 원인

① 냉동부하의 감소
② 흡입 스트레이너의 막힘
③ 냉매액 통과량이 제한
④ 냉매 충전량 부족
⑤ 언로더 제어장치의 설정치가 너무 낮음
⑥ 팽창밸브를 너무 잠그거나, 팽창밸브에 수분이 동결

2) 대책

① 부하를 조정

② 흡입 스트레이너 청소

③ 전자밸브 작동상태 점검, 스트레이너 막힘 청소

④ 냉매 충전량 보충

⑤ 언로더 제어장치의 설정치 조절(작동압력(온도)을 높임)

⑥ 팽창밸브 개도 조절, 드라이어 설치

4 압축기 흡입압력이 너무 높은 경우

1) 원인

① 냉동부하의 증대

② 팽창밸브를 너무 연 경우

③ 흡입밸브, 밸브시트, 피스톤링 등의 파손이나 언로더 기구의 고장

④ 유분리기의 오일리턴장치의 누설

⑤ 언로더 제어장치의 설정치가 너무 높은 경우

2) 대책

① 부하를 조절

② 팽창밸브를 조절하고 감온통과 관의 접속 확인

③ 흡입밸브, 밸브시트, 피스톤링 등을 검사하고 마모 시 교체, 언로더 기구 점검

④ 오일리턴밸브 점검

⑤ 언로더 제어장치 작동압력(온도)을 낮춤

5 압축기가 기동되지 않는 경우

1) 원인

① 전압의 저하

② Overload Relay 작동

③ 전원스위치 Off

④ LPS(Low Pressure Cut Switch, 저압차단 스위치) 작동

⑤ OPS(Oil Protection Switch, 유압보호 스위치)가 Reset되어 있지 않음

⑥ Pump Down 방식의 경우 냉매액 전자밸브가 닫혀 있는 경우

⑦ 냉매 누설

2) 대책

① 전원과 전압 조사

② Overload Relay 리셋

③ 전원스위치 on

④ 압력스위치가 설정압력이 될 때까지 기다리거나 압력스위치 설정 압력 변경

⑤ 유압보호 스위치가 작동되는지 확인하고 수리한 다음 리셋

⑥ 전자밸브의 전류를 흘려보내서 마모되었으면 교체

⑦ 누설부위 수리 및 냉매 충전

6 응축온도가 지나치게 높아지는 원인

① 응축기 냉각수온 및 냉각공기의 온도가 높을 경우

② 냉각수량(공기량)이 부족한 경우

③ 증발부하가 큰 경우

④ 냉각관에 유막 및 스케일이 생성되었을 경우

⑤ 냉매를 너무 과충전했을 경우

⑥ 응축기 용량이 너무 작은 경우(냉각면적 부족)

⑦ 증발식 응축기에서 대기 습구온도가 높을 경우

⑧ 불응축 가스가 혼입되었을 경우

7 증발기의 냉각능력이 저하되는 원인

① 냉매 충전량 부족 또는 팽창밸브 개도 과소

② 액관 부속품(전자밸브, 스트레이너 등)의 막힘

③ 액관 중의 플래시 가스 발생량 과다

④ 증발기 전열면의 유막이나 스케일

⑤ 증발기 전열면의 적상

⑥ 부하 측(피냉각물)의 유량 부족

⑦ 유닛쿨러의 경우 팬 회전수 감소

⑧ 냉동기유가 증발기에 고여 있는 경우

⑨ 냉각표면적 부족

8 고압 측 압력스위치 작동으로 운전과 정지 반복 시

원인	대책	점검요령
냉각수량이 부족하거나 냉각관 막힘(응축기 팬 용량 부족)	냉각수가 흐르고 있는지 확인하고 급수밸브를 더 열거나, 냉각수용 스트레이너 청소(응축기 팬 점검)	냉각관이나 냉각수(냉각공기) 출입구 온도차 확인
압력스위치의 고압 측 설정이 잘못된 경우	압력스위치 고압 측 설정 점검	허용압력 이하로 설정
냉매 충전량이 너무 많은 경우	여분의 냉매를 뽑아냄	응축기, 수액기 액면 확인

9 저압 측 압력스위치 작동으로 운전과 정지 반복 시

원인	대책	점검요령
냉각기에 서리가 낌	서리 제거	냉각기 상황 조사
액냉매 필터 막힘	액냉매 필터 청소	필터 출구가 차가운지 확인
감온팽창밸브 감온통 내의 냉매 누설	팽창밸브 동력부를 신품으로 교환	흡입관에서 감온통을 떼어내고 다른 손으로 감온통을 쥐어 보아 냉매가 흐르지 않는 것 같으면 감온통의 가스가 누설한 것으로 판단
압력스위치 저압 측 설정이 너무 높음	압력스위치 등 점검, 작동압력을 낮춤	압력스위치 점검
언로더 제어장치의 설정이 너무 낮음	작동압력을 높임	압력스위치 점검

10 크랭크케이스에 결로가 발생하는 경우

1) 원인

액냉매가 압축기로 돌아온다.

2) 대책

① 팽창밸브를 조절한다.
② 수동팽창밸브가 닫혔는지 확인한다.

> 이중효용 흡수식 냉동기는 흡수용액의 흐름 방식에 따라 직렬흐름(Series Flow) 방식과 병렬흐름(Parallel Flow) 방식으로 구분된다. 고온 및 저온 재생기에서의 용액 농도 변화를 중점적으로 고려하여 두 방식의 차이를 설명하시오.

1 이중효용 흡수식 냉동기의 흐름 방식

이중효용형은 용액의 흐름방식에 따라 직렬흐름(Series Flow) 방식, 병렬흐름(Parallel Flow) 방식, 역흐름(Reverse Flow) 방식 및 직병렬 병용흐름(Combination Flow) 방식으로 구분되며 주로 직렬흐름과 병렬흐름 방식이 많이 사용되고 있다.

2 직렬흐름(Series Flow) 방식

① 이중효용 흡수식 냉동사이클 개발 초기부터 사용해 온 고전적인 방식이다.

② 흡수기에서 나온 묽은 용액이 용액펌프에 의해 저온 열교환기와 고온 열교환기를 거쳐 고온재생기로 들어가고 여기서 냉매를 발생시킨 후 중간농도가 되어, 고온 열교환기에서 저온의 묽은 용액과 열교환된 후 저온재생기에서 다시 냉매를 발생시킨 후 진한 용액이 되어 저온 열교환기를 거쳐 흡수기로 되돌아오는 방식이다.

③ 용액의 흐름이 단순하여 용액의 유량제어가 비교적 쉽다.

④ 사이클이 비교적 단순하여 운전 조정이 용이하고 복잡한 조정 없이도 쉽게 냉동사이클을 맞출 수 있다.

⑤ 병렬흐름 방식에 비하여 결정 가능성이 가장 높은 저온 열교환기에서 농도가 높고 상대적으로 고온 열교환기의 용량이 커진다는 단점이 있다.

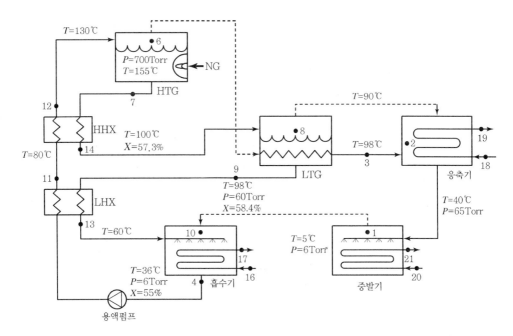

‖ 이중효용 직렬흐름 흡수식 시스템 ‖

3 병렬흐름(Parallel Flow) 방식

① 흡수기에서 용액펌프에 의해 토출된 희용액이 저온 열교환기를 거쳐서 일부는 고온 열교환기를
  지나 고온재생기로 가고 나머지는 저온재생기로 보내져 각각 냉매를 생산한 후 농용액과 중용
  액이 되어, 고온재생기로부터 나오는 농용액은 고온 열교환기를 통하고 저온재생기로부터 나
  오는 중용액은 직접 저온 열교환기로 와서 희용액과 열교환한 후 흡수기로 되돌아간다.
② 비교적 용액의 온도가 낮고 흡수기 입구의 용액농도가 낮아 결정 방지에 유리하다.
③ 저온재생기와 고온재생기로의 균등한 흡수액 분배문제, 고온재생기 출구온도 상승에 따른 부
  식문제 등의 단점이 있다.

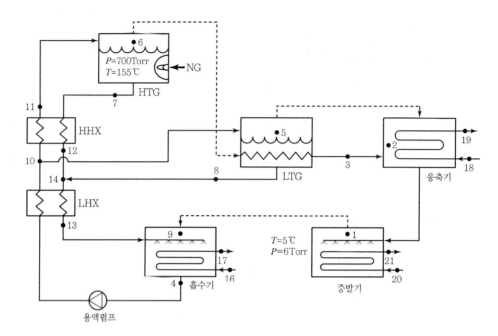

|| 이중효용 병렬흐름 흡수식 시스템 ||

흡수식 냉동기(Absorption Refrigerator)에 대하여 다음을 설명하시오.

1) 증기압축식 냉동기(Vapor − compression Refrigerator)와 비교하여 흡수식 냉동기의 특징을 설명하시오.

2) 각 구성요소 및 기능을 설명하시오.

3) 흡수식 냉동기의 성능계수는 다음과 같이 정의할 수 있다.

$$COP = \frac{\text{output}}{\text{input}} = \frac{Q_L}{Q_S + W_P} = \frac{Q_L}{Q_S}$$

(여기서, Q_L은 냉동효과, Q_S는 열원(Source)으로부터 전달되는 열, W_P는 펌프 일이고 작아서 무시할 수 있다.)

흡수식 냉동기의 최대 성능계수는 전체 사이클이 가역일 때 얻어진다. 만약 아래 그림과 같이 열원으로부터 전달된 열을 Carnot 열기관이 일로 바꾸고 그 일로 Carnot 냉동기를 구동한다고 가정하면 흡수식 냉동기의 성능계수가 다음과 같이 됨을 보이시오.

$$COP = \left(1 - \frac{T_O}{T_S}\right)\left(\frac{T_L}{T_O - T_L}\right)$$

(여기서, T_O는 주위의 온도, T_L은 저온부의 온도, T_S는 열원의 온도이다.)

‖ 흡수식 냉동기 ‖

1 Carnot Cycle의 효율

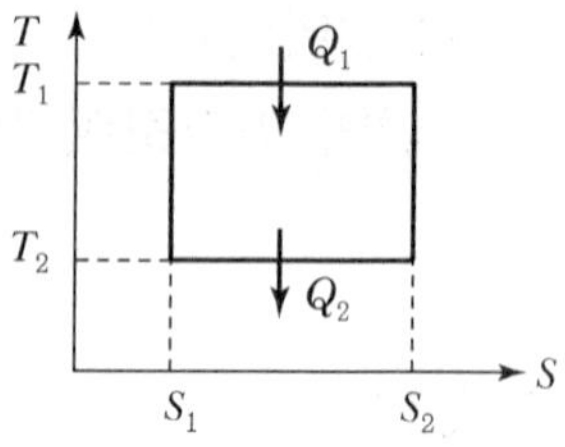

$$\eta_c = \frac{유효열}{공급열} = \frac{AW}{Q_1} = \frac{Q_1 - Q_2}{Q_1} = \frac{T_1 - T_2}{T_1}$$

$$= 1 - \frac{Q_2}{Q_1} = 1 - \frac{T_2}{T_1}$$

여기서, Q_1 : 고열원 수열량, Q_2 : 저열원 방열량

T_1 : 고열원 온도, T_2 : 저열원 온도

2 역카르노 사이클의 효율

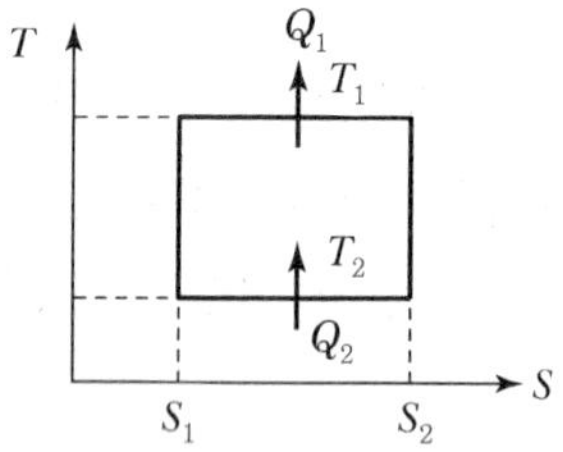

$$\varepsilon_R = \frac{Q_2}{AW} = \frac{T_2}{T_1 - T_2}$$

여기서, Q_1 : 고열원 방열량, Q_2 : 저열원 흡열량

T_1 : 고열원 온도, T_2 : 저열원 온도

3 성능계수 식의 유도

1) Carnot 열기관

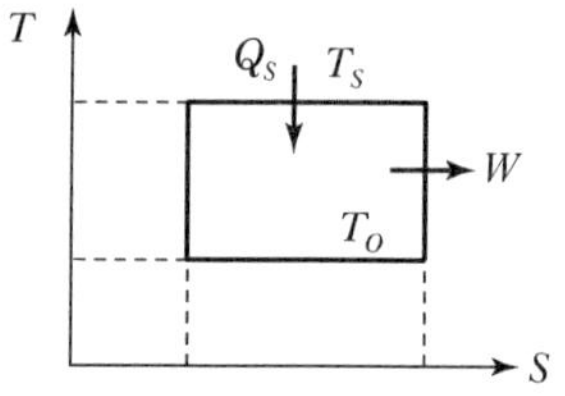

$$\eta = \frac{W}{Q_S} = \frac{T_S - T_O}{T_S}$$

$$Q_S = W \cdot \frac{T_S}{T_S - T_O}$$

2) Carnot 냉동기

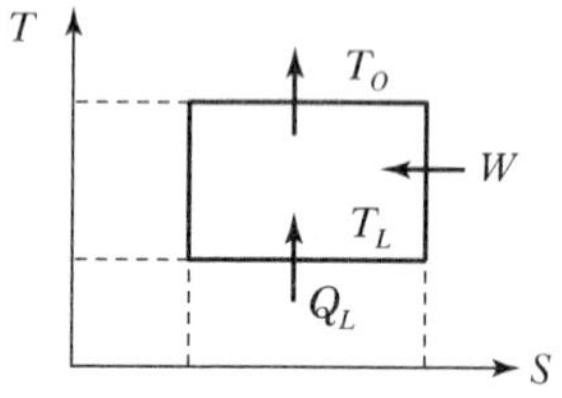

$$\varepsilon_R = \frac{Q_L}{W} = \frac{T_L}{T_O - T_L}$$

$$Q_L = W \cdot \frac{T_L}{T_O - T_L}$$

3) 성능계수

$$COP = \frac{Q_L}{Q_S} = \frac{\dfrac{T_L}{T_O - T_L}}{\dfrac{T_S}{T_S - T_O}}$$

$$= \frac{T_L}{T_O - T_L} \times \frac{T_S - T_O}{T_S}$$

$$= \left(1 - \frac{T_O}{T_S}\right)\left(\frac{T_L}{T_O - T_L}\right)$$

QUESTION 56

데시컨트 공조에 대하여 설명하시오.

1 데시컨트 공조의 개념

우리나라와 같이 여름철에 고온다습한 기후에서는 냉방부하를 처리하는 데 있어 습도 조절은 온도보다 더 중요한 요소이다. 공기 중의 수분을 응축시켜 제거하는 기존의 방법보다 데시컨트를 이용하여 제습을 행함으로써 공기 중 잠열을 제거하여 냉방효과를 얻을 뿐만 아니라 에너지를 절감할 수 있다.

2 습식제습과 건식제습의 특징

1) 습식제습

① 냉각기를 이용하여 포화상태 이하로 냉각하여 제습한다.
② 냉각코일의 표면온도가 0℃ 이하가 되면 표면에 서리가 발생한다.
③ 약 12~15℃ 정도의 공기가 얻어진다.

2) 건식제습(Desiccant 제습)

① 실리카겔, 제올라이트, 염화칼슘, 염화리튬 등의 흡착제가 공기 중의 수분을 흡착하여 제습한다.
② 노점온도가 저온인 수준까지 냉각 가능하다.
③ 흡착제에 수분이 흡착할 때 발생하는 흡착열을 제거하기 위한 냉각기가 필요하다.

3 데시컨트 공조시스템

1) 데시컨트 이용 제습 및 재생 프로세스

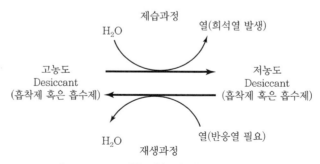

‖ Desiccant 이용 제습 및 재생 프로세스 ‖

① 고온다습한 습공기가 잠열교환기로 들어가 제습한다.

② 현열교환기로 가서 예랭(Pre-cooling)한다.

③ 냉각기에서 필요온도까지 냉각이 이루어진다.

2) 특징

① 비교적 저온열원으로도 냉방이 가능하다.

② 기계적 구동부분이 없어 저소음 저진동이다.

③ 냉동기 용량이 작아 전력비가 절감된다.

④ 성적계수가 낮다.

⑤ 복잡한 배관이나 덕트 계통으로 인해 소형화가 어렵다.

4 고체흡착식 시스템

1) Two Bed Switching Type

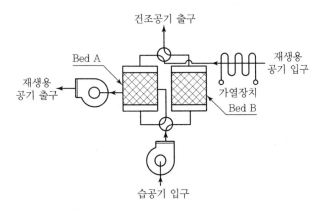

∥ Two Bed Switching Type 제습기의 장치도 ∥

① 일정한 시간 동안 공기로부터 수분을 흡착하고, 다른 Bed는 재생과정을 수행한다.

② 흡착과 재생이 동시에 연속적으로 교대로 이루어진다.

2) Rotary Drum Type

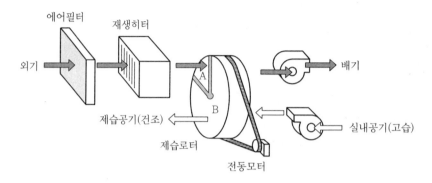

‖ Rotary Drum Type 제습기의 장치도 ‖

① 회전체를 적절한 영역으로 나누어 제습과 재생과정을 수행한다.

② 회전체(Rotor)가 재생영역과 제습영역으로 분할되어 저속으로 회전한다.(약 8~20rpm)

3) 고체흡착식 제습/냉방시스템 개략도

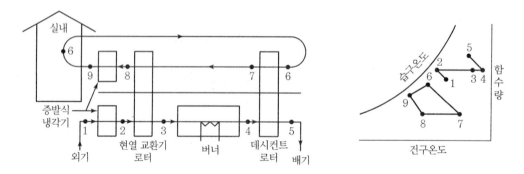

‖ Solid Desiccant 제습/냉방시스템 개략도 및 공기선도 변화 ‖

5 액체흡수식 시스템

1) 액체 흡수제의 조건

① 수증기압이 낮고 낮은 수증기압에서 흡수력이 클 것

② 화학적, 열적으로 안정될 것

③ 반응열이나 용해열이 작을 것

④ 재생복원력이 뛰어날 것

⑤ 인체에 무해하고 가격이 쌀 것

⑥ 점도가 작고 열전도도가 높을 것

2) 액체 흡수제의 종류

① 염화리튬
② 트리에틸렌글리콜

3) 액체흡수식 제습/냉방시스템 개략도

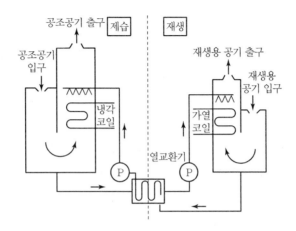

‖ Liquid Desiccant 제습/냉방시스템 개략도 ‖

① 제습영역의 냉각코일 상부에서 흡수제가 균일하고 살수된다.
② 습한 실내공기가 하부로부터 팬에 의해 공급되어 흡수제와 접촉하여 제습되며, 이때 발생되는 흡수열을 냉각코일에서 처리한다.
③ 농도가 낮아진 흡수제는 펌프에 의해 재생부로 옮겨진다.
④ 재생부에서 가열코일에 의해 온도를 상승하여 재생용 공기에 의해 수분을 방출하여 고농도로 재생된다.

6 결론

Dessiccant Cooling System은 운전비가 절감되고 쾌적한 실내환경을 제공할 수 있는 친환경적인 공조 방식이라 할 수 있다. 지금까지는 하이브리드 형태로 전기나 가스를 사용하여 왔으나 태양열, 지열, 폐열 등 신·재생에너지원을 적극 도입하여 에너지원을 다양화할 수 있는 연구가 필요하다.

액체 제습 냉방에 대하여 설명하시오.

1 개요

① 제습 냉방기술은 흡착식 또는 흡수식 제습기를 이용한 냉방 기술이다.

② 제습제의 수분에 대한 흡착이나 흡수 특성을 이용하여 낮은 온도에서 주위 공기로부터 수증기를 흡착(Adsorption) 또는 흡수(Absorption)하고 고온에서 이 습기를 공기에 방출하는 제습 사이클을 이용한 것이다.

③ 공기 중의 수분을 응축이 아니라 직접 흡습에 의해 제거함에 따라, 처리공기를 노점온도 이하로 냉각시키지 않고 처리할 수 있어, 지나친 공기 냉각에 따른 재열이 필요하지 않다는 장점이 있다.

④ 우리나라와 같이 하절기 고온다습한 기후에서 독립적인 잠열부하 처리가 가능하므로 효과적인 냉방시스템을 구성할 수 있다.

2 액체 제습 냉방기술의 원리

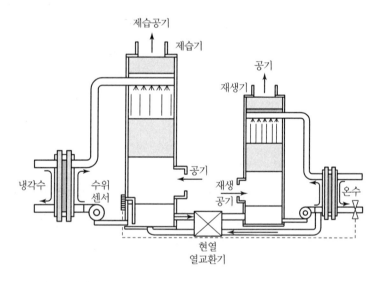

① 액체 제습제를 이용하여 흡입공기의 수증기를 흡수하여 잠열부하를 처리한다.

② 건조해진 공기를 증발 냉각 또는 냉수코일을 이용하여 온도를 떨어뜨려 현열부하를 처리하는 냉방기술이다.

③ 특히 제습기와 증발 냉방기술이 결합하게 되면, 액체 제습기에서 건조해진 공기는 재생형 증발식 냉각기를 거쳐 온도와 습도가 실내공간에서 요구되는 쾌적한 수준이 되어 실내로 보내진다.

④ 액체 제습 사이클의 작동은 저온에서 주위 공기로부터 수증기를 흡수하는 제습과정과 고온에서 이 습기를 공기로 방출하는 재생과정으로 이루어진다.

⑤ 제습기 상부에 액체 제습제가 공급되어 뿌려지면, 유입되는 공기 중의 수분을 흡수한다.

⑥ 공기와 제습제 사이의 수증기 교환은 온도가 낮을수록, 농도가 진할수록 수증기 압력이 낮아 제습과정이 활발하다. 따라서 가능한 낮은 온도와 고농도의 제습제 조건에서 제습기가 운전되는 것이 바람직하다.

⑦ 공조기 용량을 크게 할 필요가 없으며 실내공기질 향상을 도모할 수 있다.

⑧ 액체 제습제는 수증기의 흡수 및 열교환으로 온도가 높아진 희석된 상태가 되는데 재생부에서 고온의 공기와 접촉을 통하여 재생하게 된다.

⑨ 공기 중 수증기를 흡수하는 제습제의 능력은 수분 함유량의 증가(제습제의 농도 감소)에 따라 감소한다.

⑩ 제습제가 일정 농도 이하로 묽어지면 재생기에서 고농도의 제습제로 농축되어야 한다. 재생을 위해서는 제습과정과는 반대로 제습제에서 공기로의 수증기 교환이 일어나야 한다.

⑪ 이를 위해 제습제 표면에서 수증기 압력을 높이기 위해 제습제를 가열하여 온도를 높여준다. 즉 탈습과정은 제습제에서 물을 분리하여 증발시킴으로써 제습제를 재생(Regeneration)하기 위한 열 압력을 필요로 하며, 덥고 습해진 재생용 공기는 외기로 배출되고, 농도가 높아진 제습제는 제습기에서 재사용할 수 있게 된다.

⑫ 재생기의 제습제는 재생과정을 거치면서 농도뿐만 아니라 온도도 상승하게 되는데, 현열 교환기에서 제습기로부터 재생기로 이송되는 저온의 제습제와 열교환 과정을 거쳐 냉각되어 제습기로 공급된다. 이를 통해 제습 성능이 향상되고 재생에 필요한 열량을 줄일 수 있게 된다.

3 제습 냉방시스템의 특징

① 비교적 저온 열원으로 간단하게 냉방 가능하다.

② 기계적 구동부분이 없으므로 저소음, 저진동이다.

③ 냉동기 용량이 작아도 되므로 전력을 적게 사용한다.

④ 구동열원 도입으로 인해 복잡한 배관이 필요하다.

⑤ 시스템 전체의 소형화가 어렵다.

⑥ 제습시스템은 초기 투자비가 냉각식에 비해 비교적 크고 시스템의 부피가 커서 설치용적을 많이 차지한다.

⑦ 공기 오염물질에 의해 제습기 효율이 떨어질 수 있다.

4 액체식 제습 냉방의 장점

① 모든 과정이 대기압 조건에서 이루어지므로, 불응축 가스에 의한 성능저하 문제가 없나.
② 제작이 용이하다.
③ 냉매인 물을 회수할 필요가 없으므로, 별도의 응축기가 필요 없다.
④ 제습제와 공기가 직접 접촉하므로 열 및 물질전달이 효과적이다.
⑤ 제습제의 살균효과로 공기오염 제거효과를 부가적으로 얻을 수 있다.
⑥ 다양한 열원(태양열, 천연가스, 배열, 전기)을 활용하여 냉방 공급이 가능하다.
⑦ 저온의 지역난방 공급수를 이용한 지역 냉방 공급이 가능하다.

5 제습제의 종류

① 고체 제습제로는 실리카겔, 활성알루미나, 제올라이트 등이 있다.
② 액체 제습제로는 염화리튬과 트리에틸렌글리콜(triethylene glycol)이 있다.
③ 염화리튬과 같은 액체 제습제는 공기 부유 오염물질을 제거할 수 있으며, 공기 중의 박테리아와 바이러스를 없애는 멸균기능도 갖고 있다.

6 액체 제습제(Liquid Desiccant)

① 제습제의 수증기 압력은 가장 중요한 제습제의 특성으로 온도가 낮을수록, 농도가 높을수록 낮은 수증기압을 가져 공기 중의 수분을 용이하게 흡수할 수 있다.
② 제습제의 온도를 높이게 되면 제습제의 수증기압이 높아지게 되므로, 제습과정과 반대로 공기 중으로 수분이 증발하게 되어 재생과정이 가능하게 된다.
③ 온도와 농도의 작동범위 안에서 결정이 발생해서는 안 되며, 낮은 점성과 좋은 열전달 성질을 가지는 것이 좋다.
④ 무독성과 부식성이 없고, 가연성이 없어야 하며, 싼 가격에 이용 가능해야 한다.
⑤ 현재 많이 사용되는 액체 제습제는 염화리튬, 염화칼슘, 트리에틸렌글리콜 등이 있다.
  • 염화칼슘은 저가의 제습제로 손쉽게 사용할 수 있으나, 상대적으로 증기압이 높은 단점이 있다.
  • 염화리튬은 낮은 수증기압을 가져 가장 안정적으로 사용되는 제습제이나 상대적으로 고가라는 단점이 있다.
  • 트리에틸렌글리콜은 점도가 높고, 제습제의 낮은 표면 증기압으로 재생과정 중 증발하여 외부로 유출될 수 있다.
⑥ 제습제를 적절한 비율로 혼합하거나 첨가물을 혼합하여 저비용으로 낮은 수증기압을 얻기 위한 연구가 진행되고 있다. 염화리튬과 염화칼슘을 혼합한 제습제로 염화칼슘에 비해 수증기압을 낮출 수 있으며, 염화리튬에 비해 30%의 비용 절감이 가능하다.

7 액체 제습시스템의 문제점

① 공기의 효율적인 제습을 위해서 공기와 제습제 사이에 큰 접촉면적과 긴 접촉시간이 필요하며 충분히 큰 접촉면적과 충분히 긴 시간을 가지면 공기와 제습제의 조건들은 평형에 접근할 수 있다.

② 액체 제습제에 의해 공기 중의 수증기를 제습하는 과정에서 제습제 표면에 수증기의 응축에 의한 응축열뿐만 아니라 혼합열이 항상 발생하며, 이 열에 의해 제습제와 공기의 온도가 상승하게 되며, 제습성능의 저하와 공기의 현열부하 증가의 원인이 된다.

③ 공기 유동 방향으로 액막 표면이 불안정한 파형을 형성하게 되어 제습제가 공기에 비산하는 단점이 있다. 이를 보완하기 위해 데미스터(Demister)를 설치하는 등의 방법이 있으나, 장치가 커지고 공기 측 압력손실이 증가하는 문제점이 있다.

8 결론

① 제습 냉방기술은 열원 구동 방식의 냉방 기술로서 우리나라와 같이 하절기 고온다습한 기후 여건에 적합하다.

② 환기 부하처리, 실내공기질 개선을 위한 냉방기술로 많은 장점을 가지고 있다.

③ 액체 제습시스템은 증발 냉각기술이나 현열 냉각과 같이 다른 냉방기술과 결합한 하이브리드(Hybrid) 시스템으로 구성하면 매우 효율적인 냉방시스템 구현이 가능하다.

④ 다양한 열원(태양열, 천연가스, 배열, 전기 등)에 운전이 가능하므로, 열원을 다양화한 고효율 시스템 기술을 개발하면 국가적인 에너지의 효율적 사용과 온실가스 대응기술로서 큰 역할을 할 것으로 기대한다.

현열 교환 방식에서 런 어라운드 방식(Run Around Sysrem)에 대하여 ① 개요(개념), ② 작동원리, ③ 특징, ④ 계통도(구조) 순으로 설명하시오.

폐열 회수 방식(Heat Recovery System)

1 직접 이용 방식

공기나 물로부처 회수한 열을 열 수요처에서 그대로 직접 이용하는 방식으로서 회수열의 온도가 높고, 열 발생처와 수요처의 거리가 짧고, 열수급도 시간석으로 일치히는 경우에 적용 가능하다.

1) 혼합공기 직접 이용 방식

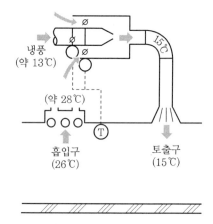

① 천장 내에 배출되는 조명기기 발생열을 혼합이나 재열을 통해 외주부 난방에 사용한다.
② 실내 조명부하를 줄이고 조명기구 수명을 연장한다.

2) 냉각탑 배열 이용 방식

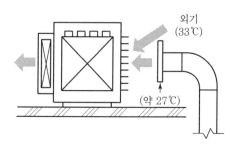

냉방 시 온도와 습도가 낮은 실내배기를 냉각탑에 유입시켜 냉각수 온도를 낮추어 줌으로써 냉동기 응축압력을 저하시켜 성적계수를 향상시킨다.

② 열교환 이용 방식

1) 런 어라운드 방식(Run Around Coil)

① 배기와 받아들인 외기의 양 계통에 코일을 삽입하고, 양 코일 사이에 열매체를 순환시키므로 열회수에 수반되어 공기의 혼합이 일어나지 않는다.

② 배기 중의 보유열을 받아들인 외기에서 회수 이용하는 방법의 하나이다.

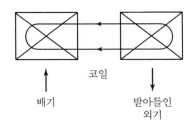

③ 여름철 고온의 외기를 예랭기에서 열교환하여 나온 온수를 재열코일에 공급하여 공기를 재열하고, 다시 예랭기에 보내어 순환시키는 방식이다.

④ 열교환이 2단계로 이루어져 효율이 나쁘다.

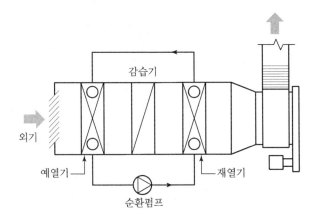

③ 수랭 조명기구 방식

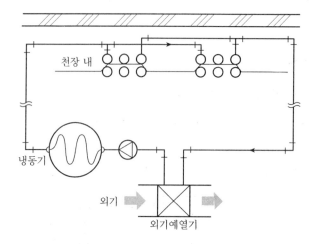

조명기구에 냉각수관이나 홈붙이관을 용접하여 조명열을 회수, 히트펌프를 통해 열원으로 사용하거나 그림과 같이 외기를 예열할 수 있다.

④ 증발 냉각 방식

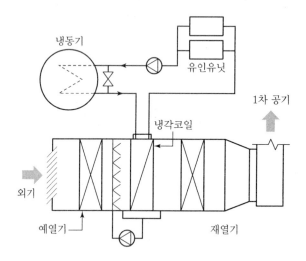

유인유닛이나 팬코일 유닛에 공급되는 냉수를 중간기나 겨울에 냉동기를 가동하지 않고 외기로부터 에어와셔(순환수 분무)를 통해 얻는 방식이다.

5 전열 교환기 방식

① 외기와 배기를 전열 교환하여 열을 회수하는 방식이다.
② 로터에 의한 회전식과 가동 부분이 없는 직교류 고정식이 있다.

6 히트 파이프 방식

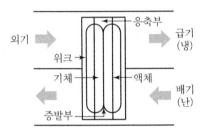

① 히트 파이프로 배기의 난방열을 흡수하여 외기에 방열함으로써 열을 회수하는 방식이다.
② 현열만을 회수할 수 있고, 구동부가 없다.

> ▶ 대온도차 공조시스템(저온 냉수 공급 방식)에 대해서 다음 사항을 설명하시오.
>   1) 적용 시의 기대효과(건축적 측면, 설비적 측면, 유지관리 측면 및 실내환경관리 측면)
>   2) 적용되는 냉열원 방식
>   3) 이 시스템 채택 시 주의해야 할 사항
> ▶ 대온도차 공조시스템의 출현 배경, 기대효과 및 장단점에 대하여 설명하시오.

1 개요

건축물의 공조시스템 중 적정 실내온도를 유지하기 위한 냉온수를 사용하는 냉난방시스템 설계 시 일반적으로 적용하는 온도차(난방 : 10℃, 냉방 : 5℃)보다 크게 적용하는 것을 대온도차 냉난방시스템이라고 한다. 일반 건축물에서 냉수를 사용하는 냉열원으로 냉방 설계를 할 경우 냉수 온도차는 5℃(출구 : 7℃, 입구 : 12℃)로 잡는 것이 보통이나, 지역냉방이나 초고층 건물 등 배관길이가 대단히 길어지는 경우에는 배관, 펌프 등의 자재비와 냉수 이송 동력비 등을 절약하기 위하여 $\Delta t = 8 \sim 10$℃로 잡는 경우도 있으므로 일반적으로 대온도차 냉방시스템은 기존부터 적용되어 온 방식이라 할 수 있다.

▼ 온도차에 따른 냉방시스템

항목		일반 냉방 시스템	대온도차 냉방시스템			
			고온 냉수 환수 방식	저온 냉수 공급 방식	하이브리드 방식	
냉열원		압축식 냉동기 흡수식 냉동기 축열장치	압축식 냉동기 흡수식 냉동기 축열장치	압축식 냉동기 축열장치	1차 압축식 흡수식 축열장치	2차 W.HP 방식
수(水) 방식	공급온도(℃)	7	7	3~5	7	17
	환수온도(℃)	12	17	13~15	17	27
공기 방식	급기(℃)	16	14	11	14	
	환기(℃)	26	26	26	26	

2 대온도차 공조시스템의 출현 배경

① 지구 온난화 해결을 위한 건축부문에서의 에너지 절감 필요

② 건물 공조용 에너지 사용량이 총 에너지 부하의 50% 이상 차지

③ 초기 투자비 및 에너지 유지비용 절감 방안 필요

④ 빙축열시스템을 연결한 저온냉수 공급 방안 필요

③ 온도차에 따른 냉방시스템

① 온도차에 따른 냉방시스템은 일반 냉방시스템, 환수온도가 높은 고온 냉수 환수시스템, 공급온도가 낮은 저온 냉수 공급시스템, 하이브리드 시스템으로 구분할 수 있다.

② 대온도차 시스템은 중앙 방식에만 적용된다고 볼 수 있으며, 중앙 방식은 수(水) 방식, 수 · 공기 방식, 공기 방식으로 나눌 수 있으나, 팬코일 유닛(FCU)으로만 냉방하는 수 방식은 환기문제 때문에 중규모 이상 건축물에는 부적당하므로 제외하기로 한다.

④ 수(水) 방식

- 냉온수를 겸용으로 하는 2관식 배관에서 냉방부하와 난방부하가 비슷할 경우에는 난방의 경우와 온도차(10℃)가 같으므로 순환펌프를 냉수용과 온수용의 겸용으로 사용할 수 있다.
- FCU의 냉수코일에서 냉수 온도차를 크게 할 경우 유속이 작아지고, 유속이 작아지면 코일 열수가 많아지고 코일 전(前) 면적이 작아지므로 통과하는 풍속을 약 4m 이상으로 크게 하여야 한다. 풍속이 2~3m 이상이 되면 응축수가 비산되므로 일반 코일을 쓰기보다는 비산 방지가 가능한 오발(Oval) 코일을 쓰는 것이 좋다.
- 부분부하에 대응하고 에너지 절약을 위하여 2방 제어밸브에 의한 변유량 방식(VWV : Variable Water Volume System)을 쓰는 것이 바람직하다. 그렇게 하려면 펌프는 대수제어나 인버터에 의한 회전수 제어를 하여야 한다.
- 저온 냉수 공급시스템을 적용할 경우에는 저온으로 공급하므로 공급관의 보온을 강화하고 FCU 방식은 출구에서의 결로가 우려되므로 이에 대한 대책이 필요하다.

1) 고온 냉수 환수시스템

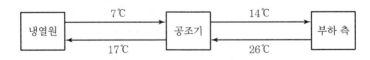

‖ 대온도차 냉방시스템 Δt=10℃(고온 냉수 환수 방식) ‖

① 냉열원의 냉수 공급온도는 일반 냉방시스템과 같은 7℃로 하고 환수온도를 17℃로 하여 대온도차가 되게 하는 시스템으로서 흡수식 냉동기를 포함하여 압축식 냉동기와 축열장치를 적용한다.

② 공조기의 급기온도(14℃)가 일반 냉방시스템의 급기온도(16℃)에 비하여 2℃가 낮으나 급기온도 14℃는 일반적으로 적용하는 범위에 들어가는 온도로서 크게 고려하여야 할 문제는 없다.

③ 수(水) 계통에서는 냉수의 환수온도가 일반 냉방시스템의 환수온도(12℃)에 비하여 5℃가 높은 17℃로서 공조기와 FCU의 냉수코일의 선정은 일반 냉방시스템과 다르므로 대온도차에 맞는 적정 규격의 장비 선정이 이루어져야 한다.

2) 저온 냉수 공급시스템

‖ 대온도차 냉방시스템 Δt=10℃(저온 냉수 공급 방식) ‖

① 저온(3~5℃) 냉수 공급면에서 볼 때 압축식 냉동기와 축열장치는 가능하나 흡수식 냉동기는 현재 국내기술로는 실용성 면에서 검증이 되어 있지 않아 적용이 곤란하다.

② 저온용 냉동기를 별도로 설치하기 어려운 경우에는 기존 냉동기를 직렬로 연결하여 저온 냉수를 생산하는 방법을 적용할 수 있다.

3) 하이브리드 방식

‖ 하이브리드 방식 Δt=20℃ (복합형 공조 방식) ‖

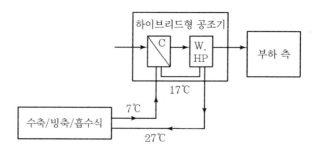

‖ 하이브리드 방식 Δt=20℃ (일체형 공조 방식) ‖

① $\Delta t = 20℃$를 실현할 수 있는 방식으로 수축/빙축열 방식의 적용성이 매우 뛰어나 고효율, 동력비 절감, 배관비 축소 등의 좋은 장점이 많다.

② 대규모 건축물에 활발히 적용이 예상되며, 초고층 방식에는 복합형 또는 일체형 하이브리드 공조 방식을 적용할 경우 좋은 결과를 얻을 수 있다.

5 공기 방식

저온 취출 공기 방식은 풍량이 일반 냉방시스템에 비하여 부분부하에 대응하기 위하여 변풍량 (Variable Air Volume) 시스템을 적용하는 것이 바람직하다. 이 방식은 덕트 규격이 작아지고 송풍기 용량도 작아져서 초기 투자비 및 동력비 절감 등에서 유리하다. 반면, 저온급기에 의한 콜드 드래프트(Cold Draft)와 결로문제, 소풍량으로 인한 환기량 부족문제, 대온도차에 의한 냉수코일 의 열수가 많아지고 공기 측 정압손실이 커지는 문제 등이 있다.

1) 저온급기 시 고려할 사항

저온급기를 할 경우에는 부적정 취출구나 덕트 누설 등으로 결로가 발생될 가능성과 취출구에 서 콜드 드래프트(Cold Draft)가 일어날 수 있다. 이를 방지하기 위하여 다음과 같은 방법들을 적용하여야 한다.

① 결로 방지용 취출구(고 확산형, 슬롯형, 복류형, 분사형, 선회류형 등) 사용

② 실내습도 허용 하한치로 취출온도 설정

③ 유인비가 큰 유인형 터미널 유닛 사용

④ 방수재가 부착된 보온재 사용

⑤ 덕트 연결부위 실링 철저

2) 소풍량 급기 시 고려할 사항

급기풍량이 적어지면 실내 환기량이 부족하게 되므로 최소 환기량을 확보하여야 하며 콜드 드 래프트 방지를 위해 소풍량으로 골고루 기류 확산이 가능한 VAV 디퓨저 적용 등을 고려하여야 한다.

3) 냉수코일 선정 시 고려할 사항

공조기 냉수코일 선정 시 냉수 온도차가 커지면 유속이 작아지고 열수는 커진다. 또한 냉수코 일 출구 공기온도(11℃)와 입구 냉수온도(5℃)의 온도차가 6℃로 온도차가 8℃ 이하가 되면 MTD(Mean Temperature Difference, 대수평균온도차)가 작아져서 코일 열수가 늘어나고 코일 전(前) 면적은 작아져서 일반 코일을 사용할 경우 다음과 같은 문제가 발생한다.

① 코일 통과 풍속이 빨라져서 응축수 비산이 일어난다.

② 코일 열수가 많아지고, 통과 풍속이 빨라져서 압력손실이 커진다.

응축수 비산문제와 과도한 압력손실은 관의 모양이 타원형으로 되어 있는 오발 코일을 사용하면 방지할 수 있다.

6 대온도차 공조시스템의 장단점

1) 장점

① 배관 및 덕트 자재비 절감
② 송풍기, 펌프, 공조기 크기의 축소
③ 건물 층고 저하로 건축 공사비 절감
④ 냉온수 순환펌프 및 송풍기 동력에너지 절감
⑤ 실내공기질과 쾌적성의 향상
⑥ 습도 제어가 용이
⑦ 쾌적한 근무환경 조성에 의한 생산성 향상
⑧ 기존 건물의 개보수에 적용하면, 낮은 비용으로 냉방능력의 증감이 용이함

2) 단점

① 냉열원의 효율 저하
② 저온 취출 방식의 경우 콜드 드래프트와 덕트와 취출구에서 결로 발생
③ 일반 코일 사용 시 응축수 비산문제와 압력손실 증대

7 대온도차 공조시스템의 구성요소 및 고려사항

1) 냉동기

① 충분히 낮은 온도의 브라인을 발생시킬 수 있는 기기이어야 한다.
② 대부분 냉열원으로 빙축열을 사용한다.

2) 공조기 냉각코일

낮은 표면온도에 의해 제습량이 많아져 수분이 비산할 우려가 있으므로 이를 방지하기 위해 풍속 $1.5 \sim 2.3 m/s$가 권장된다.

3) 송풍기

일반공조에 비해 크기가 작은 송풍기를 사용한다.

4) 덕트

① 풍량이 감소함에 따라 덕트 크기도 작아진다.

② 급기온도가 낮으면 풍량도 적기 때문에 덕트의 누설에 의한 열손실은 전체 시스템에 영향을 미치므로 누기 방지를 위한 고려가 필요하다.

5) 터미널 유닛

① 저온급기를 직접 재실자에게 공급하면 Cold Draft와 같은 물리적인 환경을 조성하므로 공조공간에 공급되기 전에 환기와 혼합한 후 공급한다.

② 혼합처리를 위해 Fan Powered Mixing Box와 같이 동력을 사용하는 장치와 Induction Unit, 직접 급기용 디퓨저와 같이 동력을 사용하지 않는 장치가 있다.

8 결론

① 대온도차 공조시스템은 경우에 따라 유리한 경우도 있고 불리한 경우도 있겠으나, 국내에서는 유리한 경우에도 설계, 장비제작 및 시공 등이 초기 단계이므로 적용하기가 쉽지 않다.

② 앞으로 에너지 절약과 경제성을 높이기 위하여 대온도차 공조기술을 일반화하려면 엔지니어링 분야와 장비분야의 산업 기술개발뿐만 아니라, 학계에서도 많은 관심을 가지고 연구, 노력하여야 한다.

③ 대온도차 공조기술은 적용성이 매우 뛰어난 일반화된 방식으로서 적극적인 반영을 위해 법적, 제도적 보완이 속히 이루어져야 한다.

④ 장비의 개발(흡수식 $\Delta t = 10℃$), 하이브리드형 복합 공조기기 개발, 대온도차형 코일 국산화 등을 위한 정책적 지원이 필요하다.

연료의 고위발열량(Higher Heating Value)과 저위발열량(Lower Heating Value)에 대해 설명하시오.

1 발열량

연료의 발열량이란 연료가 완전연소할 때 발생하는 열량이며, 고체 및 액체연료의 경우에는 그 단위중량(1kg)의 연소로 발생하는 열량을 kcal로 나타내고 기체연료의 경우에는 표준상태에서 단위체적(1Nm³)이 연소할 때 발생하는 열량을 kcal로 각각 표시한다. 즉, 단위량의 연료가 완전연소에 의해서 발생하는 열량을 그 연료의 발열량이라고 말한다.

2 고위발열량(Higher Heating Value)

연소과정에서 반응(연료 내 수소) 또는 증발(연료 내 수분)에 의해 생긴 수증기의 증발잠열을 포함한 값이다. 연소실에서 연소가스가 고온상태에서 출구를 빠져나가므로 발생한 수증기는 연소실 내에서 응축되지 않게 되어 그 열을 이용할 수 없다. 따라서 설계 시에 쓰이는 값은 저위발열량이다. 쉽게 설명하면, 탄화수소류의 기체 연료는 연소 시 산소와 결합하여 연소가스를 배출하고 수증기를 생산하게 된다. 이때 발생된 수증기는 응축이 되지 않지만 연소가스의 최초 온도까지 내릴 때를 가정하면 수증기는 응축이 되고 응축이 될 경우 열을 발산하게 된다. 이때의 응축열량까지 합한 열량을 고위발열량이라고 말한다.

3 저위발열량(Lower Heating Value)

고위발열량에서 연소가스 중에 함유된 수증기의 증발열을 뺀 실제로 효용되는 연료의 발열량을 저위발열량이라 한다. 통상 고체와 액체 연료의 경우 열량계산을 저위발열량으로 기준하는데, 그 이유는 고체나 액체 연료의 경우 연료를 기화시켜 연소시키기 위하여 연료 중에 함유된 수분을 증발시켜야 하기 때문이다. 연소 시 연소가스의 온도는 통상 200~300℃로 그냥 외부로 방출되므로 응축에 이용되는 열은 거의 없으므로 흡수식 냉온수기의 경우 COP 계산 시 저위발열량을 기준으로 계산한다.

CA냉장(Controlled Atmosphere Cold Storage)에 대한 다음 사항을 설명하시오.
1) 정의
2) 품질보존 효과
3) 청과물 종류별 저장온도, 분위기 조성 및 저장 가능기간
4) 장치도
5) 종류 및 특징

1 CA냉장의 정의

① CA냉장(Controlled Atmosphere Cold Storage)은 냉장실의 온도를 제어함과 동시에 공기조성도 함께 제어하여 냉장하는 방법으로, 주로 청과물(특히, 사과)의 저장에 많이 사용된다.

② 청과물은 수확 후에도 살아 있기 때문에 호흡을 계속하여 영양분을 소모하는데, 품온(品溫)을 낮추면 호흡이 억제되어 영양소모가 적어져서 저장기간이 길어진다.

③ 청과물은 특성상 호흡을 억제하기 위해 온도를 많이 낮추면 저온 장애(Cold Injury)를 입게 되므로, 온도를 적당히 낮추고, 냉장실 내 공기 중의 CO_2 분압을 높이고, O_2 분압을 낮춤으로써 호흡을 억제한다.

2 CA냉장의 품질보존 효과

1) 추숙(追熟)의 억제

사과, 배, 바나나 등과 같이 추숙하는 과실의 경우, 추숙하여 저장기간이 단축되는 것을 억제한다.

2) 녹색의 보존

엽록소(chlorophyll)의 분해를 탄산가스가 억제하여 녹색을 보존토록 한다.

3) 산(酸)의 감소 억제

저장 중에 유기산의 감소를 억제하는데, 신맛이 중요한 성분인 과실류에는 특히 중요하다.

4) 연화(軟化)의 억제

저장 중 육질이 물렁해지는 것을 막아준다.(특히, 사과, 단감 등에서 중요)

③ 저장품 종류별 적정 온도 및 분위기 조성

① CA냉장의 저장온도와 분위기 공기 조성의 최적조건은 품종, 재배장소, 수확시기 등에 따라 조금씩 차이가 있으며, 정확한 온도 및 분위기 조성은 저장업자의 노하우(know-how)로 CA냉장의 성공 여부를 좌우한다.

② 청과물 종류에 따른 일반적인 저장온도 및 분위기 조성

종류	저장온도(℃)	분위기 조성(%)		저장 가능기간
		O_2	CO_2	
사과	0~3	3	3	6~9개월
감	0	2	8	6개월
밤	0	3	6	7~8개월
마늘	0	2~4	5~8	10~12개월
배추	0	3	4	4~5개월

※ 분위기 공기 조성 중 O_2, CO_2를 제외한 나머지는 질소(N_2)

④ CA냉장고의 구성

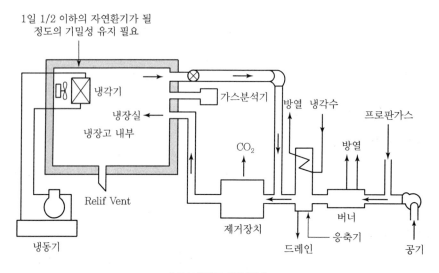

▌CA냉장고 구성도 ▌

① CA냉장을 하기 위해서는 기본적으로 냉동시설이 되어 있어야 한다.

② 냉장고 내의 분위기 가스 조정을 위해 기밀성 확보가 필수적이다.

③ CO_2 제거장치, O_2 감소장치(N_2 발생장치), CA가스 발생장치 등이 필요한데, 이 장치들은 보통 하나의 시스템에 일체화되어 있다.

④ 냉장고로 유입되는 공기를 미리 프로판가스로 연소시킨 뒤 냉각수에 의해 냉각시켜 냉장고로

공급하는 장치이다.

⑤ N_2가 많은 인공공기(N_2 96%, O_2 2~3%, CO_2 1~2%)를 연속적으로 공급하여 주는데, 시간의 경과에 따라 고 내에 축적되는 CO_2는 제거장치(Scrubber)에 의해 제거된다.

5 CA냉장고의 종류 및 특징

CA냉장고는 분위기 공기의 조성을 만드는 방법, 즉 CO_2를 늘리고 O_2를 줄이는 방법에 따라 3가지 방식으로 분류할 수 있다.(냉동장치는 어느 방식이나 비슷함)

1) 과실 자체의 호흡작용을 이용하는 방법

청과물이 호흡할 때는 O_2를 소비하고 CO_2를 방출하는데, 이 작용에 의하여 분위기 공기 조성을 맞추는 방법이며, 자연 CA법이라고도 한다.

2) CO_2나 N_2 가스를 첨가하는 방법

호흡작용으로 가스가 축적되는 것을 기다리지 않고, 인공적으로 O_2, CO_2, N_2를 배합하여 냉장실에 직접 공급하는 방법이다.

3) 발생기를 이용하여 인공적으로 공기를 만드는 방법

공기를 프로판 등으로 연소시켜 저O_2, 고CO_2 상태로 만들어 냉장실에 공급하는 방법으로, 소정의 분위기 가스를 빠르게 얻을 수 있다는 장점이 있으며, 일본에서 이 방법을 많이 사용하고 있다.

> ▶ Heat Pipe의 작동원리에 대하여 설명하시오.
>
> ▶ 중력장에서의 연직형 Heat Pipe의 기본구조 및 작동원리를 설명하시오.

1 개요

최근 공조장치 분야에서도 에너지 절약 관점에서 여러 가지 에너지 회수법이 실제 설계에 도입되고 있다. 그 중에서 배열을 회수하기 위한 방법 중의 하나로 히트 파이프(Heat Pipe)가 사용되고 있다.

2 히트 파이프의 원리

① 밀폐된 관 내에 기상과 액상으로 상호 변화하기 쉬운 작동유체를 봉입하고 그 매체의 상변화 시 잠열을 증대하고 유동에 의해 열을 수송한다.
② 예를 들면, 관 내부에 물이나 암모니아, 냉매(프레온) 등의 증발성 액체를 밀봉하고 관 양단에 온도차가 있으면 그 액이 고온부에서 증발하고 저온부로 흘러 여기에서 방열해서 액화하고 모세관 현상으로 다시 고온부로 순환한다.
③ 배열을 회수하기 위한 일종의 열교환기이다.

3 히트 파이프의 구조

- 밀봉된 용기, 위크(Wick) 및 증기공간으로 구성
- 길이방향으로 증발부, 단열부 및 응축부로 구성

1) 구조

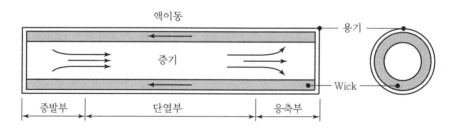

① 증발부

　밀봉된 용기 바깥 열원에서 열에너지를 용기 안에 전달하여 작동유체가 증발한다.

② 응축부

　• 열을 용기 밖으로 방출하여 작동유체인 증기를 응축시킨다.

　• 열에너지(응축잠열)를 방출하는 부분이다.

③ 단열부

　• 열원과 흡열원이 떨어져 있는 경우 작동유체의 통로를 구성한다.

　• 외부와 단열되어 있고 작동유체의 통로를 구성하여 외부와의 열교환이 없다.

2) 작동 사이클

① 외부의 열원으로 증발부를 가열하면 작동유체의 온도가 상승한다.

② 작동유체는 온도 상승에 의해 증발하며 이때 잠열이 증기에 주어진다.

③ 포화증기압은 액온의 상승과 더불어 높아져 증기가 응축부(저압)로 이동한다.

④ 증기는 응축부에서 응축하면서 잠열을 흡열원에 방출한다.

⑤ 응축된 액은 Wick를 통해 모세관 작용으로 증발부로 환류됨으로써 사이클이 완성된다.

3) Wick

① 재질

　금망, 발포제, 펠트, 섬유, 소결금속 등 다양한 물질과 파이프 벽면에 홈을 판 것을 사용한다.

② 기능

　• 모세관 작용에 의하여 작동액을 응축부에서 증발부로 환류시킨다.

　• 증발부 전체에 작동액을 분배한다.

　• 액과 증기의 경계면에 세공을 만들어 모세관 작용으로 증발부의 Wick를 항상 젖어 있게 한다.

　• 용기 내면과 외부와의 열류의 통로가 된다.

③ 구비조건

　• 모세관 현상을 증가시키기 위하여 표면은 될 수 있는 한 작은 세공이어야 한다.

　• 응축부에서 증발부로 환류하는 액 저항을 줄이기 위해 내부 세공은 커야 한다.

　• 열 저항을 작게 하기 위하여 양호한 열전도가 연속되어야 한다.

4) 작동매체

① 극저온($-150℃\downarrow$) : 수소, 네온, 질소, 산소, 메탄

② 상온 : 프레온, 메탄올, 암모니아, 물

③ 고온($350℃\uparrow$) : 수은, 칼륨, 은, 나트륨

　• HCFC$-22(-40\sim30℃)$

- HCFC $-$ 123(0~100℃)
- HCFC $-$ 134a($-$30~60℃)

④ 구조에 의한 분류

1) 원통형

① 가장 대표적인 형상이고 응용범위가 넓다.

② 보통의 열교환기에 사용하는 히트 파이프는 거의 원통형으로 관 외면에 가열 또는 냉각을 위한 핀을 붙이는 것이 일반적이다.

③ 제작이 용이하고 비용이 염가이다.

2) 평판형

① 열원 또는 흡열원과의 전열면이 평면으로 이용가치가 높다.

② 소형은 전자소자의 방열용으로 실용화되고 있다.

3) 분리형

① 증기통로와 응축액귀환류의 통로를 분리한 형식이다.

② 증기류와 액류의 상호 간섭을 완전히 배제한다.

③ 최대 열수송량을 매우 크게 할 수 있다. 단, 중력에 의해 응축액이 귀환할 수 있도록 응축부와 증발부의 상하 높이 차가 있어야 한다.

4) 롱(Long) 히트 파이프

① 장래 히트 파이프 응용 분야의 하나로 지열 개발이 있다.

② 일반적으로 지열을 이용하기 위해 온도가 높은 수증기나 지하수를 직접 지표까지 Pumping 해야 한다.

③ 고온수가 비소 따위의 유독 광물질을 포함하는 경우가 많고 이용 후 물의 처리가 곤란할 수 있다.

④ 실제로 필요한 것은 열에너지뿐이므로 여기에 롱 히트 파이프를 이용할 수 있다.

⑤ 수백 미터의 매우 긴 열사이폰식이며 100m급의 히트 파이프는 이미 개발되어 있어 지하 케이블 냉각용에 실용단계까지 와 있으며 지하 케이블 방수에도 도움이 된다.

5) 마이크로 히트 파이프

노트북 PC CPU 냉각용으로 약 ϕ3~4mm의 히트 파이프가 실용화되고 있다.

5 히트 파이프의 장단점

1) 장점

① 고성능이고 소경량이며 소음, 진동이 없다.

② 가동부가 없고 사용장소에 제약이 없다.

③ 반영구적이다.(유지보수 비용이 거의 전무)

④ 오염이 없다.

⑤ 열 응답성이 빠르다.

⑥ 무중력하에서도 작동 가능하다.

⑦ 표면에 온도분포가 균일하다.

2) 단점

① 길이에 영향을 받는다.(너무 길면 곤란)

② 대용량이 곤란하다.

③ 현열교환만 가능하다.

6 히트 파이프의 용도 및 응용

1) 액체금속의 히트 파이프

원자로, 방사선, 동위원소 냉각, 가스 화학공장의 열회수용

2) 상온용 히트 파이프

① 전기부문 : 전력관, 전자회로, 발전기, 변압기 등의 냉각용

② 공조부문 : 폐열회수, 태양열, 집열장치, 지열이용장치

③ 기계부문 : 금속절단기 냉각용

④ 우주공학부문 : 우주선 탑재기, 우주복의 온도 제어용

3) 극저온 히트 파이프

적외선 센서, 레이저 시스템의 냉각용, 의료기구용, 동경수술용

7 공조부문에서 히트 파이프의 용도

① 공조용 환기로부터 열회수
- 급배기 혼합이 없기 때문에 악취가 없고, 균등의 혼합 우려가 있는 곳에 유효하다.
- 동결에 강하므로 한랭지에 적합하다.

② 보일러 배열 회수
- 부식 방지를 위해 산노점 이상에서 회수한다.
- 슈트브로우 등 부속기기가 필요하다.
③ 공업로용 배열 회수
건조로의 배가스로부터 배열을 회수하여 건조용 공기를 가온한다.

8 히트 파이프의 특징

① 고성능의 높은 열회수가 가능하다.(히트 파이프 전열면에 핀을 부착하여 고성능 열회수 가능)
② 구동부분이 없어 운전비가 절약된다.
③ 콤팩트하고 경량으로 설치가 간단하다.
④ 급배기 혼합이 없다.

9 최근 기술 동향

① 환경파괴 방지 : 작동유체를 비CFC 냉매 또는 비프레온화 추진
② 주거환경 개선 : 주택의 냉난방용으로 히트 파이프 사용(특히 한랭지)
③ 석유 대체 에너지에 적용 : 석탄보일러, 지열 이용 히트 파이프 연구

10 전망

① 에너지 절약의 관점에서 종래의 열회수 장치의 결점을 보완하는 목적으로 미국에서 처음으로 개발되어 공업용 공조기의 열교환기에 사용하였다.
② 공업로, 보일러, 건조기 등에서 폐열회수장치의 열교환기, 복사난방의 패널 코일, 조리용, 간이 오일쿨러, 대용량 모터의 냉각, 냉동, 수술 측정기기의 온도 조절, 극저온 장치의 열교환기나 태양열, 지열 등과 같은 클린 에너지의 열수송 매체로서 연구 개발되고 있다.

판형 열교환기에 대하여 다음 사항을 설명하시오.
1) 원리
2) 특징
3) 종류
4) 일반적인 셀 앤드 튜브 열교환기와의 장단점 비교

1 판형 열교환기의 원리

① 판형 열교환기는 서로 다른 온도를 가진 유체가 얇은 전열판 사이를 반대 방향으로 흐르면서 고온 측 열이 저온 측으로 흐르면서 열전달이 이루어진다.

② 전열판은 양각의 스테인리스판으로 제작된다. 각각의 모든 전열판들은 Herring Bone Pattern 무늬와 방향을 위아래로 엇갈리게 배치함으로써 각 유체가 전열판에 고르게 분배되어 난류를 형성하면서 열원 측과 물 측이 향류 유동을 하게 되어 있다.

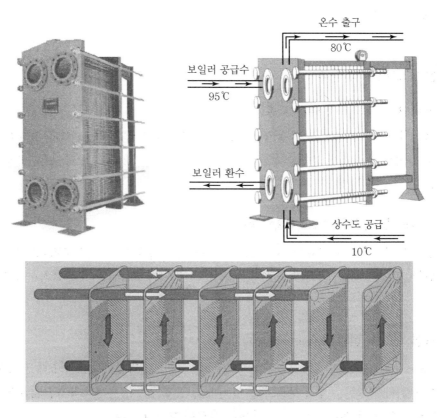

❘ 판형 열교환기의 순환원리 ❘

2 판형 열교환기의 특징

1) 고난류 유동에 의한 열교환 효율 향상

Herring Bone Pattern 주름의 전열판은 활발한 난류 유동을 유도함으로써 높은 열전달계수를 갖도록 하여 열교환 효율을 향상시킨다.

2) 경량화

콤팩트하게 제작되어 설치공간을 종래 열교환기에 비해 1/6까지 줄였고 중량도 매우 가볍다.

3) 높은 사용압력

전열판 두께가 0.4mm로 비교적 얇은 두께로 22bar의 높은 압력을 견딜 수 있다.

4) 내구성, 내식성 우수

스테인리스 전열판은 2.5% 정도의 몰리브덴을 함유하고 있어 내구성, 내식성이 우수하다.

5) 동결에 대한 높은 저항성

열교환기의 물이 동결되더라도 판형 열교환기는 종래의 열교환기보다 잘 견디고 해빙 후에도 계속 운전이 가능하다.

3 판형 열교환기의 종류

1) 튜불러 전열판(Tubular Plate)

형상이 튜브 모양을 하고 있는 전열판으로 저압의 응축, 증발과정과 섬유질 또는 입자를 함유한 유체를 사용할 때 적합하다. Herring Bone 형상의 전열판과 함께 사용함으로써 다양한 유로를 구성할 수 있다.

2) 와이드 갭 전열판(Wide Gap Plate)

섬유질 또는 입자를 함유하거나 점도가 높아서 종래의 셸 앤드 튜브 열교환기를 사용하기에 곤란한 경우 와이드 갭 전열판을 사용할 수 있다. 열판의 요철은 난류를 촉진시키고 높은 전열계수를 유도한다.

3) 용접 개스킷 전열판(Twin Plate)

Twin Plate Pack에서는 용접된 유로와 종래의 개스킷 밀봉식 유로가 교대로 오게 된다. 독성이 있거나 위험한 유체에 사용될 수 있는데 이 경우 유해한 유체는 용접된 유로로 흐르게 되고 그러지 않은 유체는 개스킷과 접촉하는 유로를 흐르게 된다.

4) 이중 전열판(Double-wall Plate)

열교환되는 유체끼리 섞이면 위험한 화학반응을 하거나 오염이 큰 문제가 될 때 이중 전열판을 사용한다. Channel은 이중의 열판과 개스킷에 의해 형성되는데 만일 열판에 누수가 생긴다면 이중 열판 사이로 흘러나와서 열교환기 밖에서 금방 관찰할 수 있다.

5) 반용접식 열교환기(Semi Welded Plate Heat Exchanger)

반용접식 열교환기는 부식성에 강한 유체를 처리하기 위해 특별히 제작되었다. 이 열교환기는 기존의 개스킷으로 형성된 유로 대신 Laser로 용접된 두 판 사이에 유로를 형성한다.

6) Diadon - 흑연판 열교환기

Diadon F 그라파이트(Graphite) 판형 열교환기는 부식성이 너무 강하여 어떠한 합금강이나 금속 전열판으로도 견딜 수 없는 유체를 처리할 수 있게 개발된 열교환기이다. 이러한 재질로 기존 전열판들과 같은 모양으로 만들어진 전열판들은 부식에 대한 저항성이 뛰어난 재질로 된 얇고 납작한 개스킷들로 결합된다.

7) ES 500 - 판형 열교환기

기존의 Plate 두 장을 용접한 카세트(Cassette)들로 이루어진 플레이트팩(Plate Pack)으로 이루어져 판형 열교환기가 가지고 있는 모든 장점들을 가지고 있다. 일반적으로 용접된 유로에 가열용 증기가 통과하는 동안 개스킷이 장착되는 유로에서 제품의 증발공정이 이루어진다.

8) Plate Coil 열교환기

플레이트코일은 여러 형태의 전열면을 가지고 있어서 용도에 따라 다양한 재질과 형상으로 조합이 가능하다. 이것은 완전히 새로운 개념의 열교환기로서 원형 탱크의 내부는 물론 외부에 재킷식으로 설치가 가능하며 정방형 탱크의 벽이나 바닥 어느 곳이나 설치가 가능하다.

4 판형 열교환기 구성

열판의 종류는 크게 V Plate, H Plate로 구분할 수 있다.
① V Type Plate : 유체의 열전달 효율은 높지 않으나 유체의 흐름은 좋은 열판
② H Type Plate : 유체의 열전달 효율은 높으나 유체의 흐름은 좋지 않은 열판

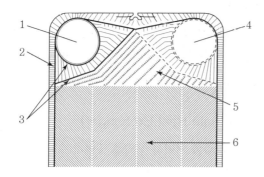

1. Through-flow Port
2. Leakage Vent
3. Double Gaskets
4. Port Hole
5. Distributor or Collector
6. Transfer Surface

5 일반적인 셀 앤드 튜브 열교환기와의 장단점 비교

구분	열효율	열효율 지속성	유지보수	설치공간	누수	총평
판형	아주 좋음	나쁨	불편	작음	불리	처음 열교환 효율은 높으나 슬러지 청소가 어렵고 점점 효율이 저하
셀 앤드 튜브형	보통	유지보수에 따라 지속 가능함	판형보다 편리	큼	적음	슬러지 청소는 쉬우나 열교환효율이 떨어짐

응축압력과 증발압력의 상승 및 저하가 냉동사이클에 미치는 영향을 파악하고자 한다. 이에 대한 다음 물음에 답하시오.

1) 기준 응축압력, 응축압력 상승, 응축압력 저하에 대한 하나의 $P-h$ 선도를 임의 기호로서 작도한 후, 응축압력 상승, 응축압력 저하인 경우에 대해, 냉동사이클에 미치는 영향을 각각 설명하시오.

2) 기준 증발압력, 증발압력 상승, 증발압력 저하에 대한 하나의 $P-h$ 선도를 임의 기호로서 작도한 후, 증발압력 상승, 증발압력 저하인 경우에 대해, 냉동사이클에 미치는 영향을 각각 설명하시오.

1 응축압력 변화에 따른 $P-h$ 선도와 상태변화

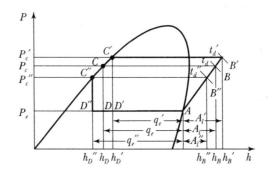

▼ 응축온도의 변화에 따른 상태 비교

구분	응축온도 상승		표준		응축온도 저하
압축비	$\dfrac{P_c'}{P_e'}$	>	$\dfrac{P_c}{P_e}$	>	$\dfrac{P_c''}{P_e''}$
냉동효과	$q_e' = h_A - h_D'$	<	$q_e = h_A - h_D$	<	$q_e'' = h_A - h_D''$
압축일	$A_l' = h_B' - h_A$	>	$A_l = h_B - h_A$	>	$A_l'' = h_B'' - h_A$
토출가스 온도	t_d'	>	t_d	>	t_d''
성적계수	$\dfrac{q_e'}{A_l'} = \dfrac{h_A - h_D'}{h_B' - h_A}$	<	$\dfrac{q_e}{A_l} = \dfrac{h_A - h_D}{h_B - h_A}$	>	$\dfrac{q_e''}{A_l''} = \dfrac{h_A - h_D''}{h_B'' - h_A}$

2 응축압력 상승과 감소에 따른 상태변화

1) 응축압력 상승

① 응축압력 상승에 따라 압축비 상승

② 압축일 증가

③ 소요동력 증대

④ 성적계수 감소

⑤ 냉동효과 감소

⑥ 토출가스 온도 상승

⑦ 실린더 과열로 윤활유의 열화 및 탄화, 실린더 라이너 등 마모

⑧ 팽창밸브 통과 시 Flash Gas 발생량 증가

2) 응축압력 저하

① 고압 측 압력 저하로 팽창밸브 전후 압력차가 줄어 팽창밸브 통과 시 단위시간당 냉매량이 감소하여 냉동능력 감소

② 압축비 감소

③ 냉동효과 증가

④ 압축일 감소

⑤ 토출가스 온도 저하

⑥ 성적계수 증가

3 증발압력 변화에 따른 $P-h$ 선도와 상태변화

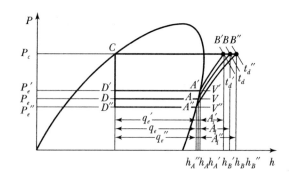

구분	-10℃	-20℃	-30℃
냉동력(kcal/kg)	대	중	소
압축일의 열당량	소	중	대
응축기의 발열량	소	중	대
플래시 가스 발생량	소	중	대
토출가스의 온도	소	중	대
성적계수	대	중	소
흡입가스의 비체적(m/kg])	소	중	대
RT당 냉매순환량(kg/h)	소	중	대
시간당 냉매순환량(kg/h)	대	중	소
압축 소요전류(A/h)	대	중	소
냉동능력당 소요전력(kW/RT)	소	중	대
증발잠열(kcal/kg)	소	중	대
응축기의 방열량(kcal/h)	대	중	소

4 증발압력 상승과 감소에 따른 상태변화

1) 증발압력 상승

① 냉동능력 증가

② 압축일 감소

③ 응축기 발열량 감소

④ 플래시 가스 발생량 감소

⑤ 토출가스 온도 저하

⑥ 성적계수 증가

⑦ RT당 냉매순환량 감소

⑧ 증발잠열 감소

2) 증발압력 저하

① 냉동능력 감소

② 압축일 증가

③ 응축기 발열량 증가

④ 플래시 가스 발생량 증가

⑤ 압축비 증가

⑥ 토출가스 온도 상승
⑦ 압축비 증가, 토출가스 온도 상승으로 압축기 토출량 감소
⑧ 성적계수 감소
⑨ RT당 냉매순환량 증가
⑩ 증발잠열 증가

> ▶ 절대습도와 상대습도의 차이점에 대하여 기술하시오.
>
> ▶ 다음 용어에 대하여 설명하시오.
>   1) 상대습도
>   2) 절대습도

1 절대습도(絕對濕度, Specific Humidity : SH, *x*, kg/kg′)

① 습공기 중에 함유되어 있는 수증기의 중량을 건조공기의 중량으로 나눈 것

② 습공기에서 건공기 1kg 중에 포함된 수증기의 중량 x(kg), 즉 습공기 $(1+x)$kg 중 수증기 x (kg)를 말한다.

③ 온도 26℃, 상대습도 50%인 습공기 중에 10.5g의 수증기가 포함되어 있다면 이는 10.5g/kg′ 또는 0.0105kg/kg′라고 쓴다.

④ 관계식

$$x = \frac{G_v}{G_a} = \frac{\dfrac{P_v V}{R_v T}}{\dfrac{P_a V}{R_a T}} = \frac{R_a P_v}{R_v P_a} = \frac{R_a}{R_v} \cdot \frac{P_v}{P - P_v} = 0.622 \cdot \frac{P_v}{P - P_v}$$

$$x = 0.622 \times \frac{P_v}{P - P_v}$$

$$= 0.622 \times \frac{\phi \times P_s}{P - \phi \times P_s}$$

여기서, P : 대기압$(P_v + P_s)$

P_v : 수증기 분압

P_a : 건공기 분압

P_s : 포화수증기 분압

R_a : 건공기 가스상수(29.27kg · m/kg·K)

R_v : 수증기 가스상수(47.06kg · m/kg·K)

2 상대습도(相對濕度, Relative Humidity : RH, ϕ, %)

① 습공기의 수증기 분압(P_v)과 그 온도의 포화공기 수증기 분압(P_s)의 비를 백분율로 나타낸 것

② 1m³의 습공기 중에 함유된 수분 중량(γ_v)과 이와 동일 온도인 1m³의 포화습공기에 함유되어

있는 수분 중량(γ_s)의 비를 나타낸 것

③ 관계식

$$\phi = \frac{P_v}{P_s} = \frac{\gamma_v}{\gamma_s}$$

여기서, P_v : 습공기의 수증기 분압

P_s : P_v 값에 해당하는 온도와 동일한 온도에서의 포화수증기압

γ_v : 습공기의 $1m^3$ 중에 함유된 수분의 중량

γ_s : γ_v 값에 해당하는 온도와 동일한 온도에서의 포화공기 $1m^3$ 중에 함유된 수분의 중량

상대습도가 0%이면 건조공기이며 100%이면 포화공기이다.

$$\phi = \frac{\gamma_v}{\gamma_s} \times 100 = \frac{P_v}{P_s} \times 100$$

여기서, γ_v : 공기 중 수증기의 비중량

γ_s : 포화공기 중 수증기의 비중량

P_v : 공기 중 수증기의 분압(ata)

P_s : 포화공기 중 수증기의 분압(ata)

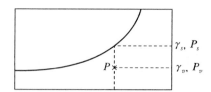

‖ P 상태인 습공기의 상대습도 ϕ ‖

④ 습공기의 상태변화
- 공기를 가열하면 상대습도 저하 → 가습요인 발생
- 공기를 냉각하면 상대습도 증가 → 제습요인 발생

농산물 저온저장고에서 온도, 습도, 제상, 환기관리에 대하여 설명하시오.

1 개요

많은 과수 재배 농가들이 저온저장 시설을 갖추고 수확한 과실을 저장하였다가 출하하고 있지만 수확한 과실을 저장하는 농가에서 저장고 운전이나 관리에 관심이 없고 저온저장고의 구조와 관리 방법을 잘 몰라서 낭패를 보는 수가 있다. 따라서 저온저장고에 대한 효과적인 관리요령을 이해하여야 할 필요가 있다.

2 저온저장고의 구조

① 저온저장고는 보통의 건물과는 달리 특수한 목적의 기능과 구조를 가져야 하므로 저온저장고를 지을 때는 물 빠짐이 좋은 곳에 지어야 한다.

② 저장고의 용량에 맞는 전력 사용이 가능하면서 공업용수 등 물의 공급이 원활하여야 한다.

③ 저장고 주변에는 출하 차량의 주정차 장소, 저장용기 보관 등을 위하여 여분의 토지를 주변에 확보하여야 한다.

④ 저온저장고의 구조에 일정한 틀이 있는 것은 아니지만 보통 철판을 이용하거나 혹은 콘크리트 건물을 이용한 저장고가 주류를 이루고 있으며 저온저장고의 단열과 천장 및 산단에 부착되는 제습기의 하중을 고려해야 한다.

⑤ 온도나 저장 용량을 고려한다면 저온저장고의 형태는 정육면체가 가장 효율적이며, 저장된 물품과 천장 사이의 공간확보, 지게차의 사용을 고려한 공간 확보가 필요하다.

⑥ 저온저장고의 천장과 지붕 사이에는 환기를 위한 일정한 공간이 필요하며 천장의 외벽 쪽에도 방습을 위한 막을 설치하므로 응결된 수분이 내벽 쪽의 단열재와 접촉하는 일은 없으나 방습막 외부에 응결된 수분을 제거하지 않으면 결과적으로 구조물에 피해를 주게 된다.

⑦ 천장과 지붕 사이 공간의 환기는 자연적인 대기의 흐름을 이용하거나, 환풍장치를 이용하여 환기효과를 높일 수 있다.

❸ 저온 저장고 관리요령

1) 온도

(1) 온도 설정기준

① 저장온도는 과실의 호흡이나 미생물의 번식과 밀접한 관련이 있다. 수확한 과실은 호흡에 의해 축적된 당과 산이 소모되는데, 호흡이 많으면 품질저하도 많아지게 된다.

② 과실 내에서 일어나는 호흡은 온도가 낮을수록 느려지기 때문에 정확한 온도관리는 과실 품질을 유지하는 데 필수적이다.

③ 저장고의 온도는 과실이 얼기 시작하는 동결온도보다 높은 온도로 설정하여야 한다. 온도를 동결온도보다 높게 설정하였더라도, 저장고 내 적재량, 적재방향 등에 따라 온도편차가 발생하여 동결 장해가 발생하는 경우가 있다. 이를 방지하기 위해서는 저장고 내 위치별로 여러 개의 온도계를 두어 온도 분포가 균일하게 유지되는가를 주기적으로 점검해야 한다.

(2) 저장고 내 온도 상승원인과 대처방안

① 문을 자주 열면 외부 공기가 저장고 내로 유입되어 온도가 상승하게 되므로 저장효과가 떨어지게 된다. 따라서 제상기의 성에 제거, 유해가스 환기 및 출하 등 불가피한 경우 이외에는 가급적 저장고 내의 출입을 삼가한다.

② 저장고 내의 온도 상승을 유발하는 요인으로는 저장품 자체의 호흡, 출하작업, 출입문의 밀폐도와 열전도도, 제상(除霜) 등이 있다. 따라서 출입문에는 공기의 유입을 차단할 수 있는 비닐커튼이나 에어커튼을 설치하여 저장고 출입 시 외부 공기의 유입을 차단하여야 한다.

③ 저장시설의 노후화나 저장고 출입문의 구조적인 문제로 인하여 외부로부터 공기가 유입될 경우에는 출입문 등을 보수하여 외부 공기의 유입을 차단하여야 한다.

④ 온도를 2℃ 이하로 유지하는 저장고의 경우 증발코일에 성에가 끼게 되면 냉장효율이 저하되어 저장고의 온도가 올라가는 현상이 발생하므로 증발기 코일에 낀 성에는 신속히 제거하여야 한다.

(3) 효율적인 온도관리

① 저장고 내 온도 분포를 고르게 하기 위해서는 적당한 양의 공기가 순환되도록 상자를 적재하여야 한다. 저장물을 가득 채우는 것보다 적당한 간격을 유지하도록 적재하는 것이 중요하다.

② 저장고 내 온도는 저장량, 상자 쌓기 및 외기온도 등에 의해 영향을 받으므로 저장 초기에 설정한 온도가 저장 중에 다소 변할 수 있으므로 수시로 저장고 내 온도를 관찰하여 보정을 해 주어야 한다.

③ 온도계는 종류에 따라 약간의 편차가 있으므로, 온도 설정은 여러 개의 온도계로 측정한 값을 기준으로 하여야 한다. 사용할 수 있는 온도계가 적을 때 저장고 내 온도 분포를 측정하는 방법으로는, 열전도가 잘 되는 용기에 물을 담아 저장고 내에 하루 동안 두었을 때 표면이 살짝 얼었을 경우를 0℃로 생각하면 된다.

④ 저장고 내의 온도는 저장고의 크기, 적재량 및 방법 등에 따라 어느 정도 편차를 보이는 경우가 많으므로 온도가 가장 낮게 내려가는 지점을 기준으로 설정해야 동결 장해로 인한 손실을 막을 수 있다.

2) 습도

(1) 저장고 내 적정 습도

① 저온저장고 내의 습도는 가습을 하지 않는 한 대체로 70~80%의 낮은 상대습도를 나타낸다. 상대습도가 90~95%로 유지되어야 과실의 중량 감모로 인한 손실을 방지할 수 있다.

② 일반적으로 과실은 과실 중량의 5% 이상의 수분이 감소하면 위조가 발생하므로 저장고 내의 상대습도를 높게 유지하여 사과의 수분 손실을 방지하여야 하지만, 상대습도를 높이기 위하여 저장고 내 온도를 더 낮출 경우 과실의 표면에 이슬이 맺히게 되어 병원 미생물이 번식할 수 있는 여건이 조성되어 병해의 발생이 증가할 수 있다. 따라서 과실의 수분 손실을 방지하기 위해서는 적정 온도와 습도를 유지하는 것이 중요하다.

(2) 습도 변화의 원인

① 저장고 내 상대습도는 일차적으로 냉장기기의 작동주기, 특히 증발코일에 끊임없이 끼는 성에를 제거하는 제상 시 변화하는 온도와 함께 변한다.

② 냉장기기가 작동할 때는 증발코일에 성에가 끼면서 공기 중의 수증기를 제거하여 공기를 건조시키는 동시에 온도가 내려가면서 생기는 상대습도의 상승이 복합적으로 일어난다.

③ 제상주기에는 저장고 내의 온도가 올라가므로 저장고 내의 상대습도는 낮아지고 얼었던 성에가 녹으며 증발되어 공기 중으로 습기를 공급하는 작용이 동시에 일어나므로 저장고 내의 습도는 냉장기기의 작동에 따라 변하게 된다.

④ 저장고 내 상대습도는 저장품으로부터의 증산, 표면 물방울의 증발, 저장고 바닥이나 벽면 수분의 증발 및 가습기의 작동 등에 따라서도 변한다.

(3) 적정 습도 유지방법

① 저장고 내 상대습도를 적절히 유지하려면 저장고 내 저장산물의 온도가 상승하지 않는 범위 내에서 공기유동을 억제하고 환기는 가능한 한 최소화하여야 한다.

② 가습기가 설치된 저장고에서는 가습기를 작동시켜 적정 습도를 유지해 주고, 가습기가 설치되지 않은 저장고는 저장고 바닥에 충분히 물을 뿌려 저장고 바닥의 수분 탈취를 줄이는 것이 좋다. 또 저장고 내에 입고되는 용기는 가급적 수분 흡수가 적은 것을 이용하는 것이 좋다.

③ 가습을 통한 습도 유지
- 가습기를 이용하는 경우에 종종 습도가 너무 높게 유지되는 경향이 있는데, 작동시간을 잘 조정하여야 한다.
- 습도 유지를 위한 가습기 종류로는 초음파식, 증발식, 고압스프레이식, 원심식 등이 있으며, 종류에 따라 장단점이 다르다.
- 증발식은 저장고 내 찬 공기로 인하여 결로가 많이 발생되며, 스프레이식과 원심식 가습기는 장기간 사용하면 물방울 입자가 커지는 단점이 있다.
- 최근에는 초음파식 가습기를 많이 사용히는데 초음파식 가습기는 사용하는 물이 깨끗하지 않으면 진동자의 고장이 잘 나는 것이 흠이지만 물방울 입자가 아주 작으면서도 소음이 적고 응답성(가습기 전원을 넣었을 때 물방울 입자가 나오는 시간)이 빠른 것이 장점이다.

④ 저장고 구조 및 냉장기기 조절에 의한 습도 유지

저장고 내 증발코일에서 제상에 의한 수분 손실을 줄이려면 증발기 코일의 온도와 저장고 내 온도의 편차가 작아야 한다. 온도 편차를 작게 하려면 냉각기의 표면적이 넓고 송풍량이 충분하며 냉장기기의 냉매 압력 조절장치 등의 자동제어장치가 있어야 한다. 저장고 내 상대습도와 냉장기기의 온도 편차값이 작을수록 저장고 내 상대습도를 높게 유지할 수 있다.

3) 제상(성에 제거)

① 증발기와 송풍기가 천장에 부착된 살수 제거식 저장고에서는 성에 제거 시 증발기와 송풍기 전원을 차단하고 물을 뿌려 성에를 제거한다.

② 전열식은 성에 제거 시에 증발코일에 붙은 성에가 완전히 녹은 후에 냉장기가 재가동되는 시간 조절 장치가 필요하다.

③ 전기식 성에 제거는 성에 제거 후 증발코일 주변온도가 올라가 있으므로 제상이 끝나고 냉장기기가 가동될 때까지 3~5분 정도의 지연시간을 두어야 녹은 물이 흘러내려 송풍기가 재가동될 때 수분의 비산과 급격한 압력 증가를 완화시킬 수 있다.

④ 성에 제거시간과 주기는 증발코일에 부착되는 성에의 양을 관찰하여 조절하여야 불필요한 에너지 소모와 저장고 내 온도 상승을 막을 수 있다.

4) 환기

① 저장품에서 발생하는 휘발성 가스가 저장고 내에 축적되어 농도가 높아지면 저장장해가 발생하기도 하고 과실의 성숙이 빨리 진행된다.

② 저장품에서 이취(異臭)가 나면 환기할 필요가 있다. 활성탄이나 목탄 등을 저장고 내에 넣어 두면 이취 발생 억제에 좋다.

③ 환기장치가 설치되어 있지 않은 저장고는 저장고 문을 열어 환기를 하는데, 외부기온이 낮을 때 찬공기가 저장고 내로 들어오도록 하면 에너지 효율 면에서 유리하다. 이때 주의할 점은 외부온도가 너무 낮을 때 너무 오랫동안 열어 두면 과실이 동결장해를 입을 수 있으므로 주의해야 한다.

공조기(AHU)에서 외기 냉방의 필요성과 제어방법에 대하여 설명하시오.

1 개요 및 목적

외기 냉방(ODAC : Outdoor Air Cooling)이란 외기의 온도 또는 엔탈피가 실내공기의 온도 또는 엔탈피보다 낮은 경우, 냉동기를 가동하지 않고 공기조화기의 외기 · 환기 · 배기댐퍼의 적절한 조작과 송풍기 팬 및 배기 팬으로 외기를 도입하여 실내를 냉방하는 것을 말한다. 동계 및 중간기에 내주 존 및 남측 존에서 생기는 냉방부하를 외기를 도입하여 처리할 수 있다.

2 외기 냉방의 필요성

① 우리나라의 전체 최종 에너지 소비량 중 건물 에너지 소비량이 25%가량이고 또 이 중 약 45% 이상의 에너지가 건물의 공조에너지로 사용되고 있다.
② 최근에는 유리를 건물의 외장재료로 많이 사용하는데 이러한 건물은 미관상 매우 아름답기는 하나 태양 일사나 실내 발열량이 증가하여 냉방부하(실내온도의 증가)가 더욱 증가하게 된다.
③ 건물의 냉방부하를 절감하는 차원에서 저온의 외기를 도입하여 건물 내부의 온도를 낮추는 외기냉방이 필요하다.

3 외기 냉방 제어

① 공조기를 순환하는 환기에 비해 외기의 온도나 엔탈피가 낮을 때 외기를 끌어들여 이를 냉방에 이용함으로써 냉방공조에 사용되는 에너지의 양을 줄이려는 에너지 절약 제어의 한 개념이다.
② 여기에서 제어기는 실내온도가 외기온도를 초과하고, 설정온도를 초과하게 되면 센서가 인식한 온도를 바탕으로 최대한의 외기를 도입하게 된다.
③ 외기 냉방 제어방법은 온도 제어와 엔탈피 제어로 구분한다.
  • 온도 제어 : 건구온도를 기준으로 하여 외기를 도입하는데, 외기의 습도가 높은 경우 잠열부하가 많아 오히려 냉방부하가 증가할 수 있는 위험이 있다.
  • 엔탈피 제어 : 공조설비의 운전을 위한 외기 도입량을 외기와 실내의 엔탈피를 기준으로 결정하는데, 온도 제어에 비해 개선된 방법이다. 이를 위해 외기댐퍼와 환기댐퍼에 설치된 센서가 온도와 상대습도를 동시에 측정함으로써 엔탈피를 측정하여, 실내 엔탈피 설정상태가 외기 엔탈피보다 높으면 최대한의 외기를 도입한다.

4 제어 Diagram

외기와 실내의 건구온도와 노점온도로부터 각각 엔탈피를 계산해서 비교하고, $h_R > h_O$일 때만 실온 제어를 댐퍼조절로써 한다. $h_R \leq h_O$(냉방 시) 및 동기 난방 시에는 외기도입을 최소로 하고, 냉온수 코일에 의한 실온 제어를 한다. 또한 외기 냉방만으로 냉방이 부족할 때, 냉수코일에 의한 추가 냉각을 할 수 있다.

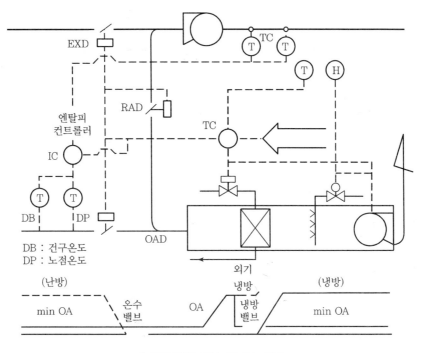

‖ 외기 냉방 제어 다이어그램 ‖

열교환기의 입구와 출구에 연결한 U자관의 액주 차이가 50mm일 때 열교환기에서의 압력손실(P_a)을 계산하시오.(단, 액체의 비체적은 0.0011m³/kg, 중력가속도는 9.8m/s²이다.)

$$\text{압력 } P = \gamma \cdot h = \rho \cdot g \cdot h$$

여기서, P : 압력(Pa, N/m²)

  γ : 비중량(kgf/m³)

  g : 중력가속도(9.8m/s²)

  h : 수두(m)

$$P = \frac{1}{0.0011} \times 9.8 \times 0.05$$

$$= 445.45 \, \text{Pa}$$

※ $P_a (\text{N/m}^2) = \dfrac{1\text{kg} \cdot \text{m/s}^2}{\text{m}^2} = 1\text{kg/m} \cdot \text{s}^2$

냉동장치에 수분이 혼입되면 각종 장해를 유발할 수 있는데, 다음 질문에 답하시오.
1) 냉동사이클 내부에 수분 침입의 경로와 대책을 기술하시오.
2) 수분 침입 시 시스템에 미칠 수 있는 영향을 설명하시오.
3) 사이클 내부의 수분이 진공에 의해 제거되는 원리를 설명하시오.

1 냉동사이클 내부에 수분 침입의 경로와 대책

1) 수분이 침입하는 경로

① 기밀시험 시 공기압축기에 의해 공기와 함께 수분이 계통 내로 침입한다.
② 냉동기유 중의 수분이 침입한다.
③ 흡입가스 압력이 진공으로 될 때 공기와 함께 침입한다.

2) 수분 침입 방지대책

① 충분히 건조한 불활성 가스(탄산가스, 질소가스)를 사용한다.
② 가능하면 외기에 접촉시키지 않는다.
③ 개방된 계통을 복구 시 에어퍼지를 확실하게 실시한다.(진공펌프를 사용하여 공기 배출)
④ 누출 개소를 수리하고 진공운전하지 않도록 운전 조정을 한다.

2 수분 침입 시 시스템에 미칠 수 있는 영향

① 팽창밸브의 저온부분에 수분이 동결되어 작동불량을 일으킨다.
② 윤활유의 유화를 일으켜서 윤활성을 저해한다.(암모니아)
③ 냉매 계통에 산이 생성되어 금속인 압축기 밸브, 베어링, 축봉에 손상을 준다.
④ 밀폐형 압축기의 전동기에 소손을 일으킨다.

3 사이클 내부의 수분이 진공에 의해 제거되는 원리

사이클 내를 진공으로 유지하여 수분과 공기의 수증기 분압차에 의해 수분이 증발함으로써 수분을 제거한다.

> ▶ 소음 및 진동을 방지하기 위한 건축계획 시 고려사항과 설비계획 시 고려사항을 기술하시오.
>
> ▶ 어느 고층건물의 중간층에 공조기실(공조기 및 송풍기)을 계획하고 있다. 이와 관련하여 다음 물음에 답하시오.
> 1) 공기음(Air – borne Sound)과 고체음(Solid – borne Sound)의 차이점에 대하여 설명하시오.
> 2) 공조기실 소음 방지계획(건축적인 면과 설비적인 면)에 대하여 설명하시오.
>
> ▶ 소음과 관련하여 공기전달음(Air – borne Sound)과 고체전달음(Solid – borne Sound)의 발생경로 및 차이점에 대해서 설명하시오. 또한 고체전달음의 특징을 설명하시오.
>
> ▶ 고층빌딩의 중간층 기계실에 설치된 공기조화기(AHU)의 송풍기가 50HP이고 외치형으로 기계실 바닥에 설치되어 있다. 이 기계실의 소음 발생원과 전달경로에 대해 기술하고, 설비 측면의 소음 저감대책을 수립하시오.

1 소음

1) 음의 레벨(Sound Level)

(1) dB(Decibel)

① 소음의 크기 등을 나타내는 데 사용되는 단위

② 사람이 감각량은 자극량에 대수적으로 변한다.

③ 최소 가청음의 세기 $10^{-12}(\text{W/m}^2)$부터 최대 가청음의 세기 $10^2(\text{W/m}^2)$까지를 dB의 단위를 쓰면 0~140까지 140단계로 표시할 수 있다.

(2) 음압레벨(SPL : Sound Pressure Level)

① 음압을 데시벨 척도로 표시한 것

② 어떤 물리량의 기준량과의 비에 상용대수(log)를 취한 값으로 단위는 dB이다.

$$SPL(\text{dB}) = 20 \log \left(\frac{P}{P_o} \right)$$

여기서, P_o : 최소 음압 실효치($2 \times 10^{-5} \text{N/m}^2$)

P : 대상음의 음압 실효치

③ 가청 한계는 $2 \times 10^2 \text{N/m}^2$, 즉 140dB 정도이다.

(3) 음의 세기레벨(SIL : Sound Intensity Level), SIL과 SPL의 관계

$$SIL(\text{dB}) = 10 \log \left(\frac{I}{I_O} \right)$$

$$= 10 \log \left(\frac{P^2 - \rho c}{I_O} \right) = 10 \log \left(\frac{P^2}{4 \times 10^{-10}} \right) = 10 \log \left(\frac{P}{2 \times 10^{-5}} \right)^2 = SPL$$

여기서, I_O : 최소 가청음의 세기(10^{-12}W/m^2)

P : 대상음의 세기

ρc : $400 \text{kg/m}^2 \cdot \text{s}$

음의 세기레벨과 음압레벨은 서로 같으며, 음압레벨은 대부분의 소음에서 청감보정을 고려하지 않은 값이다.

(4) 음향 파워레벨(PWL), SPL과 PWL의 관계

$$PWL = 10 \log \left(\frac{I \times S}{10^{-12}} \right) = 10 \log \left(\frac{I}{10^{-12}} \right) + 10 \log S$$

$$= SIL(\text{혹은 } SPL) + 10 \log S$$

$$\therefore SPL = PWL - 10 \log S$$

2) 음원

- 소리란 교란의 전파에 따른 에너지의 전달현상으로 소리를 일으키는 근원은 매질에 교란을 가하는 것이다.
- 음원의 종류는 교란의 원인에 따라서 교란이 고체의 진동에 의할 때의 고체음과 유체의 흐름에 의한 것일 때인 유체음으로 분류할 수 있다.
- 음원의 형상에 따라 점음원, 선음원, 면음원으로 분류한다.

(1) 고체음(Solid-borne Sound)

① 고체와 고체의 마찰이나 충돌, 왕복운동이나 회전의 불균형, 또는 외부적인 가진에 의한 고체의 진동에 의하여 발생하는 음을 고체음이라 한다.

② 고체음은 일부에 가해진 충격이나 진동이 거리감쇠가 거의 없이 구조물 구석구석까지 전파한 후 표면의 진동을 통하여 방사되므로 고체를 통한 전파음이란 의미로 사용할 때가 많다.

(2) 공기음(Air-borne Sound)

① 유체의 동적인 거동에 의하여 발생하는 소리를 유체음이라 하며 공기의 흐름인 경우는 기류음이라 한다.

② 기류음은 직접적인 공기의 압력 변화에 의한 유체역학적인 원인에 의해 발생한다.

③ 공기 중을 전파하는 소리, 특히 격벽 가운데나 공조덕트 등을 따라 전파되는 소리 및 격벽을 진동시켜 그 진동으로 인해 다른 쪽으로 소리를 발생시키는 소리, 이러한 소리의 특성을 갖은 소리를 통칭해 공기 전달음이라 한다.

④ 공기 전달음을 차단하는 기본조건은 틈새를 없애는 것이다.

⑤ 문, 창문은 그 문틀 부분에 틈새가 생기기 쉬우므로 문틀 부분에는 패킹을 써서 틈새를 없애야 한다.

⑥ 차음구조라 하더라도 균열이나 덕트 파이프 등이 지나는 이음새 뒤에 틈새가 생기기 쉽기 때문에 시공단계에서 주의해서 시공하여야 한다.

⑦ 차음구조벽으로는 각각 독립적으로 지지한 다중벽이 바람직하나, 홑겹의 벽을 차음벽으로 사용하려면 무겁고 점성이 큰 재료가 바람직하다.

⑧ 덕트 내를 전파하는 소리를 차단하기 위해서는 흡음덕트를 사용한다.

(3) 공명(Resonance)

① 2개의 진동체의 고유 진동수가 같을 때 한쪽을 울리면 다른 쪽도 울리는 현상을 말한다.

② 진동체의 길이와 두께 등이 변화하면 그 주파수도 변화한다.

3) 소음의 전파

(1) 점음원의 전파

① 점음원이란 음원의 크기가 소리의 전파거리에 비해 아주 작은 것을 말한다.

② 점음원으로부터 소리가 360° 방향으로 방사될 때 점음원은 자유공간에 위치하여 구면파를 방출한다.

③ 예를 들면, 비행기가 공중에서 발생하는 소리, 높은 전주에 스피커가 설치되었을 때 스피커에서 소리를 발생시키는 경우가 점음원에 해당한다.

(2) 선음원의 전파

① 선음원은 점음원이 집합하여 하나의 선으로 나열되어 있는 상태를 말한다.

② 점음원은 3차원적으로 360° 방향으로 전파되지만, 선음원은 2차원적으로 360° 방향으로 전파된다.

(3) 면음원의 전파

① 제한된 면적을 갖는 면음원을 유한 면음원이라 한다.

② 유한 면음원으로부터 소리가 방출될 때, 이 면음원의 크기와 면음원으로부터 수음점 사이의 거리에 따라 선음원 거리감쇠 특성과 점음원 거리감쇠 특성을 갖는다.

③ 일반적으로 면음원과 가까운 위치에서는 면음원의 거리감쇠가 거의 없으며, 거리가 멀어질수록 선음원의 거리감쇠, 거리가 아주 멀어질 때는 점음원의 거리감쇠 특성을 갖는다.

4) 소음공해

(1) 소음공해의 특징

① 축적성이 없다.

② 감각공해이다.

③ 국소적, 다발적이다.

④ 주위의 진정이 많다.

⑤ 대책 후 처리물질이 발생하지 않는다.

(2) 주 발생원

① 도로교통 소음

② 철도 소음

③ 항공기 소음

④ 공장 소음

⑤ 건설 소음

⑥ 생활 소음

(3) 영향

① 청력에의 영향
- 일시적 청력손실 : 어느 정도 큰 소음을 들은 직후 일시적으로 나타나는 청력 저하 현상이다.
- 영구적 청력손실 : 소음성 난청이라고도 하며 소음에 폭로된 후 2~3주 후에도 회복되지 않는다.
- 노인성 난청 : 고주파음(6,000Hz) 정도에서부터 난청이 진행된다.

② 정신적 영향
- 정서적 영향 : 단순 반복작업에는 영향이 적고, 복잡한 사고, 기억을 필요로 하는 작업에 방해가 된다.
- 수면 방해 : 낮 55dB, 밤 40dB일 때 종종 발생한다.

③ 신체적 영향 : 순환계, 호흡기계, 소화기계에 영향을 미친다.

② 진동

1) 진동파의 종류

(1) 종파(압축파, 소밀파, P파, Primary Wave)

매질의 진동방향이 진동파의 전파 방향과 일치하는 진동파로서 매질의 부피 변화에 대한 저항이 원인이다.

(2) 횡파(선단파, S파, Secondary Wave)

매질의 진동방향이 진동파의 전파 방향과 직각을 이루는 진동파로서 매질의 변형에 대한 저항이 원인이다.

(3) 표면파

땅 표면과 같이 자유표면을 따라 전파되는 파이다.

2) 진동의 영향

(1) 감각적 영향

① 6Hz에서 허리, 가슴 및 등 쪽에 가장 심한 통증을 느끼며, 13Hz에서 머리는 가장 크게 진동을 느끼고 안면에서는 볼, 눈꺼풀이 진동함을 느낀다.
② 4~14Hz에서 복통을 느끼고, 9~20Hz에서 무릎에 탄력감이나 땀이 난다거나 열이 나는 느낌을 받는다.

(2) 생리적 영향

12~16Hz에서 소화장애를 일으키고 발성에 영향을 받는다.

(3) 신체적 영향

3~6Hz부근에서 심한 공진 현상을 보여, 가해진 진동보다 크게 느끼고 2차적으로 20~30Hz 부근에서 공진현상이 나타나지만 진동수가 증가함에 따라 감쇠가 급격히 증가한다.

(4) 물적 피해

창문, 미닫이의 흔들림, 기물이 넘어지고 가옥이 파괴된다.

③ 소음 · 진동의 기준

1) 실내소음의 기준

실내소음이란 창, 벽, 덕트 등을 통해 외부로부터 침입하는 소리와 실내의 각종 활동으로 발생하는 소리를 의미하며 비교적 광대역의 정상성소음 전반을 주된 대상으로 한다.

2) 실내소음 · 진동 규제 기준

① 공조기 소음 등과 같은 실내소음을 평가하기 위한 방법으로 NC(Noise Criteria) 곡선을 이용한다.

② NC 곡선은 소음을 1/1옥타브밴드로 분석한 결과에 의해 평가하는 ISO 기준이다.

③ 예를 들어, 실내소음 권장치가 NC-40이라면 실내소음의 각 대역별 1/1옥타브밴드 음압레벨이 NC-40 곡선 이하가 되어야 함을 의미한다.

④ 소음 대책

1) 분류

(1) 음원 대책

원인 제거, 강제력 저감, 파동의 차단 및 감괴, 방사율의 저감 등

① 발생원 제거 : 유속 저감, 마찰력 감소, 충돌 방지, 공명 방지 등

② 소음기 설치 : 흡 · 배기구에 팽창형 소음기 등을 설치

③ 방음커버 : 필요투과손실을 가진 벽체로 음원을 밀폐하고, 내부에는 흡음재를 부착

④ 방진
- 차진 : 전달률 감소
- 소음 방사면의 제진 : 15dB 정도 저감

(2) 전파경로 대책

① 공장건물 내벽의 흡음처리 : 실내 음압레벨의 저감

② 공장벽체의 차음성 강화 : 투과손실 증가

③ 방음벽 설치 : 부지경계선 부근의 차음 및 흡음

④ 거리감쇠

⑤ 지향성 변환 : 고주파음에 유효(10dB 정도 저감)

2) 흡음에 의한 소음 방지

(1) 흡음

① 흡음이란 소리가 어떤 물질의 표면에 부딪혔을 때 발생하는 에너지 손실을 말한다.

② 임의의 소리가 벽면에 임의의 방향으로 부딪혔을 때, 그 일부는 반사하고, 나머지 소리의 에너지는 벽체에 흡수된다.

(2) 흡음재 선택 시 주의사항

① 흡음재를 벽면에 부착할 때 전체 벽면에 붙인다. 일부에만 부착 시 미부착면으로부터 반사음의 영향이 있다.

② 흡음재료 부착 시 접착제 사용을 금하고, 핀 또는 못, PVC Joiner 공법을 사용한다.

③ 다공질 재료(Wool 계열)의 표면산란 방지를 위해 얇은 직물로 피복한다. 비닐시트나 캔버스지(천막지)는 흡음률 저하도 있지만 저음역에서 막진동에 의해 흡음률이 증가할 때도 있다.

④ 다공질 재료의 표면에 페인트칠을 하면 고음역에서 흡음률이 저하된다.

⑤ 구멍이 있으면 흡음재 부착을 실패한 것으로 간주한다.

⑥ 난연재이고 분진발생이 없어야 한다.

⑦ 가격이 저렴하고 구입이 용이해야 한다.

5 방진 대책

1) 방진재의 선정

(1) 방진고무

① 특성
- 고무의 탄성을 이용해 방진하는 형태이다.
- 역학적 성질은 천연고무가 가장 우수하다.
- 압축형, 전단형, 복합형, 비틀림형 등으로 충격력의 종류에 따라 구분한다.

② 장점
- 구조, 형상에 따라 1개의 스프링으로 3축 방향이나 회전 방향의 스프링 효과를 볼 수 있다.
- 고주파 영역에 있어서 고체음 절연성능이 있다.
- 설계 및 부착이 비교적 간결하고 금속과도 견고하게 접착할 수 있다.

③ 단점
- 온도에 따라 스프링상수가 변하므로 $-10 \sim 70℃$ 이외의 영역에서는 사용 시 주의를 요한다.

- 고무는 찌그러짐 상태에 따라 스프링상수가 변한다.
- 내부 마찰에 의한 발열 때문에 열화되고 내유성에 약하다.

④ 사용상 주의사항
- 정하중에 의한 수축량은 10~15% 이내로 하는 것이 바람직하다.
- 압력의 집중을 피한다.
- 신장응력의 작용을 피한다.
- 사용온도를 50℃ 이하로 한다.

(2) 공기스프링

① 장점
- 공기의 압축성을 스프링으로 이용한다.
- 외력의 변화에 따라 스프링상수도 변하는 가변 스프링의 특성을 지닌다.
- 용기 안의 공기량이나 공기실의 부피를 조정하는 조정장치를 장착하면 스프링의 길이를 외력에 관계없이 일정하게 유지할 수 있다.
- 하중의 변화에 따라 고유진동수를 일정하게 유지할 수 있다.
- 고주파 진동의 절연성이 좋기 때문에 삐걱거리는 소리가 전달되지 않는다.

② 단점
- 구조가 복잡하고 시설비가 많이 소요된다.
- 압축기 등 부대시설이 필요하다.
- 금속스프링에 비해 고가이다.

(3) 금속스프링

① 장점
- 스프링 특성에 대한 계산식이 명확하게 규정되어 있어 선택이 자유롭다.
- 소형에서 대형까지 각종 하중용량의 제조가 가능하다.
- 공기스프링에 비해 저렴하다.
- 내구성이 좋아 거의 유지보수를 필요로 하지 않는다.
- 온도, 부식, 용해 등에 저항성이 크다.

② 단점
- 감쇠가 거의 없다.
- 재료와 콘크리트의 고유 음향저항 차가 작으므로 고체음의 절연성이 나쁘다.

6 공조설비의 방음 · 방진

- 공조설비는 공기를 순환시키는 팬, 보일러, 냉각기, 냉각탑 등의 열교환요소, 열교환요소의 작동

매체인 물을 순환시키는 펌프 등의 설비로 구성되며 이들은 모두 소음·진동의 주요 발생원이다.
- 대형건물의 경우 이들 설비의 용량이 아주 크기 때문에 발생하는 소음·진동의 정도가 크며 특히 공조실에 근접한 방에 심각한 영향을 미친다.

1) 공조설비의 소음원

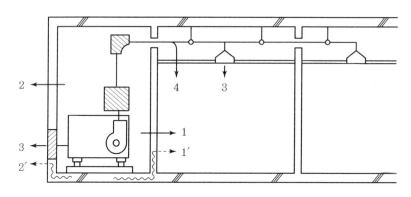

‖ 소음의 전달경로 ‖

- 기기의 작동에 의하여 발생하는 소음은 공조실 내의 설비기기 자체에서의 발생소음이다.
- 1은 기계실로부터 벽 바닥을 직접 전달하여 다른 방으로 침입, 2는 유리문 등의 개구부를 통하여 옥외에 전달되어 주위 또는 옆방에 소음으로 되는 것이고, 이런 경우 1, 2는 기계의 진동에 의하여 구조체가 진동하여 전달되어 소음을 방사하는 고체전달음의 경로도 포함된다.
- 3은 기계실에서 소음이 급배기구를 통하여 실내 또는 옥외로 전해지는 경로이고, 4는 3과 같은 경로이지만 도중 덕트, 파이프 외벽 또는 천장 등을 통하여 발생되는 경로이다.

(1) 송풍기

- 공조용 팬의 경우 다른 송풍기에 비해 비교적 저속, 저압으로 운용되기 때문에 기계적 소음은 유체역학적 소음에 비하여 비교적 작다. 반면 유체역학적 소음은 발생 정도가 높을 뿐만 아니라 발생 부위가 팬의 토출구에 집중되어 있어 주로 문제가 된다.
- 통상 풍량과 압력이 클수록 발생음도 크고 회전수가 빠르면 고주파음, 느리면 저주파음이 발생한다.

① 유체역학적 소음
- 충격음 : 날개가 회전함에 따라 송풍기 내부의 어떤 점에 주기적인 힘이 가해지고 충격적인 압력파의 속도로 전달되는 소음
- 와류음 : 날개의 회전에 의한 고속유체와 정지유체의 전단현상으로 발생하는 소용돌이 소음
- 간섭음 : 송풍기의 깃이 케이싱 내부에서 형상이 급격하게 변하는 부위를 통과할 때 발생하는 압력 변화로 인해 발생하는 소음

② 기계적 소음
  - 회전체의 불균형으로 인한 소음
  - 베어링의 마모로 인한 소음
  - 팬의 진동으로 인한 고체전달음
  - 본체소음이 덕트에 전달되어 공진상태가 되어 진동을 유발

(2) 덕트

① 공기를 운반하는 통로인 덕트계는 송풍기에 대한 소음뿐만 아니라 각종 덕트요소에서 발생하는 유동소음을 수반한다.

② 특히 유동소음이 덕트계를 통해 실내로 전파되면 실내의 암소음 문제를 높게 하여 소음 문제를 초래한다.

③ 덕트계를 통한 소음의 전파는 덕트계의 유동저항과 관계가 있으므로 초기 설계 시 대책을 마련하여야 한다.

④ 덕트 내에서의 공기유동의 산란, 와류, 덕트 벽면의 진동 등에 의해 직관덕트, 댐퍼, 분기부 등에서 소음이 발생하는데, 덕트 내 풍속이 빠르지 않으면 일반적으로 소음 정도는 무시한다.

⑤ 송출구, 흡입구에서의 발생소음은 즉시 실내로 나가게 되므로 발생소음은 작게 하는 것이 좋다.

(3) 기타

① 기타 소음원으로 모터, 펌프, 보일러, 냉각탑, 냉동기 등이 있다.

② 일반적으로 건물 기계실에 설치되어 발생된 소음은 벽 또는 바닥을 직접 투과하여 인접 방으로 전파된다.

③ 두께 15cm의 콘크리트 벽은 50dB 이상의 투과손실을 가져오므로 소음 그 자체가 인접 방에 영향을 주는 경우는 드물고 이들 회전기계가 건물을 진동시켜 발생하는 고체전달음이 문제가 된다.

④ 전기모터의 소음은 주로 회전불평형, 모터 구조체의 진동, 냉각용 공기유동 등에 의하여 발생한다.

⑤ 발생소음의 크기는 주로 모터의 마력수와 회전속도에 의하여 결정되고 주파수 분포는 회전수나 모터의 형상에 의하여 결정된다.

⑥ 펌프의 소음은 유체의 캐비테이션 및 압력 변동, 기계부품의 충동, 회전불평형, 축정렬 불량, 구조체의 진동 등에 의하여 발생하고 일반적으로 유체에 의한 소음은 캐비테이션 및 압력 변동에 의한 소음이 훨씬 큰 비중을 차지한다.

⑦ 베어링의 마모, 부적절한 윤활, 작동압력 및 유량 변화, 회전수 변동 등 비정상적인 상태에서는 소음과 진동이 급격히 증가한다.

2) 공조설비의 진동원

① 공조설비의 진동은 대부분 팬, 펌프, 모터 등의 회전기계에 의해 발생한다.

② 회전기계의 진동은 회전체의 불평형, 구조체의 공진, 출정렬 불량, 베어링의 불안정, 조립 시 설비의 헐거움, 회전요소상의 접촉, 회전체의 크랙 등의 원인이 있다.

③ 기계설비의 진동은 기계 자체의 수명을 단축시키고 체결구의 풀림, 파이프 연결부위 이완 등 주변 설비에 나쁜 영향을 미친다.

④ 건물 구조체를 진동시켜 건물의 균열, 인접 정밀장비의 정상작동 방해 등의 물리적 피해와 주변 근무인원에 불쾌감 유발 등의 인적 피해를 유발한다.

3) 소음 대책

(1) 소음 · 진동원 대책

소음 · 진동의 발생이 적은 설비의 선정, 주유 등의 적절한 유지, 마모 베어링의 교환, 회전 기계의 밸런싱 등 효과적인 정비 등으로 설비의 소음 · 진동 발생을 원천적으로 줄인다.

(2) 전파경로 대책

발생 소음과 진동이 주변으로 전달되는 전파 경로를 효과적으로 차단하는 방법으로 탄성 지지에 의한 설비의 방진, 덕트에 소음기 부착, 기계실 내부에 흡음처리 등이 있다.

(3) 수음 · 수진점 대책

① 피해가 예상되는 방을 이중벽, 탄성지지 등으로 주변의 소음 · 진동 환경으로부터 분리한다.

② 소음 · 진동원이 광범위하게 분포하고 전파경로가 복잡하여 여타 방법이 여의치 않을 경우 또는 정숙을 요하는 방의 방음 · 방진에 적용한다.

구분	대책
소음원 대책	• 저소음 제품 구매 • 가진력의 저감(충격력 저감, 밸런싱, 윤활, 지지구조의 변경, 동흡진기) • 반응진폭의 저감(구조부재의 감쇠력 증가, 고유진동수 튜닝) • 음향방사 저감(패널두께 조절, 구멍 뚫린 패널) • 운전스케줄 변경(고소음장비 동시 운전 회피, 야간 운전 회피)
전달경로 대책	• 소음원의 위치 변경 • 차음벽, 차음상자, 흡음재 설치 • 소음기, 덕트 내 흡차음재, 공명기 설치 • 장비의 탄성지지(구조물의 전달 감소)
수음지 대책	• 귀마개 등 청력보호장비 착용 의무화 • 작업공간 내 방음부스 설치, 작업실 내 흡음재 부착

4) 방음 대책

(1) 공조설비의 팬 방음 대책

① 공조설비 팬에서 발생소음은 주로 유체역학적 소음으로 소음 발생부위가 공기유입구와 토출구에 집중되어 있다.

② 공조설비의 방음은 팬 방음이 가장 큰 비중을 차지하므로 토출구에 소음기를 장착한다.

③ 흡음형 소음기는 압력손실을 최소화하며, 고주파 소음의 감음성능이 우수하다.

④ 회전기계의 진동이 인접덕트 및 구조물로 전달되어 건물의 벽 등을 진동시켜 발생하는 구조소음을 줄이기 위하여 팬과 덕트를 Flexible Coupling으로 연결하고 팬 자체를 방진마운트로 지지한다.

(2) 소음기 부착

① 소음기 부착은 팬 소음 방지에 있어 가장 기본적인 방법이 된다.

② 소음기의 형식은 감음기구에 따라 흡음형, 팽창형, 간섭형, 공명형의 4가지로 분류한다.

- 팽창형 : 음파와 팽창, 수축 시 에너지 손실을 이용하는 형식
- 공명형 : 관로에 목 부분을 설치하고 여기에 공동을 연결하여 공명을 일으켜 음파의 에너지를 공동부의 공기 진동으로 흡수하는 형식
- 간섭형 : 음파가 전파되는 경로를 둘로 나누어 각각의 경로 차이를 해당 음파의 1/2 파장으로 하여 간섭에 의하여 음을 감쇄시키는 형식
- 흡음형 : 관로의 벽에 흡음물질을 부착하여 흡음하는 형식

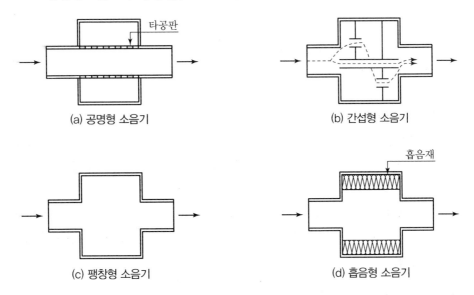

(a) 공명형 소음기 (b) 간섭형 소음기

(c) 팽창형 소음기 (d) 흡음형 소음기

‖ 소음기의 형식별 기본구조 ‖

(3) 덕트 방음 대책

① 덕트에서의 발생소음은 주로 기류음으로 소음을 줄이기 위해 흡음재를 사용한다.

② 기류소음 저감 목적으로 덕트 내부 표면에 흡음재를 부착한다.

(4) 소음체임버 설치

① 공조기, 팬의 토출 또는 흡입 측에 설치되어 유체의 소음감소 및 난류현상을 조절하는 데 사용한다.

② 저속덕트형, 고속덕트형, 클린룸의 세 종류가 있다.

③ 흡음체임버의 소음 감소율은 내장재의 흡음률 및 설치면적에 비례하고 중·고음역에서 감음도가 높다.

(5) 소음엘보 설치

① 덕트가 직각으로 꺾이는 부분에 설치하여 감음과 난류현상을 줄이는 데 효과적이다.

② 일반적으로 고음역에의 감음도가 높다.

(6) 방음루버 설치

① 공기의 흐름은 있어야 하나 소음을 차단하고 싶은 흡입구, 배출구 및 환기창에 사용한다.

② 시공이 간편하고 공간이 협소하여 소음기 사용이 불가능한 경우에 유용하다.

5) 방진 대책

(1) 팬 및 공조기 방진

팬 등의 회전기계 방진에는 기계를 고무패드, 스프링 등으로 탄성지지하여 기계 작동 시 발생하는 가진력이 건물의 바닥으로 전달되는 것을 차단한다.

(2) 냉각탑의 방진

① 제한형 스프링 : 스프링의 높이 변화를 방지하기 위해 수직이동 제한장치가 설치된 스프링으로, 장비의 설치위치가 고층부 상층에 노출될 때 풍속과 장비의 무게 지탱 및 방청 등의 문제를 해결한 장치이다.

② 플렉시블 커넥터 : 장비에서 발생하는 진동과 소음이 배관을 타고 구조체에 전달되는 고체음을 해결하기 위해 펌프, 냉동기, 냉각탑, 공조기 등의 배관 흡입 측과 토출부에 부착한다.

(3) 덕트 방진

상부에는 네오프렌 재질의 방진 마운트, 하부에는 저주파 진동을 흡수할 스프링으로 구성된 방진 행거로, 특히 스프링에서 흡수하지 못한 진동에너지가 상부 네오프렌 방진 마운트에서 대부분 흡수된다.

(4) 이중바닥시스템 적용

① 상부층에 설치된 기계류의 가동 시 발생하는 소음이 직하층으로 투과하여 전달되는 공기전달음(기류음)을 저감하기 위하여 설치되는 시스템이다.

② 공기전달음 전달을 줄이는 방법은 기본적으로 두 가지가 있다. 첫째는 벽체, 바닥 또는 천장의 질량을 증가시키는 것이고, 두 번째는 구조물 사이에 공기층을 형성하는 것이다.

7 건축 및 설비계획 시 고려사항

1) 건축계획 시 고려사항

① 기계실의 위치는 생활공간과 일정한 거리를 두어야 하며 부득이한 경우에는 흡음, 차음, 방진 계획을 수립한다.

② 슬래브의 강성이 작으면 방진의 지지에 의해 슬래브의 진동이 커질 수 있으므로 정숙을 요하는 장소인 경우 슬래브 두께를 최소 180mm 이상으로 시공한다.

③ 소음 및 진동이 큰 환경에서는 흡음 및 방진구조 설치를 원칙으로 한다.

2) 설비계획 시 고려사항

① 저소음, 저진동 기계시스템을 선정한다.

② 소음·진동 발생원 가까운 장소에서 대책을 마련한다.

③ 덕트, 배관부분의 방음·방진계획 및 벽체나 슬래브 진동부분의 방음·방진 계획을 수립한다.

④ 덕트 및 배관부분 유속을 설정한다.

⑤ 덕트나 배관의 실과 실 관통부, 와류음이 발생되기 쉬운 부분, 외부소음 침입이 우려되는 장소 등에 대한 방음·방진 대책을 수립한다.

체감온도와 불쾌지수에 대하여 설명하시오.

1 체감온도

① 겨울철 기온, 풍속, 습도 등에 따라 신체가 느끼는 온도이다.

② 같은 온도에서도 바람이 세차게 불수록 체감온도가 낮아지기 때문에 겨울철에 바람 때문에 더욱 춥게 느껴진다.

③ 일반적으로 기온이 15℃ 이상이면 체감온도는 거의 의미가 없고 주로 영하권의 추운 날씨에서 사용된다.

④ 관계식

$$\text{체감온도} = 33 - 0.045(10.45 + 10\sqrt{v} - v)(33 - t)$$

여기서, t : 온도(℃), v : 풍속(m/s)

위 식은 풍속이 초속 1.79m와 초속 20m(시속 72km) 사이일 때 사용되며, 피부의 온도를 33℃로 가정하고 있다.

⑤ 체감온도를 구하는 예
- 온도가 0℃이고 풍속이 초속 5m(시속 18km)일 경우 : 체감온도는 −8.6℃
- 온도가 0℃이고 풍속이 초속 10m(시속 36km)일 경우 : 체감온도는 −15℃
- 온도가 0℃이고 풍속이 초속 15m(시속 54km)일 경우 : 체감온도는 −18℃
- 온도가 −10℃이고 풍속이 초속 10m(시속 36km)일 경우 : 체감온도는 −29℃
- 한겨울에 기온이 영하 12℃이고 풍속이 초속 30km이면 이때의 체감온도는 약 −38℃가 된다. 겨울바람을 매섭게 느끼는 이유가 여기에 있다. 바람이 세찰수록 체감온도는 더 낮아진다.

2 불쾌지수

① 체감온도는 주로 겨울에 사용하고 여름철에는 불쾌지수(Discomfort Index)를 사용한다. 불쾌지수는 날씨에 따라 사람이 불쾌감을 느끼는 정도를 기온과 습도를 이용하여 나타내는 수치로 실내 냉방용으로 고안되었기 때문에 바람의 영향을 고려하지 않는다.

② 인간이 무더위를 느끼는 것은 공기 중의 기온이나 습도가 높아지기 때문인데, 공기가 건조한 경우 사람의 피부 표면에서 땀이 증발하면서 기화열을 빼앗기면 체온이 적당히 낮아져 그만큼 더위를 덜 느끼게 된다.

③ 관계식

$$D = 15 + 0.4(d + w)$$

여기서, d : 건구온도(°F), w : 습구온도(°F)

$$D = 40.6 + 0.72(a + b)$$

여기서, a : 건구온도(℃), b : 습구온도(℃)

- 불쾌지수가 70 이하일 때 대부분의 사람들은 매우 쾌적하게 느낀다. 70 이상이면 약 10%, 75 이상이면 약 50%, 80 이상이면 대부분의 사람이 불쾌감을 느낀다.
- 건구온도가 18℃이고 습구온도가 15℃일 때 불쾌지수는 약 64 정도로 여름에 느낄 수 있는 불쾌감은 찾아보기 힘들다.

④ 우리나라에서는 장마 때부터 불쾌지수가 점차 높아져 7월 중순에서 8월 상순에 걸쳐 최고가 된다. 장마전선이 우리나라 부근에 동서로 걸쳐서 비가 오는 날이 계속되면 불쾌지수가 높아지고, 장마전선 남쪽에 들게 되면 불쾌지수 75를 대체로 넘게 된다. 장마가 끝나고 고온다습한 북태평양 고기압의 영향을 받게 되면 대부분의 지방에서 불쾌지수 80을 넘는 경우가 자주 나타나게 된다. 또한 인구가 집중되어 있는 대도시에서는 야간 기온도 내려가기 어려워(열섬 효과, 열대야 현상), 무더위 때문에 많은 사람들이 밤잠을 설치는 날이 많아진다.

냉방장치에서 열평형식과 물질평형식을 설명하시오.

1 냉방장치 개요도 및 공기선도

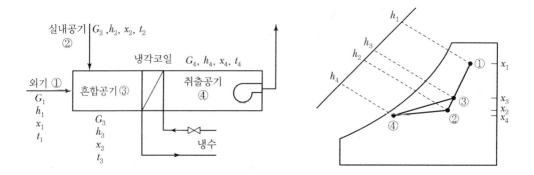

2 혼합공기(③)의 상태량

$G_3 = G_1 + G_2$

$h_3 = \dfrac{G_1 h_1 + G_2 h_2}{G_3}$

$x_3 = \dfrac{G_1 x_1 + G_2 x_2}{G_3}$

$t_3 = \dfrac{G_1 t_1 + G_2 t_2}{G_3}$

3 열평형식과 물질평형식

장치 내로 출입하는 열량과 물질량의 총합은 같다.

냉각코일부하$(q_{cc}) = G_3 h_3 - G_4 h_4 = h_3 - h_4$

$G_4 h_4 = G_3 h_3 - q_{cc}$

$G_1 x_1 + G_2 x_2 = G_3 x_3$

$G_3 x_3 - G_4 x_4 = x_3 - x_4 = \Delta x$(냉각코일의 제습량)

▶ 물을 예로 하여 온도－엔트로피 선도에 포화액체선, 포화증기선, 임계점, 등온선, 등압선, 등체적선(등적선), 등엔탈피선을 그리고 설명하시오.

▶ 이상적인 냉동사이클인 역카르노 사이클에 대한 다음의 물음에 답하시오.
 1) $P-v$ 선도의 구성요소(압력, 온도, 체적, 포화액, 포화증기 등을 표시하는 선)를 선도에 나타내고 설명하시오.
 2) 이상적인 냉동사이클을 $P-v$ 선도에 나타내고 각 과정에 대해 설명하시오.
 3) 위의 $P-v$ 선도 설명에 적용된 기호를 사용하여 냉동기와 히트펌프의 성능계수(COP)를 기술하시오.

🗋 증기선도

① 열역학적 상태량(P, v, T, h, s 등) 중에서 임의의 2가지나 3가지 상태량을 좌표축으로 하여 다른 상태량들을 표시한 것을 말한다.

② 증기원동기, 열펌프, 냉동기 등의 설계에서 작동유체가 이루는 사이클의 열역학적 상태변화를 쉽게 알 수 있다.

③ $P-v$ 선도(일선도)와 $T-s$ 선도(열선도)가 기본적인 선도이다.
 • $P-v$ 선도 : 상태변화 중 작동유체의 일량을 면적으로 표시할 수 있는 선도로서 증기나 완전가스에 대한 열역학적 해석에 매우 중요한 선도이다.
 • $T-s$ 선도 : 상태변화 중 작동유체가 주고 받는 열량을 면적으로 표시할 수 있어 열선도라 부른다.

🗋 $P-v$ 선도와 $T-s$ 선도의 설명

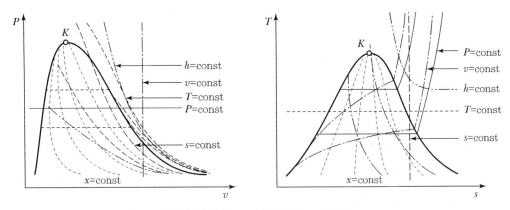

‖ 물(H_2O)의 $P-v$ 선도와 $T-s$ 선도 ‖

1) 포화액체선

① 내부에너지가 포화상태에 도달한 물을 포화수(飽和水, Saturated Water), 포화액(飽和液, Saturated Liquid)이라 부르며 증발 직전 상태를 말한다.

② 이때의 압력을 포화압력(飽和壓力, Saturated Pressure, P_s), 온도를 포화온도(飽和溫度, Saturated Temperature, t_s)라 한다.

③ 물의 경우 표준 대기압에서 포화온도는 100℃, 100℃ 물의 포화압력은 101.325kPa이다.

④ 각 압력에서의 포화액을 나타내는 상태점들을 이은 선을 포화액체선(Saturated Liquid Line) 또는 포화액선이라 한다.

2) 포화증기선

① 동일한 포화온도에서 증발이 완료된 상태의 증기를 건포화증기(乾飽和蒸氣, Dry Saturated Vapor), 포화증기(Saturated Vapor) 또는 건증기(Dry Vapor)라 부른다.

② 단위질량(1kg)의 포화수(포화액)를 모두 건포화증기로 증발시키는 데 필요한 열을 증발잠열(Latent Heat of Vaporation) 또는 증발열(Heat of Vaporization)이라 한다.

③ 건포화증기를 나타내는 상태점들을 이은 선을 건포화증기선(Dry Saturated Vapor Line) 또는 포화증기선이라 한다.

3) 임계점

① 포화액선과 건포화증기선은 압력이 증가할수록 대응하는 상태점들 사이의 간격이 점점 좁혀져 점 K에서 만나게 된다. 이렇게 포화액선과 포화증기선이 만나는 점 K를 임계점(臨界点, Critical Point)이라 한다.

② 임계점 K의 압력, 체적(또는 비체적) 및 온도를 각각 임계압력(臨界壓力, Critical Pressure, P_c), 임계체적(Critical Volume, 임계비체적, v_c), 임계온도(Critical Temperature, t_c)라 한다.

③ 임계점은 포화액점과 포화증기점이 만나는 점이므로 증발과정이 없이 불포화액이 포화액으로 됨과 동시에 건포화증기로 변하므로 증발열이 필요 없게 된다.

④ 임계압력 이상의 압력을 초임계압력(Supercritical Pressure)이라 한다. 초임계압력의 영역에서 불포화액을 가열하면 증발열 없이 곧 과열증기로 변하며, 이 점을 천이점(遷移点, Transition Point)이라 한다.

③ 이상적인 냉동사이클

① 열펌프나 냉동기의 이상 사이클(Ideal Cycle)은 역(逆)카르노 사이클(Reversed Carnot Cycle)이며, 카르노 사이클의 반대 방향인 반시계 방향의 사이클을 이룬다.

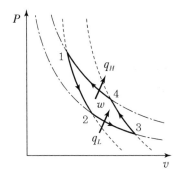
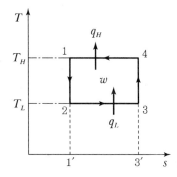

∥ 역카르노 사이클 ∥

② 역카르노 사이클은 2개의 가역등온변화와 2개의 가역단열변화(등엔트로피 변화)로 이루어져 있다.

- 1→2 과정 : 가역단열팽창과정으로 압력이 감소하고 온도가 T_L로 강하한다.
- 2→3 과정 : 등온팽창과정으로 저온도 물체로부터 q_L의 열을 흡수한다.
- 3→4 과정 : 가역단열압축과정으로 압력이 증가하고 온도가 T_H로 상승한다.
- 4→1 과정 : 등온압축과정으로 고온도 물체로 q_H의 열을 방출한다.

③ 사이클의 성적계수

$T-s$ 선도에서 q_L과 q_H는

$$q_L = \text{면적 } 2-3-3'-1'-2 = T_L(s_3 - s_2) = T_L(s_4 - s_1) \cdots\cdots \text{ⓐ}$$

$$q_H = \text{면적 } 4-1-1'-3'-4 = T_H(s_4 - s_1) \cdots\cdots\cdots\cdots\cdots\cdots \text{ⓑ}$$

열역학 제2법칙에 의해 소요일 w는 위의 식 ⓐ와 ⓑ로부터

$$w = q_H - q_L = (T_H - T_L)(s_4 - s_1) = \text{면적 } 1-2-3-4-1 \cdots\cdots \text{ⓒ}$$

따라서 역카르노 사이클의 성적계수(COP)는 다음과 같다.

㉮ 가열 시 성적계수 : 열펌프를 가열이나 난방으로 사용하는 경우에 해당한다.

$$COP_h = \frac{q_H}{w} = \frac{T_H(s_4 - s_1)}{(T_H - T_L)(s_4 - s_1)} = \frac{T_H}{T_H - T_L}$$

㉯ 냉각 시 성적계수 : 열펌프를 냉각으로 사용하거나 냉동기의 경우에 해당한다.

$$COP_c = \frac{q_L}{w} = \frac{T_L(s_4 - s_1)}{(T_H - T_L)(s_4 - s_1)} = \frac{T_L}{T_H - T_L}$$

㉰ 가열과 냉각 시 성적계수 사이에는 다음과 같은 관계가 있다.

$$COP_h - COP_c = 1, \quad COP_h = COP_c + 1$$

> 배관과 덕트 설계에서 수력직경을 사용하는 이유를 설명하고, 직사각형 단면에서 각 변의 길이가 a와 b인 덕트의 수력직경을 구하시오.

1 개요

① 비원형관에서 레이놀즈 수(Re)를 이용해서 층류인지 난류인지를 판단하거나 관의 마찰손실 계산 등에서 직경을 대신하기 위해 수력직경을 사용한다.

② 원형관의 경우 직경＝4×수력반경으로, 원형관 이외에서도 수력반경을 구해 수력직경을 구하고 직경을 이용해서 마찰손실 등을 구한다.

③ 단면의 형상이 원형에 가까울수록 수력직경을 이용한 마찰손실수두가 실제 값에 근접한다.

④ 원래 Moody 선도의 Friction Factor는 원형단면의 배관에만 적용되는 선도이다. 배관 혹은 유로단면이 원형이 아닌 경우에는 실험에 의해 동일한 선도를 다시 작성해야 한다. 하지만 그러한 선도가 없으므로 유로 단면이 원형이 아닌 경우에는 수력직경(Hydraulic Diameter)을 이용해 마찰손실수두를 개략적으로 계산할 수 있다.

⑤ 수력직경은 유체가 흐르는 관이나 덕트가 원형이 아니기 때문에 사용한다. 유체역학에서 관의 손실 및 레이놀즈 수의 계산에서는 D를 사용하여 유체의 거동을 해석한다. 그런데 단면이 직사각형, 또는 그 외 단면일 때는 수력직경을 정의하여 사용한다.

$$Re = \frac{VD}{\nu} = \frac{\rho v D}{\mu}$$

$$h_L = f\frac{LV^2}{2gD}$$

2 수력직경

1) 수력반지름(R_h)

원관이 아닌 경우 수력반지름을 정의한다.

$$R_h(\mathrm{m}) = \frac{A}{P}$$

여기서, A : 단면적($\mathrm{m^2}$)
P : 접수길이(유체가 맞닿는 길이를 더한 것으로 정사각형의 경우 $4a$)

수력반지름 $R_h = \dfrac{A}{P}$

a □ a $\qquad R_h = \dfrac{A}{P} = \dfrac{a^2}{4a} = \dfrac{a}{4}$

b ▭ a $\qquad R_h = \dfrac{A}{P} = \dfrac{ab}{2(a+b)}$

2) 수력직경(D_h)

$$D_h\,(\mathrm{m}) = 4R_h = \dfrac{4A}{P}$$

수력직경 $D_h = 4R_h = \dfrac{4A}{P}$

a □ a $\qquad D_h = \dfrac{4A}{P} = \dfrac{4a^2}{4a} = a$

b ▭ a $\qquad D_h = \dfrac{4A}{P} = \dfrac{4ab}{2(a+b)} = \dfrac{2ab}{a+b}$

> **TIP** 원관의 경우
>
> $D_h = 4R_h = \dfrac{4A}{P} = \dfrac{4 \times \dfrac{\pi D^2}{4}}{\pi D} = D$
>
> $\quad \therefore\ D_h = D$

③ 레이놀즈 수에 대입

$$Re = \dfrac{V D_h}{\nu} = \dfrac{\rho v D_h}{\mu}$$

$$h_L = f\,\dfrac{L V^2}{2g D_h}$$

> 냉동창고와 선박냉동 등에 사용되고 있는 개방형 냉매압축기의 정의와 장단점에 대하여 설명하시오.

1 압축기의 개요

압축기는 냉동시스템에서 심장부라 할 수 있는 중요한 부품이다. 증발기에서 낮은 압력으로 변한 냉매 기체를 높은 압력으로 변환시켜 응축기로 보내는 장치로서 구조, 압축방법 등에 따라 분류할 수 있다.

2 구조에 의한 압축기의 분류

1) 개방형 압축기

① 압축기와 전동기(Motor)가 따로 설치되어 직결 또는 벨트나 커플링에 의해 연결되는 방식이다.

② 크랭크축이 크랭크케이스 밖으로 관통되어 있으므로 관통부로 냉매가 누설될 염려가 있어 냉매의 누설을 방지하는 축봉장치가 필요하다.

2) 반 밀폐형 압축기

① 압축기와 전동기가 개방이 가능한 케이스 속에 함께 조립된다.

② 압축기 실린더 헤드에 있는 체결용 볼트를 제거하면 분해할 수 있으며 크랭크축의 축봉장치가 필요 없다.

③ 차가운 냉매에 의해 전동기를 냉각할 수 있어 패키지형 공조기에 적합하다.

3) 밀폐형 압축기

① 압축기와 전동기를 같은 케이스 속에 넣고 밀봉한 압축기이다.

② 축봉장치가 필요 없으나 냉매증기가 전동기에 직접 접촉되므로 전기 절연도가 좋은 냉매를 사용하여야 한다.

③ 주로 가정용 냉장고나 룸 쿨러와 같은 소형냉동기에 사용된다.

3 개방형과 밀폐형의 장단점

1) 개방형 압축기

① 장점
- 풀리(Pully) 크기에 따라 회전수를 임의로 할 수 있어 냉동용량을 임의로 설정할 수 있다.
- 압축기 각부가 Bolt로 조립되어 분해 수리가 가능하다.
- 압축용 전동기 이외의 구동원에 의해 구동할 수 있다.
- 압축기와 구동원과 별도의 수리가 가능하다.

② 단점
- 크랭크축이 외부로 관통되어 누설의 염려가 있다.
- 소음의 발생이 심하다.
- 외형이 커져 좁은 장소에 설치가 곤란하다.
- 대량생산 시 밀폐형보다 비싸다.

2) 밀폐형 압축기

① 장점
- 냉매의 누설이 없다.
- 소음이 작다.
- 소형이며 경량이다.
- 과부하 운전이 가능하다.
- 대량생산 시 개방형에 비해 저렴하다.

② 단점
- 전동기가 직결이기 때문에 회전속도를 임의로 조정할 수 없고 50c/s로 전원 주파수가 감소되면 능력이 약 20% 감소한다.
- 증발온도가 낮고 냉매순환량이 적은 조건에서는 흡입가스 과열에 따라 권선온도의 상승 우려가 있다.
- 전동기 외에 구동원을 사용할 수 없어 전원이 없는 곳에서는 사용할 수 없다.
- 분해 수리가 곤란하다.
- 회전수 변경으로 능력 제어가 곤란하다.

4 축봉장치(패킹)

개방형 압축기의 크랭크케이스 내의 압력은 저압상태이므로 크랭크축이 크랭크케이스를 관통하는 곳에서 냉매나 오일의 누설 및 공기 침입을 방지하기 위하여 설치된다.

1) 그랜드 패킹

① 스토핑 박스 안에 패킹을 넣어 이곳에 오일을 공급하여 유막을 형성시켜 누설을 방지한다.

② 기동 시 그랜드 패킹 조임볼트를 약간 풀어주고 정지 시 다시 조여주도록 한다.

③ 소프트 패킹

- 금속 패킹에 비해 유연성이 좋아 가스 누설 방지에 좋다.
- 마찰저항이 크다.
- 수명이 짧고 600rpm 이하에서 사용된다.
- 암모니아용에 사용한다.

2) 기계적 축봉장치

① 고속다기통 압축기나 회전수 600rpm 이상의 입형 압축기에 사용된다.

② 프레온용으로는 금속 벨로스식, 암모니아는 고무 벨로스식을 사용한다.

스크루 압축기의 특성을 설명하시오.

1 압축기의 분류

1) 압축 방식에 의한 분류

(1) 체적(용적)형 압축기

① 왕복동식 : 입형, 횡형, 고속다기통형

② 회전식(로터리식) : 고정익형, 회전익형

③ 나사식(스크루식)

(2) 터보 압축기

원심식, 축류식, 혼류식

(3) 흡수식 압축기

2) 밀폐구조에 의한 분류

(1) 개방형(Open Type)

전동기(Motor)와 압축기가 분리되어 있는 구조

① 직결 구동식 : 압축기의 크랭크축을 전동기 커플링(Coupling)에 연결

② 벨트 구동식 : 압축기와 전동기를 벨트(Velt)로 연결

(2) 밀폐형(Hermetic Type)

압축기와 전동기를 하나의 하우징(Housing) 내에 내장시킨 구조

① 반밀폐형 : 볼트로 조립되어 있어 분해조립이 용이

② 밀폐형 : 하우징이 용접되어 있어 분해조립이 불가능

2 나사식 압축기(Screw Compressor)

스크루 압축기는 서로 맞물려 돌아가는 암나사와 숫나사로 된 두 개의 로터(헬리컬기어식)의 맞물림에 의해 냉매가스를 흡입 → 압축 → 토출시키는 방식으로 저압 대용량에 적합하다. 주로 소형으로 암수 회전자의 회전에 의해 체적을 줄여가면서 압축하기 때문에 체적형이면서 회전형인 것이 특징이고 케이싱 압축 측에 용량제어용 슬라이드 밸브가 내장되어 있다.

1) 장점

① 크랭크샤프트, 피스톤링, 연결봉 등의 부분이 없고 부품수가 적어 고장률이 적고, 수명이 길다.

② 소형으로 대용량의 가스를 처리할 수 있다.

③ 맥동이 없고 연속적으로 토출된다.

④ 무단계 연속적 용량제어가 가능하며 자동 운전에 적합하다.

⑤ 워터 해머 및 오일 해머 현상이 적다.

⑥ 진동이 없으므로 견고한 기초가 필요 없다.

⑦ 소형이고 가볍다.

⑧ 흡입밸브 및 토출밸브가 없어 장시간 연속 운전이 가능하다.

⑨ 왕복동식과 동일 냉동능력에서 압축기 체적이 작다.

2) 단점

① 윤활유 소비량이 많아 별도의 오일펌프와 오일쿨러 및 유분리가 필요하다.

② 고속회전이므로 소음이 크다.

③ 경부하 운전 시에도 동력소모가 크다.

④ 소음이 비교적 크다.

⑤ 정비 보수에 고도의 기술력이 요구된다.

⑥ 운전 유지비가 비싸다.

3 압축기 용량제어(Capacity Control System)

1) 용량제어의 목적

① 부하 변동에 따른 경제적인 운전이 가능하다.

② 기동 시 무부하 및 경부하 기동으로 소비전력이 적다.

③ 압축기를 보호하여 기계의 수명을 연장시킨다.

④ 일정한 냉장실온(증발온도)을 유지한다.

2) 스크루 압축기의 용량제어 방법

① 슬라이드 밸브 제어(10~100%)

- 슬라이드 밸브를 작동하여 저부하 시 가스를 저압 측으로 바이패스한다.
- 10~100%의 무단계 용량제어가 가능하나 낮은 용량으로 장시간 운전 시 흡입량 감소로 압축비가 낮아져 압축효율이 낮아지므로 성적계수 저하를 초래한다.

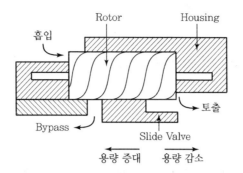

② 회전수 제어

• VVVF, 증감속기어 장치에 의한 방법이다.

• 동력절감 효과가 크다.

• 고가이다.

③ On-Off 제어

별로 사용하지 않는다.

덕트의 부하 계산에서부터 덕트 시공사양까지의 덕트 설계순서를 작성하시오.

1 개요

덕트는 공조대상 공간의 열부하를 처리하는 데 필요한 풍량을 공급하기 위한 것으로, 먼저 실내 공기의 기류분포가 양호하도록 토출구와 흡입구의 위치 및 개수를 적정하게 결정하고, 흡 · 토출구와 공조기를 연결할 때 기술적, 경제적으로 가장 합리적인 덕트의 경로 및 치수가 결정될 수 있도록 해야 한다.

2 덕트 설계 시 주의사항

① 각 용도별 허용풍속 이내로 선정한다.
② 소음, 진동에 주의하고 송풍기 동력이 부족하지 않게 설계한다.
③ 가능하면 저속덕트 방식을 사용한다.
④ 덕트재료는 가능하면 표면이 매끈한 아연도강판, 알루미늄을 사용한다.
⑤ 종횡비는 최대 8 : 1 이상이 되지 않도록 하며, 가능하면 4 : 1 이하로 제한한다.
⑥ 급격한 방향전환을 피하고 덕트 확대부 각도는 15° 이하, 축소부는 30° 이하로 제한한다.
⑦ 각 덕트가 분기되는 지점에 댐퍼를 설치하여 압력의 평형을 유지한다.

3 설계순서

1) 송풍량 결정

송풍량은 각 실이나 존(Zone)에서 계산된 냉난방부하를 식에 대입시켜 계산한다. 한편, 건축법규나 재실인원의 흡연량을 참고하여 도입 외기량을 구하고, 법적 제한 등에 의해 배기량을 구한다.

2) 취출구 및 흡입구의 위치 결정

실의 공기분포가 균일하도록 취출구의 위치, 형식, 크기, 필요한 수량을 정한다.

3) 덕트의 경로 결정

공조기 및 송풍기의 위치와 덕트의 경로를 정한다. 덕트의 경로는 실의 용도, 사용시간, 부하의 특성 등을 감안하여 존별로 계통화시키고, 송풍저항을 줄일 수 있는 방법을 구상한다.

4) 덕트의 치수 결정

덕트의 치수는 등속법, 등압법(등마찰손실법). 전압법, 정압재취득법 등을 이용하여 구한다.

5) 송풍기의 선정

덕트 계통의 마찰저항을 구하여 송풍기 정압과 필요풍량으로부터 송풍기의 용량 및 형식을 결정한다.

6) 설계도 작성

덕트의 상세치수를 정하고, 설계도를 작성한다.

냉방부하의 구성요소 중 잠열부하의 종류에 대하여 설명하시오.

1 실내부하(Space Load)

1) 외부 침입열

① 벽체 전도열 : 지붕, 외벽, 유리창, 바닥, 인접공간을 통하여 열관류에 의해 취득되는 열량

② 유리를 통한 일사열 : 유리면을 통해 실내로 들어오는 직달 일사에 의해 취득되는 열량

③ 침입외기에 의한 취득열 : 창문의 틈새나 출입문을 통한 침입외기를 실내공기 상태로 냉각, 감습하는 데 제거할 열량

- 현열(kcal/h) : $q_s = 0.29\,Q_I(t_o - t_i)$
- 잠열(kcal/h) : $q_L = 720\,Q_I(x_o - x_i)$

    여기서, Q_I : 침입외기량(m³/h)

    x_i : 실내공기의 절대습도(kg/kg′)

    x_o : 외기의 절대습도(kg/kg′)

2) 내부 발생열(Internal Load)

① 재실인원에 의한 발열 : 인체로부터 발생하는 열은 체온에 의한 현열부하와 호흡기류나 피부 등에 의한 수분의 형태인 잠열부하로 구분

- 현열(kcal/h) : $q_s = N \cdot SHG/P$
- 잠열(kcal/h) : $q_L = N \cdot LHG/P$

    여기서, SHG/P : 1인당 현열발생량(kcal/h · ℃)

    LHG/P : 1인당 잠열발생량(kcal/h · ℃)

② 조명으로부터의 발열

③ 실내 기기로부터 발생하는 잠열부하

2 외기부하(Ventilation Load)

실내공기의 환기를 위해서 도입되는 외기를 실내공기 상태로 냉각 · 감습하는 데 제거해야 할 열량

① 현열 : $q_s = 0.29\,Q_O(t_o - t_i)$

② 잠열 : $q_L = 720\,Q_O(x_o - x_i)$

    여기서, Q_O : 침입 외기량(m³/h)

3 기기부하(System Load)

실내 현열부하에서 5~15%를 가산한다.
① 급기용 Fan에 의한 취득열량
② 급기덕트에서의 취득열량

4 재열부하(Reheating Load)

공조장치의 용량은 하루 동안의 최대 부하에 대처할 수 있도록 산정하므로 부하가 적을 때는 과냉
각되는 결과를 초래한다. 이와 같은 때에는 송풍 계통의 도중이나 공조기 내에 가열기를 설치하여
자동제어함으로써 송풍공기의 온도를 올려 과랭을 방지한다. 이것을 재열이라 하고, 이때 가열기
에 걸리는 부하를 재열부하라고 한다.

> 냉동시스템의 냉매배관 중 흡입배관의 관경 결정 시 고려사항을 3가지만 설명하시오.

1 개요

① 냉동장치의 냉매배관은 압축기 → 응축기 → (수액기) → 팽창밸브 → 증발기 → 압축기를 연결하여 냉동사이클을 구성하는 주요 요소로서, 냉동장치의 성능, 운전의 안정성, 동력 소비량 등에 큰 영향을 준다.

② 냉매배관은 크게 다음의 4구간으로 나눌 수 있다.

- 토출가스 배관(고압) : 압축기~응축기
- 액 배관(고압) : 응축기~팽창밸브
- 액 배관(저압) : 팽창밸브~증발기
- 흡입증기 배관(저압) : 증발기~압축기

2 배관설계 요령

1) 배관설계의 기본

① 흡·토출배관의 관경은 압력손실이 허용범위 이내로 될 수 있게 하고, 유가 충분히 운반될 수 있는 유속을 낼 수 있도록 한다.

- 흡·토출관 수평관 : 3.5m/sec 이상
- 수직관 : 6m/sec 이상
- 액관 : 0.5~1.2m/sec

② 압력강하는 냉매의 포화온도로 환산하여 1~2℃의 온도강하를 표준으로 한다.

③ 액 배관에서는 액 냉매의 배관 압력손실에 의한 플래시 가스의 발생이 없도록 한다.

2) 흡입배관

(1) 흡입관 설계요령

① 프레온 냉매가스 중에 용해되어 있는 윤활유가 충분히 운반될 수 있는 속도를 확보한다.

- 횡주관 : 3~5m/sec
- 입상관 : 6m/sec 이상(25m/sec 미만)

② 과도한 압력손실이나 소음이 일어나지 않을 정도로 유속을 억제한다.

③ 흡입관에 생기는 총 마찰손실이 흡입온도에서 2℃의 온도강하에 상당하는 압력을 넘지 않도록 한다.

④ 용량제어가 있는 압축기의 경우 최소 부하 시의 유 회수에 필요한 유속 확보를 위해 2중 입상관을 설치한다.

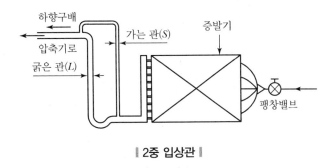

‖ 2중 입상관 ‖

- 작은 관 S는 최소 부하 시(부분부하 시) 가스가 S만을 통할 때 유속이 6~20m/sec가 되게 결정한다.
- 굵은 관 L은 전 부하 시 2개의 입상관을 함께 통할 때 양쪽 관 내의 속도가 6m/sec 이상 되게 결정한다.

(2) 시공상 유의점

① 수평배관 중에 특히 압축기 흡입 측 부근에서는 절대로 트랩(Trap)을 만들지 않는다. (액백의 원인이 되므로)

② 압축기가 증발기보다 밑에 있는 경우에는, 정지 중에 액이 압축기로 유입되는 것을 방지하기 위해 흡입관을 증발기 상부까지 입상시킨 후 압축기로 향하도록 한다.

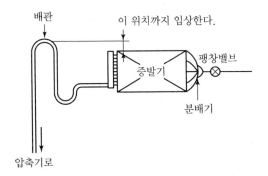

‖ 흡입관 입상 ‖

③ 흡입관의 입싱길이기 매우 길 때는 10m마다 중간 트랩을 설치한다.(유 회수를 위해)

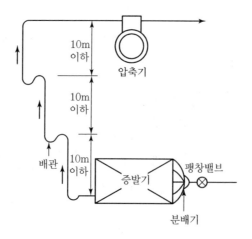

‖ 흡입관의 입상이 긴 경우 ‖

④ 2대 이상의 증발기가 서로 다른 높이에 있고 압축기가 이들보다 밑에 있는 경우 흡입관
은 증발기 상부 이상 입상시키고 압축기로 향하도록 한다.(정지 중 액이 압축기로로 유
입하는 것을 방지)

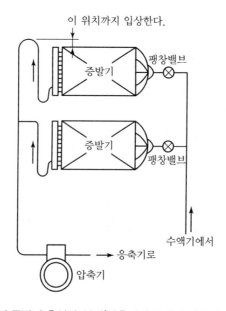

‖ 2대의 증발기 흡입관 설치(압축기가 증발기 하부에 위치) ‖

⑤ 2개 이상의 증발기가 있어도 부하 변동이 심하지 않을 경우에는 1개의 입상관으로 하여도 좋다.

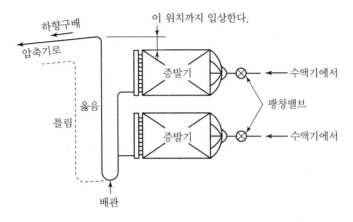

‖ 2대의 증발기 흡입관 설치(부하 변동이 작은 경우) ‖

3) 토출배관

(1) 토출배관 설계요령

① 유를 충분히 운반할 수 있는 유속을 확보한다.
- 수평관 : 3~5m/sec 이상
- 입상관 : 6m/sec 이상

② 지나친 압력손실이나 소음을 내지 않도록 25m/sec 이하로 속도를 억제한다.

③ 토출관의 총 마찰손실은 0.2kg/m² 이하로 한다.(흡입온도에서 2℃의 온도강하에 상당하는 압력손실을 넘지 않게)

(2) 시공상 유의점

① 압축기와 응축기가 같은 높이에 있어도 일단 입상관을 설치하고 하향구배 배관으로 응축기에 연결한다.

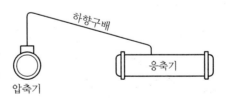

‖ 토출배관(응축기와 압축기가 같은 위치) ‖

② 응축기가 압축기 상부에 있을 경우

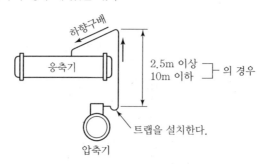

‖ 토출배관(응축기가 압축기 상부에 위치) ‖

4) 액관

(1) 액관 설계요령

① 액관의 마찰손실은 가능한 한 작게 하는 것이 바람직하며, 팽창밸브 입구에서 플래시 가스의 발생을 방지하기 위해서는 냉매액이 0.5~1℃ 이상의 과냉각 상태가 되어야 한다.

② 액관을 20m 이상 입상하는 것은 피하는 것이 좋지만, 입상한 경우에는 5m의 입상에 대하여 5℃ 정도의 과냉각이 필요하다.

③ 액관에는 드라이어, 여과기, 전자밸브 등 다수의 밸브가 설치되므로 압력손실이 크게 될 수 있으므로 플래시 가스 발생을 방지하기 위해서도 배관을 가능한 한 짧게 하는 것이 바람직하다.

(2) 시공상 유의점

액관은 흡입관이나 토출관에서와 같은 유 회수 문제는 없으나, 액 냉매가 기화(Flash)하는 것을 방지하는 것이 중요하므로(압력강하로 플래시 가스 발생) 이에 유의하여 시공한다.

① 액관의 마찰손실압력을 0.2kgf/cm² 이하로 제한한다.

② 입상관이 길면 압력손실이 크므로 충분한 과냉각이 필요하다.

③ 냉매액은 적어도 0.5℃ 이상 과냉각된 상태에서 팽창밸브에 도달해야 한다.(팽창밸브 통과 시 플래시 가스 발생 최소화)

④ 액관 내의 유속은 0.5~1.5m/sec 정도가 적당하다.

⑤ 액관에는 드라이어, 필터, 전자밸브 등 배관 부속품들이 많이 설치되어 있어 압력손실이 커지기 쉬우므로, 배관은 가능한 한 짧게 하여 냉매가 증발하는 것을 방지한다.

⑥ 배관 도중에 다른 열원으로부터 열을 받지 않도록 한다.

⑦ 증발기가 응축기(또는 수액기)보다 8m 이상 높은 위치에 설치되는 경우는 액을 충분히 과냉각시켜서 액냉매가 관 내에서 증발하는 것을 방지한다.

⑧ 2대 이상의 증발기를 사용하는 경우, 액관에서 발생한 증발가스가 균등하게 분배되도록 배관한다.

③ 냉매 배관의 기술

1) 일반적인 공통사항

① 수평 배관은 냉매가 흐르는 방향으로 1/250의 구배를 주어 냉매 중의 냉동유가 쉽게 회수될 수 있도록 해야 한다.

② 가스 배관에서 불필요한 트랩이나 막다른 관은 냉동유가 고이기 쉬우므로 수평관에서 굴곡이 생기지 않토록 해야 한다. 특히 압축기 근처에서 역구배가 되거나 트랩이 생길 경우 초기 기동 시 일시에 다량의 오일이 흡입되어 오일 또는 냉매액을 압축함으로써 치명적인 손상을 초래할 수 있다.

③ 입상관에서의 트랩은 항상(운전 중이나 중지 중에도) 오일이나 냉매가 고이게 된다.

④ 냉매나 오일이 배관 트랩에 고이게 되면 배관의 관경이 작아져 냉매의 유속이 빨라짐으로써 오일이 회수될 수 있도록 트랩을 준다. 트랩은 작을수록 효과적이다.

⑤ 운전 중에는 적당량의 냉동기유를 포함하는 가스가 압축기로 흡입되도록 하여 일시에 다량의 냉동유가 압축기로 돌아오는 것을 방지하기 위하여 입상관에 트랩을 준다.(트랩은 수직 상승관 근원에 설치하며 수직 상승관 10m마다 설치해야 함)

⑥ 온도 변화에 의한 배관의 신축을 고려한 루프배관 또는 지지방법을 채용하고, 진동 방지와 견고한 고정을 위하여 적당한 간격마다 지지대를 설치한다.

⑦ 배관이 손상되기 쉬운 장소에서는 커버를 설치해야 하며 도로 등을 통과할 때는 바닥에서 2m 이상의 높이로 하거나 바닥을 통과할 때는 견고한 비트 내에 설치하고 콘크리트나 흙 속으로 매설되어서는 안 된다.

2) 흡입배관

① 냉매가스 중에 용해되어 있는 냉동기유가 쉽게 운반될 수 있는 속도가 되도록 배관 저항을 최소로 해야 한다.
- 수평관 : 3.5m/sec 이상
- 입상관 : 6m/sec 이상

② 지나친 압력손실 및 소음이 발생되지 않을 정도로 유속을 억제한다.(최대 20m/sec 이하)

③ 흡입관에 의해 발생하는 총 마찰손실압력이 흡입온도로 2℃ 강하에 상당하는 손실압력을 넘지 않도록 배관 저항을 최소화해야 한다.

④ 용량조절장치가 있는 압축기의 흡입관에서는 무부하(Unload) 운전 시 입상관 중의 냉동유가 문제된다. 전부하(Full Load) 시 가스의 유속을 20m/sec로 하는 경우 33~50%의 무부하 운전 시 유속이 6.7~7m/sec가 되어 유속은 확보되지만 30% 이하로 운전되는 냉동유의 유속을 확보하기 위해서는 압력손실이나 소음이 크게 되므로 2중 수직 입상관을 사용해야 한다.

⑤ 압축기가 증발기보다 밑에 있는 경우에는 정지 중에 액화된 냉매가 압축기로 떨어지는 것을 방지하기 위하여 작은 트랩을 거진 후에 배관을 증발기 상부보다 높은 위치까지 올린 후 압축기로 배관이 되도록 해야 한다.(펌프 다운으로 정지 시는 필요치 않음)

3) 토출배관

① 냉매가스 중에 녹아 있는 냉동유가 확실하게 운반될 수 있는 속도가 확보되도록 배관경을 결정해야 한다. 임의로 관경을 줄이거나 넓히는 것은 유속의 증가나 소음 발생을 야기한다.

② 지나치게 압력손실이나 저항이 크면 소음이 발생될 수 있다.(최대 유속 25m/sec 이하)

③ 토출배관에서 발생되는 전마찰 손실은 $0.2kg/cm^2$ 이하이어야 한다.

④ 압축기와 응축기가 같은 높이에 위치할 경우 압축기에서 수직으로 상승시킨 후 응축기 측으로 하향구배(1/250)를 둔다.

4) 액관

① 냉동유의 회수에는 문제가 없으나 냉매가 증발되는 것을 방지해야 한다.

② 액관에서 압력강하의 중요한 원인은 관의 마찰손실과 높이차에 의해 발생하는 정압감소이다. 액관의 마찰손실은 $0.2kg/cm^2$ 이하가 되도록 억제해야 하며 배관의 저항을 최소로 해야 한다.

③ 액관이 매우 긴 입상관인 경우 압력의 감소가 크므로 충분한 과냉각이 필요하다.

④ 액냉매는 팽창밸브를 통과할 때에도 0.5℃의 과냉각이 필요하다.

⑤ 액관 내의 유속은 0.8~1.5m/sec가 적당하다.

⑥ 액관에는 Dryer, Filter, 각종 밸브가 있어 압력손실이 클 수 있으므로 배관을 최단거리로 함으로써 플래시 가스 발생을 최소화하여야 한다.

⑦ 액관이 햇볕에 노출되거나 열이 발생되는 장소를 통과할 경우에는 보온하여 플래시 가스 발생을 억제해야 한다.

R-1234yf 냉매의 특성에 대하여 설명하시오.

1 개요

최근 지구온난화 문제로 인해 지구온난화지수(GWP : Global Warming Potential)가 높은 냉매에 대한 국제적인 규제가 강화되고 있다. 냉매로서 우수한 특성을 가진 CFC, HCFC 냉매가 오존층파괴물질이라는 사실이 밝혀진 이후 대체 프레온 물질인 HFC계 냉매를 개발하여 사용하여 왔으나, HFC 냉매는 오존층 파괴성질이 없지만 지구온난화지수(GWP)가 매우 높아 이 또한 사용을 규제하고 있다. 이 때문에 오존층파괴지수(ODP)뿐만 아니라 GWP도 낮은 논프레온 냉매에 대한 수요가 높아졌고 더 나아가 자연냉매인 탄화수소, 암모니아, 이산화탄소의 적용에 관심을 갖게 되었다.

2 R-1234yf(HFO : hydrofluoroolefin)

① 교토협약에 의해 지구온난화지수가 높은 HFC도 규제되어 대체냉매로 개발된 냉매이다.
② 약가연성이며 Mineral Oil(광유)에는 적합하지 않아 PAG Oil을 사용하여야 한다.
③ 약간의 가연성이 있어 누출될 경우 화재 및 폭발의 위험성이 약간 있다.
④ 오존층파괴지수(ODP)는 없고 지구온난화지수(GWP)가 4 이하로 아주 낮아 환경친화적이긴 하나 독성에 관한 안전은 검증되지 않았다.
⑤ 매우 환경친화적인 냉매로 기존 공기조화용 냉매들과 온도 압력 조건이 비슷하다. 다만 매우 높은 가격과 약간의 미연성으로 도입에 어려움이 있다.
⑥ 기존 냉매인 R-134a와 열역학적 특성이 매우 유사해 기존 시스템의 큰 설계 변경 없이 사용이 가능하다.

3 저 GWP 냉매

CFC계 냉매는 불연성의 특성이 있었으나, 저 GWP 냉매로 기대되는 냉매들은 미연성인 것이 많다. 저 GWP 냉매는 HFO계 냉매(R-1234yf, R-1234ze(E)), HFC계의 혼합냉매(R-32) 등이 있으나 미연성(2L) 구분의 냉매가 거의 대부분이다. 이에 현재로서는 GWP가 낮으면 연소성이나 독성에 문제가 있는 등 명확한 장점과 단점을 동시에 갖고 있는 경우가 많아 연구와 개발이 필요한 상황이다.

냉동시스템의 부속장치 중 유분리기의 설치목적, 설치위치, 구조 및 작동원리에 대하여 설명하시오.

1 개요

압축기 토출 냉매증기 중에는 어느 정도 윤활유가 포함되어 있는데, 특히 스크루(Screw) 압축기의 경우는 유(油) 분사가 많으므로 유 혼입량이 더욱 많다. 이 냉매증기 중에 혼입되어 있는 유를 분리하여 압축기로 되돌려 주는 기기를 유분리기(Oil Separator)라 하며(암모니아 냉동장치에서는 되돌리지 않는 경우도 있음), 압축기와 응축기 사이에 설치한다.

2 유분리기를 설치하는 이유

① 유가 냉매에 혼입되어 냉동장치 내를 순환하게 되면, 응축기, 증발기 등 열교환기의 표면에 유막을 형성하여 전열효과가 떨어진다.

② 압축기 토출 냉매증기 중에 혼입된 유를 분리하여 압축기로 되돌려주지 않으면 압축기 내에 윤활유 부족이 생기게 되어 윤활작용이 저하한다.

③ 압축기와 응축기 사이의 토출가스 배관 중에 유분리기를 설치하여 토출가스 중에 혼입된 윤활유를 분리시켜, 오일이 어느 정도 고이면 이를 압축기 크랭크케이스로 되돌린다.

④ 암모니아 냉동장치에서는 토출가스 온도가 높아 기름이 다소 탄화되어 있을 때가 많으므로, 유분리기에서 직접 압축기로 돌려보내는 일은 적다.

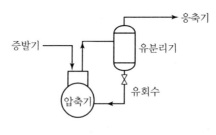

| 유분리기 설치방법 |

3 유분리기의 종류

1) 격판식

유 미립자가 포함된 냉매증기를 격판이 있는 용기 내에 도입시켜 용기 내에 설치된 격판에 부딪쳐 유를 가스에서 분리시키는 방식인데, 현재 이 방식은 별로 사용되지 않는다.

2) 배플식

원통 용기 내에 작은 구멍이 많이 있는 여러 개의 배플판(Baffle Plate)을 겹쳐 작은 구멍으로 냉매를 통과시켜 유를 분리하는데, 원통 내를 통과할 때의 가스속도 감소와 중력에 의해 가스에 포함된 유가 용기 하부에 떨어지게 된다.

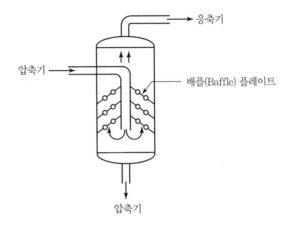

‖ 배플식 유분리기 구조 ‖

3) 철망식

용기 내에 원통형의 철망이 2~3겹으로 배치되어 냉매가스가 이 철망을 통과할 때 철망에 유가 분리된다.

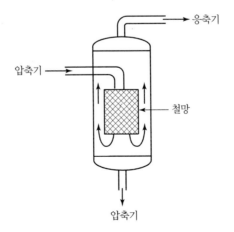

‖ 철망식 유분리기 구조 ‖

4) 더미스터(Demister)식

유를 포함한 냉매가스가 더미스터(섬유상의 금속선으로 엮은 가는 망) 내를 통과할 때에 더미스터를 구성하는 선으로 유를 포착하여 분리, 제거하는 방식이다. 이 방식은 스크루 압축기의 1차 유분리에 많이 사용된다.(압축기에 내장)

4 유분리기의 용량 결정방법

① 유분리기의 용량(크기)은 유분리기 내에서의 유속이 일정 이하가 되게 그 크기를 결정하는데, 보통 유속이 1m/s 이하가 되게 한다.

② 압축기 토출량이 $Q(\text{m}^3/\text{h})$일 때, 유속이 $v(\text{m/s})$가 되게 하려면, 유분리기 내경 $D(\text{m})$는 다음 식과 같다.

$$D = \sqrt{\frac{4Q}{\pi v \times 3,600 \times \eta_v}}$$

③ 원통의 길이(L)는 일반적으로 원통 직경의 2.5~3배로 한다.

증발식 응축기의 원리와 특성에 대하여 설명하시오.

1 개요

① 증발식 응축기는 냉각수의 증발잠열을 이용해 냉각·액화하는 것으로, 육상 대형 냉동설비에서 현재 가장 많이 사용되고 있다. 이것은 내부에 냉매가스가 통하는 나관을 코일 모양으로 만들고, 그 위에 노즐을 이용하여 물을 살포하는 형식이다.

② 공랭식에 비해 현저하게 열통과율이 높아서 전열면적이 작아도 되고, 응축온도도 낮게 할 수 있기 때문에 높은 효율의 운전을 할 수 있다. 겨울철에는 공랭식으로 사용할 수도 있으므로 연중 운전의 경우 특히 우수하다.

③ 냉각수를 상부에서 분사시켜 냉각관에 살포하여 유체로부터 열을 흡수하여 냉각시키고, 상부의 송풍기를 이용하여 하부 공기를 상부로 배출시키는데, 냉각수의 증발에 의하여 응축되므로 냉각수가 적게 된다.

2 증발식 응축기의 특징

① 냉각수 소비량은 수랭식 응축기 중 가장 적다.(순환수량의 5~10% 소비)

② 물을 계속해서 순환하여 사용하기 때문에 수량이 부족한 곳에서 사용한다.

③ 물의 증발을 이용하기 때문에 냉각탑을 따로 사용하지 않는다.

④ 외기의 습구온도에 응축기 능력이 많은 영향을 받는다.(대기 중 습도가 높으면 냉각수의 증발이 불량하여 응축기 능력이 많이 감퇴)

⑤ 물이 증발되는 것을 이용하므로 습구온도에 영향을 많이 받는다.

⑥ 증발식 응축기는 수랭식 응축기와 냉각탑을 합친 개념으로 냉각수를 응축기에 직접 뿌려 물이 증발할 때 잠열을 이용하는 것이다. 이 경우 냉각탑을 별도로 설치할 필요가 없으므로 공간을 절약할 수 있고 응축온도가 낮다는 장점이 있다.

⑦ 겨울철에는 물이 얼기 때문에 공랭식으로 사용한다.

3 증발식 응축기의 구조

① 엘리미네이터(Eliminator, 제수관) : 냉각관에 분사되는 작은 물방울이 송풍기 힘에 의해 밖으로 비산되는 손실수를 막아주기 위하여 얇은 금속을 지그재그로 접어서 만든 장치

② 캐리오버 : 증발식 응축기나 쿨링타워에서 물이 증발되지 않고 비산되는 손실수

③ 블로 다운 : 냉각수 중 스케일 생성을 방지하기 위해 순환수의 일부를 조금씩 버리거나 일시적으로 배수하는 수량

④ 메이크업 : 물의 증발, 캐리오버, 블로 다운 등에 의해 손실된 물을 보급시켜주는 보급수

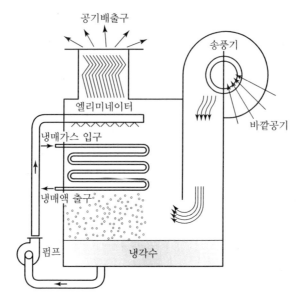

┃ 증발식 응축기의 구조 ┃

※ 순환펌프를 지나 위로 올라간 물은 응축기 냉각관 위에 뿌려지게 되고 옆을 통해 들어오는 바람과 만나 증발하여 열을 빼앗는다. 위에 설치되어 있는 엘리미네이터는 오염된 물이 밖으로 나가는 것을 방지한다.

> 열전달에 관계하는 무차원 수 중에서 *Re, Pr, Nu* 에 대해 설명하시오.

1 레이놀즈 수(Reynolds Number, *Re*)

$$Re = \frac{관성력}{점성력} = \frac{\rho v D}{\mu}$$

여기서, ρ : 밀도
v : 유체의 평균속도
D : 특성길이(지름)
μ : 유체의 점도

① 점성력에 대한 관성력의 비
② 유체의 흐름이 층류인지 난류인지 판별하는 데 사용된다.
- 층류 : $Re < 2,100$(원형관)
- 천이구간 : $2,100 < Re < 4,000$
- 난류 : $Re > 4,000$
③ 유체흐름에서 층류에서 난류로 바뀔 때의 레이놀즈 수를 임계레이놀즈 수라 한다. 층류유동은 비교적 안정적인 유동인데 속도가 증가할수록 유동은 점점 불안정해진다. 이때 임계레이놀즈 수가 되면 유동 불안정성이 눈에 띌 정도로 커지면서 점차 난류로 된다.

2 프란틀 수(Prantle Number, *Pr*)

$$Pr = \frac{운동량전달계수}{열전달계수} = \frac{\nu}{\alpha}$$

속도경계층과 온도경계층의 확산비

3 넛셀 수(Nusselt Number, *Nu*)

$$Nu = \frac{대류계수 \times 길이}{열전도계수} = \frac{h_L}{k}$$

① 어떤 유체층을 통과하는 대류에 의해 일어나는 열전달의 크기와 같은 유체층을 통과하는 전도에 의해 열이 나는 열전달의 크기의 비율

유체이동 있을 때

$$\frac{q_{conv}}{q_{cond}} = \frac{h\Delta T}{\dfrac{k\Delta T}{L}} = \frac{hL}{k} = Nu$$

유체이동 없을 때

② 강제 대류 열전달에서 Nu가 클수록 대류 열전달이 활발하다.

③ 넛셀 수가 1이면 전도와 대류의 상대적 크기가 같다는 의미이고, 넛셀 수가 클수록 대류의 효과가 커진다.

QUESTION **84**

신·재생에너지 공급의무화(RPS)제도에 대하여 설명하시오.(단, 관련 법규, 공급 의무자의 범위를 중심으로 한다.)

1 개요

신·재생에너지 공급의무화(RPS : Renewable Energy Portfolio Standard)제도란 신·재생에너지 의무 할당제로 대형 발전사업자들에게 발전량의 일정 비율을 신·재생에너지로 공급하도록 만든 제도이다. 50만 kW급 이상의 발전 설비를 보유한 발전사업자에게 총 발전량의 일정 비율 이상을 신·재생에너지로 공급토록 의무화하였다.

2 관련 법규

① 신에너지 및 재생에너지 개발·이용·보급 촉진법
② 신·재생에너지 공급의무화제도 및 연료 혼합의무화제도 관리·운영지침(산업통상자원부 고시)
③ 공급인증서 발급 및 거래시장 운영에 관한 규칙(신·재생에너지센터 공고)

3 공급 의무자

① 총 21개사(2017년 기준)
② 공급 의무자의 총발전량

연도	2012	2013	2014	2015	2016	2017	2018	2019	2020	2021	2022 이후
비율(%)	2.0	2.5	3.0	3.5	4.0	5.0	6.0	7.0	8.0	9.0	10.0

※ 공급 의무자의 총발전량(신·재생에너지 발전량 제외)×의무비율

③ 의무공급량 미이행분에 대해서는 과징금 부과
공급인증서 평균 거래가격의 150% 이내에서 불이행 사유, 불이행 횟수를 고려하여 과징금을 부과한다.
④ 의무공급량 미이행분에 대한 이행 연기
• 공급의무량의 20% 이내에서 3년의 범위 내에서 이행 연기를 허용한다.
• 화력, 원자력 등은 자체 설비만으로 RPS 비율을 채울 수 없기 때문에 신·재생에너지 분야에 투자를 하거나 태양광, 풍력발전소를 운영하는 소규모 신·재생에너지 발전사업자로부터 공급인증서(REC)를 구매하는 방식으로 이를 충족해야 한다.

응축잠열회수식(Condensing) 보일러에 대하여 설명하시오.

1 개요

일반 보일러는 동체 내에서의 이슬점을 피하기 위하여 배기가스 온도를 약 120℃ 이상으로 설계하여 배기가스 중에 많은 열을 포함한 채로 대기 중에 버려진다. 콘덴싱 보일러는 배기가스로 버려지는 높은 열을 열교환기에서 재흡수하여 배기가스에 포함된 수증기를 물로 응축시키는 과정에서 발생하는 응축열(잠열)을 회수하여 열효율을 높이는 방식이다.

2 콘덴싱 보일러의 원리

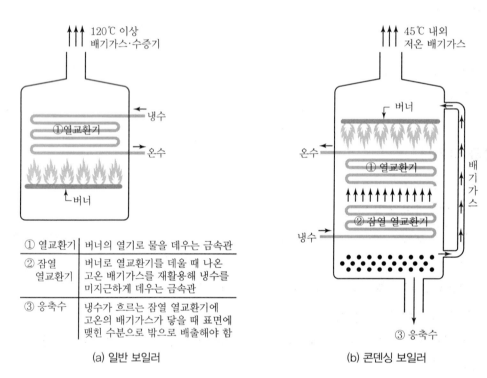

① 열교환기	버너의 열기로 물을 데우는 금속관
② 잠열 열교환기	버너로 열교환기를 데울 때 나온 고온 배기가스를 재활용해 냉수를 미지근하게 데우는 금속관
③ 응축수	냉수가 흐르는 잠열 열교환기에 고온의 배기가스가 닿을 때 표면에 맺힌 수분으로 밖으로 배출해야 함

(a) 일반 보일러   (b) 콘덴싱 보일러

▎일반 보일러와 콘덴싱 보일러 기술 비교 ▎

① 연통을 통해 외부로 배출되는 배기가스의 열을 밖으로 바로 보내지 않고 한번 더 이용함으로써 기존 보일러 대비 열효율이 10~20% 정도 높아지면서 가스비 절감이 가능하다.
② 에너지 사용이 적은 만큼 탄산가스 발생과 NOx까지 줄이는 친환경 제품이다.

③ 배기가스 중의 수증기는 539kcal/kg의 잠열을 포함하고 있어 일반 보일러는 이 잠열을 그대로 밖으로 방출하지만 콘덴싱 보일러는 수증기가 물로 응축되면서 발생하는 539kcal/kg의 잠열을 회수하여 활용한다. 즉, 콘덴싱 보일러는 수증기가 응축하며 생기는 잠열을 흡수해 물을 데우는 데 사용해 열손실을 줄이는 제품이다.

④ 일반 보일러는 버너가 보일러 아래에 달려 있어서 연소가스가 열교환기를 지나는 냉수를 온수로 데우고 120℃로 외부에 배출되지만, 콘덴싱 보일러는 버너가 보일러 위쪽에 달려 있어서 고온의 배기가스가 곧바로 배출되지 않고 보일러 아래쪽으로 내려가서 잠열 열교환기를 지나는 냉수를 다시 한번 미지근하게 만든 뒤 45℃ 안팎으로 낮아진 상태로 밖으로 배출된다. 이 과정에서 낮춰진 온도만큼 에너지 효율이 올라간 셈이다.

③ 콘덴싱 보일러의 특징

① 친환경적이다.
② 일반 보일러 대비 효율이 좋다.
③ 가스비를 절감한다.
④ 대기오염물질을 저감한다.(저 NOx 제품의 경우)
⑤ 저 NOx 제품 설치 시 보조금 지원을 받을 수 있다.(시, 도에 따라 다를 수 있음)
⑥ 버너가 보일러 상부 또는 아래에 있다.
⑦ 열교환기가 두 부분으로 나뉘어 있다.(제1열교환기 : 현열부, 제2열교환기 : 잠열부)
⑧ 연통 설치방법이 일반 보일러와 달라 기존 일반 보일러의 연통을 재사용할 수 없다.(일반 가스 보일러는 연통이 상향, 콘덴싱은 하향)
⑨ 응축수 배출장치가 필요하다.
⑩ 가격이 비싸다.

④ 결론

콘덴싱 보일러는 배기가스에 포함된 수증기를 물로 응축하는 과정에서 발생하는 잠열을 활용하기 때문에 일반 보일러보다 에너지 효율을 높이는 기술로 에너지 사용이 적은 만큼 탄산가스 발생과 NOx까지 줄이는 친환경 제품이다. 이런 이유로 유럽에서는 콘덴싱 보일러 설치를 의무화하고, 우리나라 또한 보일러 연비를 절감하고 탄산가스 발생을 줄이고자 2009년부터 20가구 이상 공동주택 신축 시 콘덴싱 보일러 설치를 의무화하였으며, 현재 국내의 콘덴싱 보일러 보급률은 20% 수준이다. 서울시는 현재 가정용 일반 보일러를 콘덴싱 보일러로 교체하면 보일러 1대당 16만 원씩 최대 1,000대의 보일러 교체비용을 지원하는 등 보급 활성화를 추진하고 있다.

> **제로에너지빌딩(ZEB : Zero-Energy Building)에 대하여 설명하시오.**

☑ 제로에너지빌딩

① 단열재, 이중창 등을 적용하여 건물 외피를 통해 외부로 손실되는 에너지양을 최소화하고 태양광 · 지열과 같은 신 · 재생에너지를 활용하여 냉난방 등에 사용함으로써 에너지 소비를 최소화하는 건물을 말한다.

② 사전적으로 건물의 사용 에너지와 생산 에너지의 합이 최종적으로 0(Net Zero)이 되는 건축물을 의미하지만, 현재의 기술 수준 · 경제성 등을 고려하여 정책적으로는 에너지 소비를 최소화하는 건축물을 의미한다.

☑ 제로에너지빌딩 추진배경

① 건축물 분야는 전 세계적으로 가장 많은 에너지를 소비하며 지속적으로 증가하는 추세이다.(2010년 기준으로 1971년 대비 2배 증가)

② 에너지 효율 향상이 되지 않을 경우 건축물과 에너지 사용 설비의 지속적인 증가로 2050년까지 50% 증가가 예상된다.(IEA 2013, IPCC 2014)

③ 이에 따라 최근 건축물 에너지 절감 및 온실가스 감축에 획기적으로 기여할 수 있는 혁신적인 건물로서 제로에너지빌딩에 대한 관심이 높아지고 있다.

☑ 제로에너지빌딩 기술

제로에너지빌딩을 실현시키는 기술은 패시브(Passive) 기술과 액티브(Active) 기술로 정리된다.

1) 패시브 기술

① 자연환기
② 고성능 창문(또는 고성능 창호)
③ 고기밀
④ 외단열
⑤ 외부차양
⑥ 자연채광
⑦ 옥상녹화

2) 액티브 기술

① 고효율 보일러

② 폐열회수 환기장치

③ 고효율 가전기기

④ 고효율 LED 조명

⑤ 태양광발전

⑥ 풍력발전

⑦ 연료전지

⑧ 지열을 이용한 냉난방장치

⑨ 태양열을 이용한 냉난방장치

⑩ 건물에너지관리시스템

3) 건물에너지관리시스템

두 기술과 더불어 건물에너지관리시스템(BEMS : Building Energy Management System)을 병행 적용하면, 건물 내 에너지 사용량을 실시간으로 모니터링하고 최적화하여 에너지 효율을 더욱 높일 수 있다.

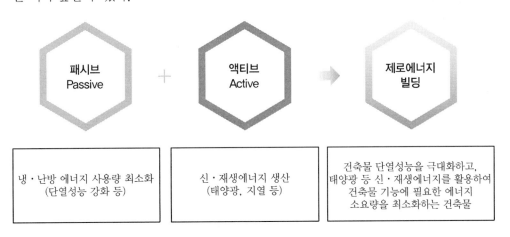

4 인증제도

우리나라는 2017년 1월부터 제로에너지건축물 인증제를 시행하고 있다. 건물의 자체 에너지 소비량 최소화 정도를 평가하여 ZEB 인증을 1~5등급으로 부여하며, 용적률 완화 등 인센티브를 제공한다.

1) 추진근거

① 「녹색건축물 조성 지원법」 제17조(건축물의 에너지효율등급 인증 및 제로에너지건축물 인증)

② 「녹색건축물 조성 지원법 시행령」 제10조(에너지 절약계획서 제출 대상 등)

2) 제로에너지건축물 인증 대상

모든 용도의 신축 및 기축 건축물이 인증받을 수 있으며, 건축물 효율등급 대상과 동일하다.

5 인센티브

1) 건축기준 완화

① 용적률, 건축물의 높이 등 건축기준 최대 15% 완화
② 법 및 조례에서 정하는 기준 용적률·건축물 최고높이에 대하여 인증등급에 따른 완화비율 적용(「녹색건축물 조성 지원법」 제15조, 건축물의 「에너지절약설계기준」 제17조)

인증 등급	건축기준 최대 완화 비율	비고
ZEB 1	15%	에너지 자립률이 100% 이상
ZEB 2	14%	에너지 자립률이 80% 이상~100% 미만
ZEB 3	13%	에너지 자립률이 60% 이상~80% 미만
ZEB 4	12%	에너지 자립률이 40% 이상~60% 미만
ZEB 5	11%	에너지 자립률이 20% 이상~40% 미만

공조와 냉동에 사용되는 냉매는 세계적인 환경규제에 의하여 대체로 자연냉매 → CFC(Chloro Fluoro Carbon, 염화불화탄소, 프레온 가스) → HCFC(Hydro Chloro Fluoro Carbon, 수소화염화불화탄소) → HFC(Hydro Fluoro Carbon, 수소화불화탄소) → LGWP(Low Global Warming Potential, 저지구온난화지수) 냉매 → 자연냉매로 바뀌는 경향을 보이고 있다. 이와 같은 변경과정 마다의 요인과 앞으로 사용될 자연냉매에 대하여 설명하시오.

1 개요

최근 지구온난화 문제로 인해 지구온난화지수(GWP : Global Warming Potential)가 높은 냉매에 대한 국제적인 규제가 강화되고 있다. 이에 대체 프레온 냉매에서 저 GWP, 비 프레온 냉매로의 전환이 진전되고 있다. 우리나라도 「대기환경보전법」에 따라 냉매 누출 방지와 회수, 재활용 등에 관한 법률을 시행하며 지구온난화물질 배출을 줄이고자 노력하고 있다. 국내에서 주로 사용되는 냉매는 세계적인 냉매 규제 물질인 HCFC, HFC 계열로 규제가 본격화되면서 냉동공조 분야에서 타격을 입을 수밖에 없는 상황이다. 이미 선진국은 냉매 규제에 대비한 4세대 냉매(HFO 계열, 자연냉매) 개발에 박차를 가하고 있고 일부는 상품화되어 시장에 나왔다.

2 냉매의 변천 과정

1) 자연냉매(1세대 냉매)

합성냉매를 쓰기 이전의 냉매로 물이나 NH_3, CO_2 등을 사용했고 태생적 한계(NH_3 독성 · 폭발성, CO_2 고압) 때문에 대안으로 개발된 것이 CFC 계열 냉매다. 현재도 냉동창고와 냉동용으로 많이 사용되고 있다.

2) CFC 계열(2세대 냉매)

① 흔히 프레온 가스라 알려진 것으로 냉장고의 냉매로 주로 쓰였다가, 오존층 파괴를 일으킨다는 것이 알려져 2010년 이후로는 전 세계적으로 사용이 금지되었다. 또한 20세기 최악의 발명품 중 하나로 손꼽히고 있다.

② R-11, R-12, R-113, R-114 등이 있으며 2009년 생산을 마지막으로 사라졌다.

③ R-11(터보냉동기)은 R-123로, R-12(냉장고, 정수기, 자동차 에어컨)는 R-134a로 대체되었다.

3) HCFC 계열(2.5세대 냉매)

① 수소분자가 성층권에 도달하기 전 염소분자와 결합하여 오존층 파괴를 줄여준다. 실제로 ODP를 살펴보면 CFC의 1~5% 수준이다. 하지만 덜 파괴하는 것이지 안 파괴하는 것이 아니기 때문에 2013년부터 규제가 발표되어 몬트리올 의정서에 따라 2030년까지 완전 퇴출될 예정이다.

② HCFC 계열 냉매도 오존층 파괴 물질인 프레온 가스로 몬트리올 의정서에 의해 규제되고 있다. 가장 대표적인 냉매로는 R-22(일반 가정용 에어컨에 사용)가 있으며 R-123, R-124 등이 있다. HCFC는 CFC의 대체냉매는 아니고 단지 시간차가 있을 뿐이다.

4) HFC 계열(3세대 냉매)

① HFC 계열 냉매는 염소분자가 없어서 오존층을 파괴하는 일은 없지만 여전히 GWP(Global Warming Potential, 지구온난화지수) 수치가 낮지는 않다.

② 오존층 파괴문제가 이슈화되면서 CFC/HCFC를 대체하는 냉매로 대두되었다. 대표적인 냉매로는 자동차 에어컨, 가정용 냉장고에 사용되는 R-134a, 천장형 에어컨에 사용되는 R-410A, 냉동탑차에 사용되는 R-404A 등이 있다.

③ HFC 계열 냉매는 교토 의정서에 6대 지구온난화물질 중 하나로 분류되었으나 교토 의정서에는 강제성이 없어 사용이 가능했다. 1987년 몬트리올 의정서에 의해 오존층 파괴 규제 물질로 규정됨에 따라 선진국은 2020년, 개발도상국은 2030년 이후에는 사용이 금지될 예정이다.

5) LGWP 냉매(4세대 냉매)

(1) HFO(Hydrofluoroolepin, 수소불화올레핀)

① 오존층파괴지수(ODP : Ozone Depletion Potential)가 0이고, 지구온난화지수(GWP : Global Warming Potential)도 4 이하이며, 약가연성(A2 Level)이다.

② HFO-1234yf 기준으로 GWP가 낮아 미국과 유럽에서 사용을 권장하고 있다. 탄소의 이중결합이라는 특성을 가지고 있어서 약한 가연성을 가지고 있다.

③ HFO 계열 냉매(Low GWP)는 자연냉매의 근본적인 제한 사항으로 차세대 냉매로 강력히 대두되고 있다. 초기 시장단계인 점을 감안한다면 세계적인 냉매 규제가 본격화되면 높은 성장 가능성을 내재하고 있다. 이미 일부 HFO 계열 냉매가 연구개발을 마치고 생산을 시작했으나 가격적인 면에서 부담을 안고 있다.

④ HFO-1234yf, HFO-1234ze 등이 있으며 기존 냉매에 비해 비싸고 불에 탈 수도 있는 단점이 있지만 온실가스 배출이 거의 없고, 에너지 효율성이 높은 장점이 있다.

(2) 자연냉매

① 물, 암모니아, 질소, 이산화탄소, 프로판, 부탄 등은 인공화합물이 아니고 지구상에 자연적으로 존재하는 물질이므로 자연냉매라 하며, 지구 환경에 추가적으로 악영향을 미치지 않기 때문에 냉매로서 적용하는 것이 적극적으로 검토되고 있다. 오존층 문제가 제기되기 전까지 CFC 냉매에 비하여 자연냉매가 잘 활용되지 않은 이유는 그 나름대로의 문제점이 있었기 때문이다.

② CO_2 냉매는 선박, 창고 등과 같은 대형 공조시스템과 차량용 공조시스템에 사용된다. 불가연성, 무독성, 자연냉매이면서 가격도 저렴하다. 체적용량이 커 시스템의 소형화가 가능하며 재활용 조치도 불필요하다. 하지만 고압 작동영역으로 신규개발비 투자가 필요하고 고압 작동으로 인한 안전성, 이산화탄소 중독 등의 문제를 해결해야 한다.

③ 결론

현재는 시기적으로 대체 프레온에서 저 GWP 냉매, 비 프레온 냉매로 바뀌는 과도기라고 할 수 있다. GWP 값이 낮은 HFO 혼합제나 자연냉매로의 전환이 진전되고 있으며, 신 냉매의 등장과 도입은 세계적으로 냉매 분야에 큰 변화를 가져올 것이다. 신 냉매 사용에 대한 새로운 규제와 기준이 등장할 것이고, 이를 안전하게 사용하게 할 수 있는 기술이 요구될 것이다. 또한 사용 조건이 다른 여러 공조기기에 적합한 각각의 현실적인 대체냉매가 아직 나오지 않은 분야도 있어 현재로서는 전반적으로 기술적, 제도적 진전이 필요한 상황이다.

응축 열전달에 대해 설명하시오.

1 개요

① 응축이란 어떤 물질이 일정한 온도 또는 압력 조건에서 기체 상태로 존재하다가 포화 조건보다 낮은 온도 또는 높은 압력이 주어지면 더 이상 기체로 존재하지 못하고 액체로 변화하면서 열에너지를 방출하는 과정을 말한다.

② 응축기, 냉각코일, 방열기 등에서의 열전달 형태이다.

③ 응축에는 막상(膜狀) 응축, 적상(滴狀) 응축의 2가지 형태가 있다.

2 막상 응축

① 응축성 증기와 접하고 있는 수직 평판의 온도가 증기의 포화온도보다 낮으면 표면에서 증기의 응축이 일어나고, 응축된 액체는 중력에 의해 평판상을 흘러 떨어지게 된다. 이때 액체가 평판 표면을 적시면, 응축된 액체는 매끈한 액막을 형성하며 평판을 따라 흘러내리게 된다. 이것을 막상 응축이라 한다.

② 액체 응축액이 중력하에 관 표면을 흐르는 액체의 막 또는 연속층을 형성하고 증기와 관벽 사이에 생기는 액체층이 열흐름에 저항을 주고 이것이 열전달계수의 크기로 나타난다.

③ 막상 응축에서는 응축액체가 냉각면 위를 연속된 얇은 막상을 이루며 흘러내린다. 고체면상을 증기가 응축할 때 응축된 액이 박막상으로 형성되고, 통상 중력이나 다른 외력의 작용으로 흘러내리는 응축형태이다.

④ 액막 두께가 평판 밑으로 내려갈수록 증가하는데, 액막 내에는 온도구배가 존재하므로 그 액막은 전열저항이 된다.

3 적상 응축

① 적상 응축이 일어나는 동안 관 표면의 상당부분이 무시할 정도의 열저항을 가진 아주 얇은 액체막으로 많이 덮여진다. 이 때문에 표면의 열전달계수는 아주 커서 적상 응축에 대한 평균계수는 막상 응축 시의 5~8배가 된다.

② 응축 액체의 젖기 어려운 냉각면 위에 적상으로 응축이 일어나 액적(液滴)의 성장과 합체에 의해 액적이 커져, 최종에는 낙하하는 사이클을 되풀이한다.

③ 액적의 낙하에 따른 전열면의 청소작용에 의해 전열면이 노출되므로 적상 응축에서의 열전달률은 막상 응축보다 두드러지게 높아진다.

④ 응축액이 평판 표면을 적시기 어려운 경우에 응축액은 표면장력의 작용으로 작은 액적의 형태로 면에 부착되는데 그 응축형태를 적상 응축이라고 하며, 극히 높은 열전달률이 얻어진다. 적상 응축의 열전달률에 영향을 주는 요인으로 증기의 종류, 면의 상태, 형상, 증기의 유동상태 등을 들 수 있다.

4 결론

① 적상 응축은 막상 응축의 경우에 비해 큰 열전달 성능이 기대되어 많은 연구가 이루어졌으나, 실제로 이를 구현하는 데에는 큰 어려움이 있는 관계로 아직도 실용화되지 않고 있다.

② 적상 응축을 구현하려면 벽면의 적심을 조절할 수 있어야 하는데, 현실적으로 이를 구현할 만한 신뢰성 있는 방법이 알려져 있지 않다. 표면의 적심을 방지하는 여러 가지 방법들이 제안되고는 있으나, 사용 기간이 오래 지나거나 벽면의 과냉도가 커지는 경우에는 적상 응축이 막상 응축으로 변화해 가므로 실제 응축장치는 열전달 성능이 낮은 막상 응축을 기준으로 설계되고 있다.

③ 적상 응축의 경우에는 평판상이 대부분 증기와 접하고 있으며, 증기에서 평판으로의 전열에 대한 액막의 열저항은 존재하지 않으므로 높은 전열량을 얻을 수 있는데, 실제의 경우에 전열량은 막상 응축의 약 7배 정도이다.

④ 열전달 관점에서는 적상 응축이 바람직하나, 대부분의 고체 표면은 응축성 증기에 노출되면 젖기 쉬우며 적상 응축을 장시간 유지하는 것도 곤란하다. 따라서 적상 응축을 장시간 유지하기 위하여 고체 표면에 코팅 처리를 하거나 증기에 대한 첨가제를 사용하고 있는 실정이나 그다지 효과는 없다.

습구온도와 단열포화온도를 비교하여 설명하시오.

1 습구온도

① 온도계의 끝을 거즈(gauze)로 싸고 거즈의 끝을 물에 담가 공기 중에 놓아두면 젖은 거즈로부터 수증기가 증발하면서 증발열을 온도계로부터 뺏어가기 때문에 온도계의 온도는 공기온도보다 낮아진다. 이때 젖은 거즈로 둘러싼 온도계가 가리키는 온도를 습구온도라 한다.

② 습구온도는 불포화공기에서는 건구온도보다도 낮고 노점보다도 높지만, 포화공기에서는 건구온도와 같다.

③ 상대습도가 100%라면 습구온도계에서 증발이 일어나지 않기 때문에 건구온도와 습구온도가 같다.

④ 습구온도와 건구온도의 차이 값을 통해 대기의 상대습도를 계산할 수 있다. 물이 증발하면서 열을 빼앗아가기 때문에 습구온도는 건구온도에 비해 대체로 값이 낮다.

⑤ 건구온도와 습구온도의 차가 클수록 그 주위 공기의 상대습도는 낮고, 건구온도와 습구온도가 같으면 공기는 포화상태에 있음을 알 수 있다.

⑥ 습구온도는 수증기압, 상대습도, 불쾌지수 등을 나타내는 경우에 주로 사용한다. 습구온도와 건구온도의 차이가 클수록 습도가 낮다.

습구 온도(℃)	건구와 습구의 온도차(℃)										
	0	1	2	3	4	5	6	7	8	9	10
18	100	91	83	75	68	62	56	50	45	41	37
19	100	91	83	76	69	62	57	51	47	42	38
20	100	91	83	76	69	63	58	52	48	43	39
21	100	92	84	77	70	64	58	53	49	44	40
22	100	92	84	77	71	65	59	54	50	45	41
23	100	92	84	78	71	65	60	55	51	46	42
24	100	92	85	78	72	66	61	56	51	47	43
25	100	92	85	78	72	67	62	57	52	48	44
26	100	92	86	79	73	67	62	57	53	49	45
27	100	93	86	79	73	68	63	58	54	50	46

② 단열포화온도

① 단열된 용기 내에서 물이 포화습공기와 같은 온도로 되어 공존할 때의 온도, 즉 완전히 단열된 Air Washer와 같은 밀폐용기를 사용하여 공기를 포화시킬 때 출구공기의 온도를 단열포화온도라 한다.

② 풍속이 5m/s 이상인 기류 중에 놓인 습구온도계의 눈금은 단열포화온도와 같으며 열역학적 습구온도라고도 한다.

③ 물 묻힌 거즈를 감싼 감온부 주위에 풍속 5m/s 이상의 바람을 공급하면 물이 증발하면서 온도가 낮아지다가 어느 정도가 되면 평형을 이룬다. 이때의 온도를 습구온도라 하고, 단열포화온도와 같다.

④ 습공기를 단열가습하여 습구온도 일정선을 따라 포화시킨 온도이며, 공기가 단열상태로 물과 접촉하면 물의 온도와 같은 온도의 포화공기로 된다.

> **TIP** 단열포화의 조건
> • 수량이 공기량에 비해 충분할 것. 즉 대량의 수량과 일정 공기가 접촉할 것
> • 계 내가 단열되어 있을 것
> • 유입 공기의 상태는 일정하게 지속되면서 물의 초기 온도와 상관없이 충분한 시간이 경과한 후에 물은 어느 일정 온도에 도달한다.

「건축물의 냉방설비에 대한 설치 및 설계기준」에 의한 건축물의 중앙집중 냉방설비 설치 시 설치기준에 대하여 설명하시오.

1 개요

정부는 대형 건축물의 냉방설비 중 전기식 냉방기 보급을 억제해 하절기 전력피크를 낮추기 위해 「건축물의 냉방설비에 대한 설치 및 설계기준」을 도입하여 시행하고 있다. 이 기준에 따르면 건축물에 중앙집중 냉방설비를 설치할 때 해당 건축물에 소요되는 주간 최대 냉방부하의 60% 이상을 수용할 수 있는 용량의 죽랭식 또는 가스를 이용한 중앙집중 냉방방식으로 설치토록 하고 있다.

2 관련 법규

「건축물의 냉방설비에 대한 설치 및 설계기준」

[시행 2017. 3. 31.] [산업통상자원부고시 제2017-47호, 2017. 3. 31. 일부개정]

제1장 총칙

제1조(목적) 이 고시는 에너지이용합리화를 위하여 건축물의 냉방설비에 대한 설치 및 설계기준과 이의 시행에 필요한 사항을 정함을 목적으로 한다.

제2조(적용범위) 이 고시는 제4조의 규정에 따른 대상 건축물 중 신축, 개축, 재축 또는 별동으로 증축하는 건축물의 냉방설비에 대하여 적용한다.

제3조(정의) 이 고시에서 사용하는 용어의 정의는 다음 각 호와 같다.

    1. "축랭식 전기냉방설비"라 함은 심야시간에 전기를 이용하여 축랭재(물, 얼음 또는 포접화합물과 공융염 등의 상변화물질)에 냉열을 저장하였다가 이를 심야시간 이외의 시간(이하 "그 밖의 시간"이라 한다)에 냉방에 이용하는 설비로서 이러한 냉열을 저장하는 설비(이하 "축열조"라 한다) · 냉동기 · 브라인펌프 · 냉각수펌프 또는 냉각탑 등의 부대설비(제6호의 규정에 의한 축열조 2차 측 설비는 제외한다)를 포함하며, 다음 각 목과 같이 구분한다.

        가. 빙축열식 냉방설비

        나. 수축열식 냉방설비

        다. 잠열축열식 냉방설비

    2. "빙축열식 냉방설비"라 함은 심야시간에 얼음을 제조하여 축열조에 저장하였다가 그 밖의 시간에 이를 녹여 냉방에 이용하는 냉방설비를 말한다.

3. "수축열식 냉방설비"라 함은 심야시간에 물을 냉각시켜 축열조에 저장하였다가 그 밖의 시간에 이를 냉방에 이용하는 냉방설비를 말한다.

4. "잠열축열식 냉방설비"라 함은 포접화합물(Clathrate)이나 공융염(Eutectic Salt) 등의 상변화물질을 심야시간에 냉각시켜 동결한 후 그 밖의 시간에 이를 녹여 냉방에 이용하는 냉방설비를 말한다.

5. "심야시간"이라 함은 23:00부터 다음 날 09:00까지를 말한다. 다만, 한국전력공사에서 규정하는 심야시간이 변경될 경우는 그에 따라 상기 시간이 변경된다.

6. "2차 측 설비"라 함은 저장된 냉열을 냉방에 이용할 경우에만 가동되는 냉수순환펌프, 공조용 순환펌프 등의 설비를 말한다.

7. "전체축랭방식"이라 함은 그 밖의 시간에 필요한 냉방열량의 전부를 심야시간에 생산하여 축열조에 저장하였다가 이를 이용하는 냉방방식을 말한다.

8. "부분축랭방식"이라 함은 그 밖의 시간에 필요한 냉방열량의 일부를 심야시간에 생산하여 축열조에 저장하였다가 이를 이용하는 냉방방식을 말한다.

9. "축열률"이라 함은 통계적으로 연중 최대 냉방부하를 갖는 날을 기준으로 그 밖의 시간에 필요한 냉방열량 중에서 이용이 가능한 냉열량이 차지하는 비율을 말하며 백분율(%)로 표시한다.

10. "이용이 가능한 냉열량"이라 함은 축열조에 저장된 냉열량 중에서 열손실 등을 차감하고 실제로 냉방에 이용할 수 있는 열량을 말한다.

11. "가스를 이용한 냉방방식"이라 함은 가스(유류포함)를 사용하는 흡수식 냉동기 및 냉 · 온수기, 가스엔진구동 열펌프시스템을 말한다.

12. "지역냉방방식"이라 함은 집단에너지사업법에 의거 집단에너지사업허가를 받은 자가 공급하는 집단에너지를 주열원으로 사용하는 흡수식 냉동기를 이용한 냉방방식과 지역냉수를 이용한 냉방방식을 말한다.

13. "신 · 재생에너지를 이용한 냉방방식"이란 「신에너지 및 재생에너지 개발 · 이용 · 보급 촉진법」 제2조에 의해 정의된 신 · 재생에너지를 이용한 냉방방식을 말한다.

14. "소형 열병합을 이용한 냉방방식"이라 함은 소형 열병합발전을 이용하여 전기를 생산하고, 폐열을 활용하여 냉방 등을 하는 설비를 말한다.

제2장 냉방설비의 설치기준

제4조(냉방설비의 설치대상 및 설비규모) "건축물의 설비기준 등에 관한 규칙" 제23조 제2항의 규정에 따라 다음 각 호에 해당하는 건축물에 중앙집중 냉방설비를 설치할 때에는 해당 건축물에 소요되는 주간 최대 냉방부하의 60% 이상을 심야전기를 이용한 축랭식, 가스를 이용한 냉방방식, 집단에너지사업허가를 받은 자로부터 공급되는 집단에너지를 이용한 지역냉방방식, 소형 열병합발전을 이용한 냉방방식, 신 · 재생에너지를 이용한 냉방방식, 그 밖에 전기를

사용하지 아니한 냉방방식의 냉방설비로 수용하여야 한다. 다만, 도시철도법에 의해 설치하는 지하철역사 등 산업통상자원부장관이 필요하다고 인정하는 건축물은 그러하지 아니한다.

1. 건축법 시행령 별표1 제7호의 판매시설, 제10호의 교육연구시설 중 연구소, 제14호의 업무시설로서 해당 용도에 사용되는 바닥면적의 합계가 3천제곱m 이상인 건축물

2. 건축법 시행령 별표1 제2호의 공동주택 중 기숙사, 제9호의 의료시설, 제12호의 수련시설 중 유스호스텔, 제15호의 숙박시설로서 해당 용도에 사용되는 바닥면적의 합계가 2천제곱m 이상인 건축물

3. 건축법 시행령 별표1 제3호의 제1종 근린생활시설 중 목욕장, 제13호의 운동시설 중 수영장(실내에 설치되는 것에 한정한다)으로서 해당 용도에 사용되는 바닥면적의 합계가 1천제곱m 이상인 건축물

4. 건축법 시행령 별표1 제5호의 문화 및 집회시설(동·식물원은 제외한다), 제6호의 종교시설, 제10호의 교육연구시설(연구소는 제외한다), 제28호의 장례식장으로서 해당 용도에 사용되는 바닥면적의 합계가 1만제곱m 이상인 건축물

제5조(축랭식 전기냉방의 설치) 제4조의 규정에 따라 축랭식 전기냉방으로 설치할 때에는 전체 축랭방식 또는 축열률 40% 이상인 부분축랭방식으로 설치하여야 한다.

제3장 축랭식 전기냉방설비의 설계기준

제6조(냉동기) ① 냉동기는 "고압가스 안전관리법 시행규칙" 제8조 별표7의 규정에 따른 "냉동제조의 시설기준 및 기술기준"에 적합하여야 한다.

② 냉동기의 용량은 제4조에 근거하여 결정한다.

③ 부분축랭방식의 경우에는 냉동기가 축랭운전과 방랭운전 또는 냉동기와 축열조의 동시운전이 반복적으로 수행하는 데 아무런 지장이 없어야 한다.

제7조(축열조) ① 축열조는 축랭 및 방랭운전을 반복적으로 수행하는 데 적합한 재질의 축랭재를 사용해야 하며, 내부청소가 용이하고 부식되지 않는 재질을 사용하거나 방청 및 방식처리를 하여야 한다.

② 축열조의 용량은 제5조에 근거하여 결정한다.

③ 축열조는 내부 또는 외부의 응력에 충분히 견딜 수 있는 구조이어야 한다.

④ 축열조를 여러 개로 조립하여 설치하는 경우에는 관리 또는 운전이 용이하도록 설계하여야 한다.

⑤ 축열조는 보온을 철저히 하여 열손실과 결로를 방지해야 하며, 맨홀 등 점검을 위한 부분은 해체와 조립이 용이하도록 하여야 한다.

제8조(열교환기) ① 열교환기는 시간당 최대 냉방열량을 처리할 수 있는 용량 이상으로 설치하여야 한다.

② 열교환기는 보온을 철저히 하여 열손실과 결로를 방지하여야 하며, 점검을 위한 부분은

해체와 조립이 용이하도록 하여야 한다.

제9조(자동제어설비) 자동제어설비는 축랭운전, 방랭운전 또는 냉동기와 축열조를 동시에 이용하여 냉방운전이 가능한 기능을 갖추어야 하고, 필요할 경우 수동조작이 가능하도록 하여야 하며 감시기능 등을 갖추어야 한다.

제4장 보칙

제10조(냉방설비에 대한 운전실적 점검) 냉방용 전력수요의 첨두부하를 극소화하기 위하여 산업통상자원부장관은 필요하다고 인정되는 기간(연중 10일 이내)에 산업통상자원부장관이 정하는 공공기관 등으로 하여금 축랭식 전기냉방설비의 운전실적 등을 점검하게 할 수 있다.

제11조(축랭식 전기냉방기기) ① "축랭식 전기냉방기기"라 함은 심야시간에 전기를 이용하여 축랭한 후 그 밖의 시간에만 냉방에 이용할 수 있는 소용량의 축랭식 냉방기기로서 이동형 냉방기 및 고정형 패키지에어컨 등을 말한다.

② 산업통상자원부장관이 필요하다고 인정하는 경우에는 제1항의 축랭식 전기냉방기기에 대하여도 축랭식 전기냉방설비와 동일한 적용을 받을 수 있다.

③ 제4조에 해당하는 건축물에 소요되는 최대 냉방부하의 60% 이상을 축랭식 전기냉방방식으로 산정할 경우 제1항의 축랭식 전기냉방기기가 수용할 수 있는 냉방용량을 포함할 수 있다. 다만, 최대 냉방부하의 10%를 초과해서는 아니 된다.

제12조(적용제외) 산업통상자원부장관은 축랭식 전기냉방설비에 관한 국산화 기술개발의 촉진을 위하여 필요하다고 인정하는 경우에는 제6조 내지 제9조의 일부 규정을 적용하지 아니할 수 있다.

제13조(운영세칙) 이 고시에 정한 것 이외에 이 고시의 운영에 필요한 세부사항은 산업통상자원부장관이 따로 정한다.

제14조(재검토기한) 「훈령 · 예규 등의 발령 및 관리에 관한 규정」(대통령훈령 제334호)에 따라 이 고시 발령 후의 법령이나 현실여건의 변화 등을 검토하여 이 고시의 폐지, 개정 등의 조치를 하여야 하는 기한은 2020년 3월 31일까지로 한다.

냉매액이 압축기에 흡입되는 원인과 대책에 대하여 설명하시오.

1 액백(Liquid Back)

압축기는 본래 냉매가스를 압축하는 목적으로 설계 제작되어 있으나, 실제 운전 중에는 액냉매나 윤활유가 실린더에 들어오는 것을 피하기 어렵다. 이렇게 흡입가스와 혼합된 액냉매가 연속적으로 압축기에 유입되는 현상을 액백(Liquid Back)이라 한다. 압축기에 액냉매나 윤활유가 존재하는 상태에서 기동하게 되면, 케이스 내의 압력이 급격히 낮아져 냉매와 윤활유 용액이 맹렬히 거품을 일으키면서 다량의 기포상 혼합물이 실린더로 유입된다.

2 액백의 원인

① 히트펌프에서 냉방과 난방의 절환 시나 제상 사이클의 개시 등과 같이 급격한 운전 조건의 변화가 있을 경우
② 압축기의 급격한 부하 변동 시
③ 증발기에서 냉동부하가 급격히 감소될 때
④ 겨울철 외기온도가 낮고 냉동장치의 정지 중 압축기 흡입관 내에 냉매가스가 응축하여 액상으로 고였다가 압축기 기동 시 액으로 흡입될 때
⑤ 팽창밸브 개도가 클 경우
⑥ 액분리기 기능이 불량한 경우
⑦ 증발기 용량이 작은 경우
⑧ 감온식 팽창밸브 사용 시 감온통의 부착위치가 부적합한 경우
⑨ 냉매 과충전 시

3 액백의 영향

① 흡입관 및 실린더에 상이 붙는다.
② 토출밸브 및 실린더 헤드 손상의 우려가 있다.
③ 압축기 이상음이 발생한다.
④ 소요동력이 증대한다.
⑤ 냉동능력이 감소한다.
⑥ 토출가스 온도가 저하한다.

4 액백의 방지대책

① 적정량의 냉매 봉입량을 준수한다.(불필요한 과다 봉입에 주의)

② 압축기 정지 시 크랭크케이스를 가열해 액냉매의 유입을 방지한다.

③ 액분리기(Accumulator)를 압축기 입구에 설치하여 Liquid Back을 흡수한다.

④ 펌프다운(Pump Down) 제어(대형 기종에서 전자밸브를 사용하여 압축기의 정지 직전에 증발기의 액냉매를 뽑아내는 운전) 방식을 사용한다.

⑤ 증발기의 냉동부하를 급격하게 변화시키지 않는다.

⑥ 냉동부하에 비해 과대한 능력의 압축기를 사용하지 않는다.

⑦ 팽창밸브 개도를 조정한다.

이산화탄소(CO_2)는 열펌프의 냉매로 사용되고 있고, 물(H_2O)은 흡수식 냉동기의 냉매로 사용되고 있다. 다음 물음에 답하시오.
1) 이산화탄소가 고체, 액체, 기체 상태로 되기 위한 조건과 상온에서 액체 상태로 용기에 저장할 수 있는 방법을 CO_2의 상평형 곡선을 그려서 설명하시오.
2) 물의 상평형 곡선을 그리고, 응고점, 삼중점, 비등점, 임계점을 표시하여 각각에 대하여 설명하시오.

1 상평형

한 물질의 여러 상들이 동적 평형을 이루고 있는 상태로 물질의 세 가지 상태는 온도와 압력에 따라 결정된다. 즉, 온도와 압력 조건에 따라 두 가지 이상의 상태가 평형을 이룰 수 있다.

2 상평형 곡선

온도와 압력에 따른 물질의 상태를 그래프로 나타낸 것으로 경계선 위에 있는 점은 공존상태를 의미한다. 액체와 기체의 경계를 이루는 선 위에 점이 놓이면 액체와 기체상태가 공존하고 있는 상태이며 이 경계선에서는 액체가 기체로 되는 증발속도와 기체가 액체로 되는 응축속도가 동적평형을 이루는 것을 의미하고, 이 선을 증기압 곡선이라 부른다.

① 융해 곡선 : 고체와 액체가 평형을 이루는 온도와 압력에 해당하는 점을 연결한 곡선
② 증기압력 곡선 : 액체와 기체가 평형을 이루는 온도와 압력에 해당하는 점을 연결한 곡선
③ 승화 곡선 : 고체와 기체가 평형을 이루는 온도와 압력에 해당하는 점을 연결한 곡선
④ 삼중점(Triple Point) : 세 곡선이 만나는 점으로 고체, 액체, 기체의 세 가지 상이 평형을 이루어 함께 존재하는 점
⑤ 임계점(Critical Point) : 증기압 곡선이 끊기는 지점을 말하며 그 이상은 액체도 기체도 아닌 상태이며 초임계상태라 부른다. 이때의 온도와 압력을 임계온도, 임계압력이라 부르며 임계온도보다 높은 온도일 때는 아무리 압력을 올려도 기체가 액체나 고체로 되지 않고 그냥 기체에서 초임계유체(Supercrital Fluid)로 되는 것이다.

3 물과 이산화탄소의 상평형 곡선

물의 상평형 곡선과 이산화탄소의 상평형 곡선은 융해곡선의 기울기가 서로 다르다. 물의 경우 음

의 기울기를 가지며 압력이 높아지면 얼음의 녹는점이 낮아진다. 이산화탄소는 양의 기울기를 가진다. 물은 일정 온도에서 압력을 높이면 고체에서 액체로 된다. 물의 경우 고체가 액체보다 밀도가 낮다. 즉, 고체상태에서 압력을 높이면 액체가 될 수 있다는 이야기다. 이산화탄소의 경우는 기울기가 양의 값을 가지게 되어 고체상태에서 아무리 압력을 높여도 고체상태를 유지한다. 이는 물의 밀도 차이 때문이라고 생각하면 된다.

1) 물의 상평형 곡선

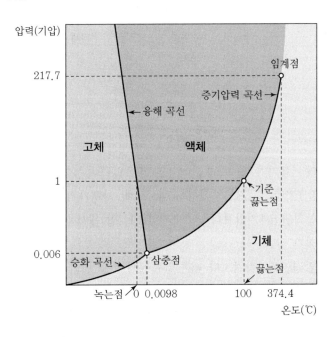

① 압력이 1기압인 점에서 가로로 직선을 그었을 때 융해 곡선과 만나는 점이 녹는점(어는점)이고, 증기압력 곡선과 만나는 점이 끓는점이다.

② 삼중점의 압력(0.006기압)보다 낮은 압력에서 온도를 높이면 고체가 기체로 승화한다.

③ 삼중점의 압력(0.006기압)보다 높은 압력에서 온도를 높이면 고체 → 액체 → 기체로 상태가 변한다.

④ 융해 곡선의 기울기가 음(−)의 값이므로 외부 압력이 높아지면 녹는점(어는점)이 낮아진다. → 얼음에 압력을 가하면 얼음이 녹아 물이 된다.

⑤ 증기압력 곡선에서 압력이 높을수록 끓는점이 높아진다. → 산 위에서는 물이 100℃보다 낮은 온도에서 끓고, 압력솥에서는 물이 100℃보다 높은 온도에서 끓는다.

⑥ 삼중점인 0.006기압보다 낮은 압력에서는 고체인 얼음에서 기체인 수증기로 변하는 승화가 일어난다. → 라면 스프, 인스턴트 커피 등의 동결 건조에 이용한다.

⑦ 임계점인 374.4℃보다 높은 온도에서는 압력을 가해도 수증기가 물로 변하지 않는다.

2) 이산화탄소의 상평형 곡선

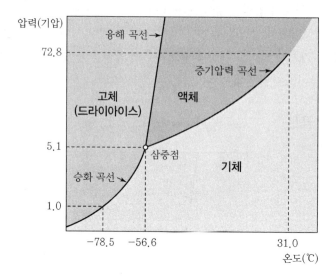

① 융해 곡선의 기울기가 양(+)의 값이므로 외부 압력이 높아지면 녹는점(어는점)이 높아진다.

② 삼중점인 5.1기압, −56.6℃에서 고체, 액체, 기체가 평형을 이룬다.

③ 삼중점의 압력인 5.1기압보다 낮은 1기압(대기압)에서 온도 변화 시 고체에서 바로 기체로 변하는 승화가 일어난다.

④ 삼중점의 압력인 5.1기압보다 높은 압력에서 온도 변화 시 이산화탄소는 고체 → 액체 → 기체로 상태변화가 일어난다.

⑤ 1기압, −78.5 ℃ 이하에서 고체상태로 존재하며(드라이아이스) −78.5℃ 이상에서 승화하므로 상온 상압상태에서 액체상태를 볼 수 없고, 5.1기압 이상에서 액체상태로 존재할 수 있다.

> **TIP** 승화성 물질
> • 승화 조건 : 물질은 삼중점 이하의 압력이나 온도에서 승화가 일어날 수 있음
> • 승화성 물질 : 1기압 조건에서 승화가 일어나는 물질, 즉 삼중점의 압력이 대기압인 1기압보다 큰 물질
>   예 드라이아이스(이산화탄소), 아이오딘, 나프탈렌

다층 벽체의 조건이 아래와 같을 때, 다음을 구하시오.

－조건－

- 내부온도 $t_i = 28\,℃$, 외부온도 $t_o = -14\,℃$
- 내부 대류열전달계수 $\alpha_i = 8\,\mathrm{W/m^2 \cdot ℃}$
- 외부 대류열전달계수 $\alpha_o = 20\,\mathrm{W/m^2 \cdot ℃}$
- 석고의 열전도율 $k_1 = 0.12\,\mathrm{W/m \cdot ℃}$, 두께 $L_1 = 0.08\,\mathrm{m}$
- 단열재의 열전도율 $k_2 = 0.04\,\mathrm{W/m \cdot ℃}$, 두께 $L_2 = 0.10\,\mathrm{m}$
- 콘크리트의 열전도율 $k_3 = 1.65\,\mathrm{W/m \cdot ℃}$, 두께 $L_3 = 0.30\,\mathrm{m}$
- 대리석의 열전도율 $k_4 = 2.1\,\mathrm{W/m \cdot ℃}$, 두께 $L_4 = 0.070\,\mathrm{m}$

1) 벽체의 총괄열전달계수(W/m² · ℃)
2) 단위면적당 열전달률(W/m²)
3) 단위면적당 열전달률을 8W/m² 이하로 하는 경우 필요한 단열재 최소 두께(m)

■ 벽체의 총괄열전달계수

$$K = \cfrac{1}{\dfrac{1}{\alpha_i} + \dfrac{l_1}{\lambda_1} + \dfrac{l_2}{\lambda_2} + \dfrac{l_3}{\lambda_3} + \dfrac{l_4}{\lambda_4} + \dfrac{1}{\alpha_o}}$$

$$= \cfrac{1}{\dfrac{1}{8} + \dfrac{0.08}{0.12} + \dfrac{0.1}{0.04} + \dfrac{0.3}{1.65} + \dfrac{0.07}{2.1} + \dfrac{1}{20}}$$

$$= \frac{1}{0.125 + 0.6667 + 2.5 + 0.1818 + 0.0333 + 0.05}$$

$$= \frac{1}{3.5568} = 0.2812\,\mathrm{W/m^2 \cdot ℃}$$

2 단위면적당 열전달률

$$0.2812 \text{W/m} \cdot ℃ \times [28 - (-14)] = 11.8104 \text{W/m}^2$$

3 단열재 최소 두께

$$\cfrac{1}{\dfrac{1}{8} + \dfrac{0.08}{0.12} + \dfrac{0.1}{0.04} + \dfrac{0.3}{1.65} + \dfrac{0.07}{2.1} + \dfrac{l}{0.04} + \dfrac{1}{20}} \times [28 - (-14)] = 8 \text{W/m}^2$$

$$\cfrac{1}{3.5568 + \dfrac{l}{0.04}} = 0.1905$$

$$3.5568 + \dfrac{l}{0.04} = 5.249$$

$$\therefore \ l = 0.0677 \text{m}$$

수랭식 냉동기의 정상운전 상태에서의 측정 결과가 아래와 같을 때, 다음을 구하시오.

－측정 결과－

- 냉수 유량 : 2,050LPM
- 냉수 입구온도 : 12.6℃
- 냉각수 유량 : 2,630LPM
- 냉각수 입구온도 : 30.6℃
- 압축기 동력 : 175.3kW
- 냉각수 펌프 동력 : 20.3kW
- 공기조화기 팬 동력 : 25.5kW
- 물의 밀도 : $\rho_w = 1,000\text{kg/m}^3$

- 냉수 압력 : 110kPa
- 냉수 출구온도 : 7.4℃
- 냉각수 압력 : 110kPa
- 냉각수 출구온도 : 35.8℃
- 냉수 펌프 동력 : 19.2kW
- 냉각탑 팬 동력 : 7.5kW
- 물의 비열 : $c_{pw} = 4.18\text{kJ/kg} \cdot ℃$

1) 냉동기만의 성적계수(COP)
2) 냉동기시스템의 성적계수(COP)
3) 냉동기에서의 에너지 평형 오차(%)

1 냉동기만의 성적계수

$$COP_R = \frac{Q_e}{AW} = \frac{2,050 \times 4.18 \times (12.6 - 7.4)}{175.3 \times 60} \fallingdotseq 4.24$$

$$Q_e = \frac{2,050 \times 4.18 \times (12.6 - 7.4)}{60} = 742.65\text{kW}$$

2 냉동기시스템의 성적계수

$$COP_{sys} = \frac{742.65}{175.3 + 19.2 + 20.3 + 7.5 + 25.5} \fallingdotseq 3.0$$

3 냉동기에서의 에너지 평형 오차

에너지 평형 오차 $= \dfrac{4.24 - 3.0}{4.24} \times 100(\%) = 29.2(\%)$

정압비열이 정적비열보다 큰 이유와 고체, 액체, 기체의 비열비에 대하여 설명하시오.

1 정압비열(c_p)과 정적비열(c_v)

$du = c_v dT$, $dh = c_p dT$에서

$$c_v = \frac{du}{dT}, \ c_p = \frac{dh}{dT}$$

정적과정에서는 온도 변화에 따라 내부에너지가 변화하고, 정압과정에서는 온도 변화에 따라 엔탈피가 변화한다.

2 정압비열과 정적비열의 관계

1) 정압비열과 정적비열의 크기 비교

정압하에 가스를 가열하는 경우

$Pv = RT$의 양변을 미분하면

$Pdv + vdP = RdT$이며 $P = C$, $dP = 0$이므로

$Pdv = RdT$

일반 에너지식 $\delta q = du + \delta w = du + Pdv$에

$du = c_v dT$, $\delta q = c_p dT$, $Pdv = RdT$를 대입하면

$c_p dT = c_v dT + RdT$

$c_p = c_v + R$

가스정수 $R > 0$이므로 정압비열이 정적비열보다 크다.($c_p > c_v$)

2) 비열비

정압비열 c_p를 정적비열 c_v로 나눈 값을 비열비(比熱比, Ratio of Specific Heat)라고 한다.

$$\kappa = \frac{c_p}{c_v}$$

$$c_p = \frac{\kappa}{\kappa - 1} R$$

$$c_v = \frac{1}{\kappa - 1} R$$

③ 고체, 액체, 기체의 비열비

① 비열 값은 실험을 통하여 얻는데 일정한 압력하에서 측정한 비열(정압비열, Specific Heat at Constant Pressure)과 일정한 부피 상태로 측정한 비열(정적비열, Specific Heat at Constant Volume)로 나눌 수 있다.

② 고체와 액체의 경우 두 비열 값의 차이가 거의 없으며 또 열을 가할 때 일정한 부피를 유지하도록 만들기 어렵기 때문에 정압비열을 그 물체의 비열로 한다.

③ 기체는 가열하면 열팽창에 의하여 외부 압력에 대해 일을 하게 되므로 압력이 일정한 경우와 부피가 일정한 경우의 비열이 달라지게 된다.

④ 부피를 일정하게 유지하면서 가열할 경우 가해진 열은 모두 용기 내 기체를 가열하는 데만 쓰여진다. 그러나 압력이 일정한 상태에서 가열하면 기체는 일정 압력을 유지하면서 팽창한 만큼의 일을 하게 된다. 즉, 가한 열의 일부는 내부 기체를 가열하고 일부는 피스톤을 밀어 올리는 일을 하는 데 사용되므로 정압비열은 항상 정적비열보다 크다.
- 1원자 분자 기체의 비열비 : 1.666
- 2원자 분자 기체의 비열비 : 1.4
- 3원자 분자 기체의 비열비 : 1.33

냉동기 부속기기 중 투시경(Sight Glass)에 대하여 ① 설치위치(그림으로 그릴 것), ② 수분 침입 확인방법, ③ 충전냉매의 적정량 확인방법에 대하여 각각 설명하시오.

1 투시경(Sight Glass)

1) 설치목적

냉매 중 수분의 혼입 여부(색깔로 구분)와 냉매 충전량의 적정 여부(기포로 구분)를 확인하기 위해 설치한다.

2) 설치위치

고압 액관상(응축기와 팽창밸브 사이)에 설치하며 응축기 또는 수액기 등의 가까운 쪽에 설치하는 것이 이상적이다.

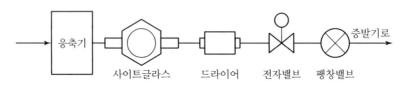

2 수분 침입 확인방법(Dry Eye)

① 건조 시 : 녹색
② 요주의 : 황록색
③ 다량 혼입 : 황색

3 충전냉매의 적정량 확인 방법(Sight Glass)

① 기포가 없을 때
② 투시경 내에 기포가 있어도 움직이지 않을 때
③ 투시경 입구 측에는 기포가 있으나, 출구 측에는 없을 때
④ 기포가 연속적으로 보이지 않고 가끔 보일 때

다음 그림과 같은 수평배관에서 물이 흐르고 있다. A, B 지점에 유리관을 세울 경우 어느 쪽의 유리관에 물이 많이 상승하는지 쓰고 그 이유를 설명하시오.(단, A, B 지점 사이의 마찰손실은 무시한다.)

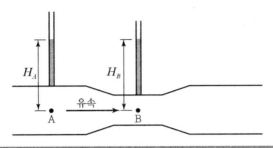

1 연속방정식

$$Q = A_A v_A = A_B v_B$$

① 굵기가 다른 두 곳에 연결된 유리관 속 유체의 높이차로 유체의 속력을 측정한다.

② 단면적이 큰 A 지점에서 속력이 느리고 단면적이 좁은 B 지점에서 속력이 빠르다.

$$v_A < v_B$$

2 베르누이 방정식

$$P_A + \rho g h_A + \frac{1}{2}\rho v_A{}^2 = P_B + \rho g h_B + \frac{1}{2}\rho v_B{}^2 = 일정$$

같은 선상을 흐르는 유체에서

$$P_A + \frac{1}{2}\rho v_A{}^2 = P_B + \frac{1}{2}\rho v_B{}^2$$

동압 증가분만큼 정압이 감소하므로 B 지점에서 유리관의 높이가 감소한다.

건구온도 $t_1 = 32℃$, 상대습도 $\phi_1 = 60\%$의 공기 300kg과 건구온도 $t_2 = 26℃$, 상대습도 $\phi_2 = 50\%$의 공기 700kg을 혼합할 때 혼합공기의 건구온도와 절대습도를 구하고, 공기선도상에 이를 그리시오.(단, $t_1 = 32℃$, $\phi = 60\%$일 때 절대습도 $x_1 = 0.0180$kg/kg′이고, $t_2 = 26℃$, $\phi = 50\%$일 때 절대습도 $x_2 = 0.0105$kg/kg′이다.)

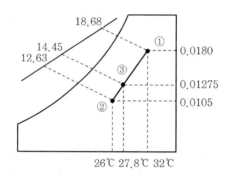

① 혼합공기 건구온도 = $\dfrac{300 \times 32 + 700 \times 26}{300 + 700} = 27.8℃$

② 혼합공기 절대습도 = $\dfrac{300 \times 0.0180 + 700 \times 0.0105}{300 + 700} = 0.01275\,\text{kg/kg}′$

③ 혼합공기 엔탈피

　外기의 엔탈피 $h_1 = 32 \times 0.24 + 0.0180(597 + 0.441 \times 32) = 18.68\,\text{kcal/kg}$

　실내공기 엔탈피 $h_2 = 26 \times 0.24 + 0.0105(597 + 0.441 \times 26) = 12.63\,\text{kcal/kg}$

　혼합공기 엔탈피 $h_3 = \dfrac{300 \times 18.68 + 700 \times 12.63}{300 + 700} = 14.45\,\text{kcal/kg}$

어느 공조기(AHU)에서 건구온도 및 상대습도가 26℃, 60%인 실내공기(상태 ②)가 건구온도 및 습구온도가 각각 32℃, 27℃인 외기(상태 ①)와 7 : 3의 비율로 혼합된 후(상태 ③) 냉각코일을 거쳐 AHU 출구(상태 ④)로 실내에 공급된다. 다음 물음에 답하시오.(단, 냉각코일을 거치는 제습과정은 상대습도 95% 선을 따라 변화하는 것으로 보며 재열은 없고 송풍기 및 덕트에서의 열취득도 무시한다.)

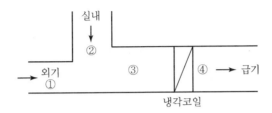

1) 실내의 현열 및 잠열 취득량이 각각 40,000kcal/h 및 10,000kcal/h라 할 때 냉방부하의 현열비(SHF 또는 Load−ratio)를 구하시오.
2) 공기 처리 Process를 습공기 선도상에 표시하시오.
3) 상태 ③의 건구온도, 습구온도, 절대습도(비습도) 및 엔탈피 값을 제시하시오.
4) 취출구 온도차로부터 필요 송풍량을 19,600kg/h로 구하였다. 이때 냉각코일의 용량(kcal/h)을 구하시오.

1 현열비(SHF)

$$\text{SHF} = \frac{q_s}{q_s + q_{L}} = \frac{40,000}{40,000 + 10,000} = 0.8$$

2 습공기 선도

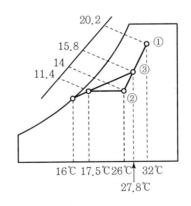

3 상태 ③의 물리량

① 건구온도 $= \dfrac{7 \times 26 + 3 \times 32}{7 + 3} = 27.8\ ℃$

② 습구온도 $= 22.6 ℃$

③ 절대습도 $x_3 = 0.015 \mathrm{kg/kg'}$

④ 엔탈피 $h_3 = 15.8 \mathrm{kcal/kg}$

4 냉각코일 용량

냉각코일 용량 $= 19,600(15.8 - 11.4) = 86,240 \mathrm{kcal/h}$

다음 그림과 같은 공기조화장치가 있다. 물음에 답하시오.

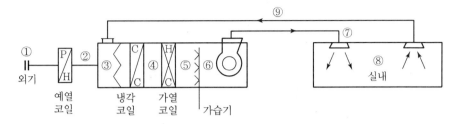

예열 코일 　 냉각 코일 　 가열 코일 　 가습기 　 실내

－ 냉방조건 －

- 실내 온습도 : 26℃ DB 55%RH
- 외기 온습도 : 32℃ DB 60%RH
- 실내 냉방부하 : 현열 68,000kcal/h
　　　　　　　　 잠열 28,000kcal/h
- 외기 도입량 : 6,000m³/h
- 취출온도차 : 10℃
- 급기덕트 및 송풍기에서의 온도 상승 1℃
- 환기덕트에서의 공기온도 상승은 무시

－ 난방조건 －

- 실내 난방부하 : 76,000kcal/h
- 실내 온습도 : 20℃ DB 50%RH
- 외기온도 : －12℃ DB 60% RH
- 절대습도 : $X = 0.0008$kg/kg′
- 송풍량 및 외기 도입량은 냉방 시와 동일
- 예열코일 후의 공기온도는 4℃
- 송풍기, 급기덕트 및 환기덕트의 온도 변화는 무시

－ 운전조건 －

- 냉방 시는 공기 가열기와 가습기를 사용하지 않음
- 난방 시는 공기 냉각기를 사용하지 않음
- 가습기는 증기분무식으로 하되, 가습증기에 의한 온도 상승은 고려하지 않음

1) 공기선도상에 습공기 Cycle을 그리고, ①~⑨지점의 냉방 및 난방 시의 공기상태를 기입하시오.

2) 송풍량, 공기냉각코일, 공기가열코일, 예열코일, 가습기 등의 용량을 정하시오.

1 공기선도

1) 냉방 시

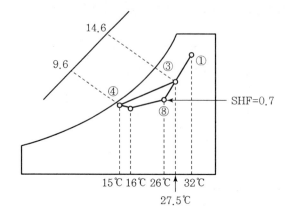

$$\text{SHF} = \frac{68,000}{68,000 + 28,000} = 0.7$$

$$\text{송풍량} \ Q = \frac{68,000}{0.29 \times 10} = 23,448 \text{m}^3/\text{h}$$

$$\text{혼합공기 온도} \ t_3 = \frac{6,000 \times 32 + (23,448 - 6,000) \times 26}{23,448} = 27.5 \ ℃$$

2) 난방 시

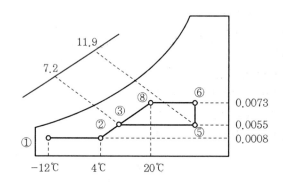

$$\text{혼합공기 온도} \ t_3 = \frac{6,000 \times 4 + (23,448 - 6,000) \times 20}{23,448} = 15.9 \ ℃$$

$$\text{취출공기 온도} \ t_5 = t_d = t_r + \frac{q_s}{0.29 Q} = 20 + \frac{76,000}{0.29 \times 23,448} = 31.2 \ ℃$$

2 용량 결정

① 송풍량 $Q = \dfrac{68,000}{0.29 \times 10} = 23,448\,\mathrm{m^3/h}$

② 냉각코일 용량 $q_{CC} = 23,448 \times 1.2 \times (14.6 - 9.6) = 140,688\,\mathrm{kcal/h}$

③ 가열코일 용량 $q_{HC} = 23,448 \times 1.2 \times (11.9 - 7.2) = 132,247\,\mathrm{kcal/h}$

④ 예열코일 용량 $q_{PH} = 6,000 \times 0.29 \times (4 + 12) = 27,840\,\mathrm{kcal/h}$

⑤ 가습기 용량(가습량) $L = 1.2 \times 23,448 \times (0.0073 - 0.0055) = 50.6\,\mathrm{kg/h}$

다음 계통도상의 각 점을 적당히 가정하여 냉방 시 상태변화 과정을 공기선도상에 도시하시오.

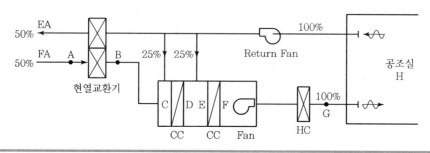

① 외기조건을 32℃ 80%, 실내조건을 26℃ 50%로 하고 현열교환기 효율을 80%라 하면 B점의 온도는

$$t_B = 32 - 0.8(32 - 26) = 27.2\,℃$$

C점의 온도는

$$t_C = \frac{50 \times 27.2 + 25 \times 26}{50 + 25} = 26.8\,℃$$

② 냉각코일의 장치노점온도(ADP)를 10℃로 하고 냉각코일의 Bypass Facter를 0.2라 하면 D점의 온도는

$$t_D = 10 + 0.2(26.8 - 10) = 13.36\,℃$$

E점의 온도는

$$t_E = 0.75 \times 13.36 + 0.25 \times 26 = 16.52\,℃$$

③ 냉각코일의 표면온도를 10℃로 하고 코일의 BF를 0.2라 하면 F점의 온도는

$$t_F = 10 + 0.2(16.52 - 10) = 11.3\,℃$$

④ F 상태의 공기를 가열하면 실내 현열비선을 따라 실내에 취출된다. 이상을 종합하여 공기선도
상에 도시하면 다음과 같다.

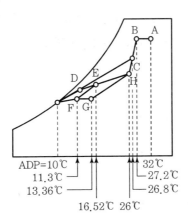

그림과 같이 양면을 회반죽 마감한 내벽의 열관류율을 구하시오.(단, 회반죽 두께는 각각 25mm, 벽돌 두께는 200mm, 에어스페이스는 50mm이다.)

열전달률 $\begin{bmatrix} 실내 : 8.7\text{W/m}^2 \cdot ℃ \\ 실외 : 23.3\text{W/m}^2 \cdot ℃ \end{bmatrix}$

열전도율 $\begin{bmatrix} 회반죽 : 0.81\text{W/m} \cdot ℃ \\ 벽돌 : 0.58\text{W/m} \cdot ℃ \end{bmatrix}$

열저항 : $\begin{bmatrix} 10{\sim}20\text{mm} : 0.14\text{m}^2 \cdot ℃/\text{W} \\ 20\text{mm 이상} : 0.16\text{m}^2 \cdot ℃/\text{W} \end{bmatrix}$
에어스페이스

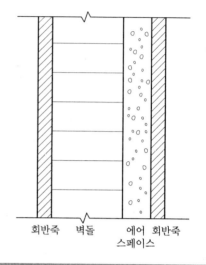

회반죽 벽돌   에어   회반죽
              스페이스

열관류 저항 $\left(\dfrac{1}{K}\right)$을 구하여 열관류율($K$)을 구한다.

$$\frac{1}{K} = \frac{1}{\alpha_1} + \frac{l_1}{x_1} + \frac{l_2}{x_2} + \frac{1}{C} + \frac{l_1}{x_1} + \frac{1}{\alpha_0}$$

$$= \frac{1}{8.7} + \frac{0.025}{0.81} + \frac{0.2}{0.58} + 0.16 + \frac{0.025}{0.81} + \frac{1}{23.3}$$

$$= 0.724$$

$$\therefore\ K = 1.38\,\text{W/m}^2 \cdot ℃$$

그림과 같은 외벽이 있다. 외기온도 $-10℃$, 실내온도 $20℃$, 외벽면적 $10m^2$일 때, 다음 물리량을 계산하시오.

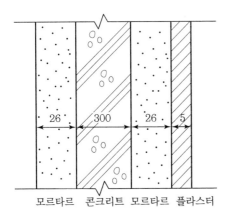

재료	열전도율 λ(W/m · ℃)
모르타르	1.5
콘크리트	1.7
플라스터	0.6

구분	열전달률 α(W/m · ℃)
실외	23
실내	9

모르타르 콘크리트 모르타르 플라스터

1) 열관류율(K : W/m^2 · ℃)
2) 손실열량(Q : W)
3) 외벽의 내표면온도(t_s : ℃)

1 열관류율

$$K = \cfrac{1}{\alpha_i + \Sigma\cfrac{1}{\lambda} + \cfrac{1}{\alpha_o}}$$

$$= \cfrac{1}{\cfrac{1}{9} + \cfrac{0.026}{1.5} + \cfrac{0.3}{1.7} + \cfrac{0.026}{1.5} + \cfrac{0.005}{0.6} + \cfrac{1}{23}}$$

$$= 2.67 \text{W/m}^2 · ℃$$

2 손실열량

$$Q = K · A · \Delta t = 2.67 \times 10 \times 30 = 801 \text{W}$$

3 외벽의 내표면온도

$$K · A(t_i - t_o) = \alpha_i · A(t_i - t_s)$$

$$t_s = t_i - \frac{K}{\alpha_i}(t_i - t_o) = 20 - \frac{2.67}{9} \times 30 = 11.1 ℃$$

서울에 소재하고 있는 어느 건물을 난방하려고 한다. 난방도일은 HD_{18-18}을 적용시키고 기타 조건은 다음과 같을 때, 연간 연료비를 구하시오.

― 조건 ―

- 건물 구조체의 표면적 : $400m^2$
- 구조체의 열통과율 : $0.5kcal/m^2 \cdot h \cdot ℃$
- 환기에 의한 열손실량 : $160kcal/h \cdot ℃$
- 연료 단가 : 550원/kg
- 연료의 저위발열량 : 10,500kcal/kg
- 보일러의 열효율 : 80%

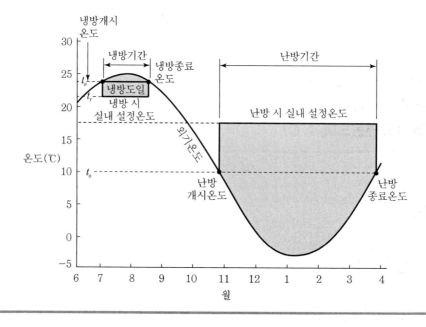

HD_{18-10}이 의미하는 것은 실내 설정온도를 18℃로 하고 외기온도가 10℃ 이하가 되는 난방기간 동안의 난방도일을 말하며, CD_{22-24}가 의미하는 것은 실내 설정온도를 22℃로 하고 외기온도가 24℃ 이상이 되는 기간을 냉방기간으로 하여 구한 냉방도일을 말한다.

난방도일 표에서 서울의 $HD_{18-18}=2,868.8(℃ \cdot day)$이므로 난방기간 중 총손실열량은

$Q = (400 \times 0.5 + 160)kcal/h \cdot ℃ \times 24h/day \times 2,868.8℃ \cdot day$

$\quad = 24,786,432kcal/난방기간$

따라서 연료비 $F = \dfrac{24,786,432 \times 550}{10,500 \times 0.8} = 1,622,921$ 원/난방기간

실내온도 20℃, 외기온도 −15℃, 실내공기 노점온도 18℃인 방의 외벽이 그림과 같을 때, 물음에 답하시오.(단, $\alpha_i = 8\text{kcal/m}^2 \cdot \text{h} \cdot \text{℃}$, $\alpha_o = 20\text{kcal/m}^2 \cdot \text{h} \cdot \text{℃}$)

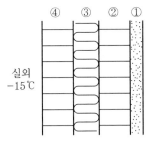

기호	재료명	두께(mm)	열전도율 λ (kcal/m² · h · ℃)
①	모르타르	30	1.2
②	시멘트 벽돌	100	1.2
③	단열재	30	0.03
④	붉은 벽돌	100	0.5

1) 실내 벽면에서의 표면결로 발생 여부를 판정하시오.
2) 결로가 발생한다면, 결로 방지를 위한 최소 단열재 두께를 구하시오.

1 표면결로 발생 여부

$$q = KA(t_i - t_o) = \alpha_i A(t_i - t_s)$$

실내벽면 표면온도 $t_s = t_i - \dfrac{K}{\alpha_i}(t_i - t_o)$

$$\frac{1}{K} = \frac{1}{8} + \frac{1}{20} + \frac{0.03}{1.2} + \frac{0.1}{1.2} + \frac{0.03}{0.03} + \frac{0.1}{0.5}$$

$$\therefore \ K = 0.67 \text{kcal/m}^2 \cdot \text{h} \cdot \text{℃}$$

$$t_s = 20 - \frac{0.67}{8}(20 + 15) = 17.068 = 17.07℃ < 18℃$$

∴ 실내 측 표면온도가 실내공기의 노점온도보다 낮으므로 결로가 발생한다.

2 최소 단열재 두께

결로가 발생하지 않는 열통과율(K) 값은

$$K = \alpha_i \frac{t_i - t_s}{t_i - t_o} = 8 \times \frac{20 - 18}{20 + 15} \leq 0.4571 = 0.457 \text{kcal/m}^2 \cdot \text{h} \cdot \text{℃}$$

K 값이 0.457보다 작아야 결로가 발생하지 않는다.

$$\frac{1}{K} = \frac{1}{0.457} = \frac{1}{8} + \frac{1}{20} + \frac{0.03}{1.2} + \frac{0.1}{1.2} + \frac{l}{0.03} + \frac{0.1}{0.5}$$

$$\therefore \ \text{최소 단열재 두께 } l = 0.03\left\{\frac{1}{0.457} - \left(\frac{1}{8} + \frac{1}{20} + \frac{0.03}{1.2} + \frac{0.1}{1.2} + \frac{0.1}{0.5}\right)\right\} = 0.05114\text{m} = 51\text{mm}$$

그림과 같은 벽체의 열관류율 K(kcal/m² ·h ·℃)를 구하시오. 또한, 이 벽체에 50mm 보온재를 첨가할 때의 K 값을 구하고 보온재를 벽체의 실내 측과 외기 측에 둘 때의 실내 난방효과에 주는 차이점을 설명하시오.

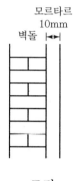

모르타르
10mm
벽돌

－조건－

• 벽체의 열전열계수
  실내 측 $\alpha_i = 7.5$kcal/m² · h · ℃, 외기 측 $\alpha_0 = 20$kcal/m² · h · ℃
• 벽체의 열전도율
  벽돌 $\lambda_b = 0.53$kcal/m · h · ℃, 모르타르 $\lambda_m = 1.2$kcal/m · h · ℃
• 벽체의 비중
  벽돌 1,660kg/m³, 모르타르 2,000kg/m³
• 벽체의 비열
  벽돌 0.2kcal/kg · ℃, 모르타르 0.24kcal/kg · ℃
• 벽돌의 치수 : 190mm×90mm×57mm

1 벽체의 열관류율

① 열통과율 K(kcal/m² ·h ·℃)의 개략치

$$\frac{1}{K} = \frac{1}{7.5} + \frac{1}{20} + \frac{0.19}{0.53} + \frac{0.01}{1.2}$$

∴ $K = 1.82$kcal/m² ·h ·℃

② 50mm 보온재를 첨가할 때 열통과율 K(kcal/m² ·h ·℃)
  보온재의 열전도율을 0.1kcal/m ·h ·℃로 하면

$$\frac{1}{K} = \frac{1}{1.82} + \frac{0.05}{0.1}$$

∴ $K = 0.95$kcal/m² ·h ·℃

❷ 보온재를 실내 측과 외기 측에 둘 때의 실내 난방효과에 주는 차이점

① 보온재가 실내 측에 있을 때는 벽체의 온도가 저하하여 복사에 의한 효과가 경감되며, 보온재를 실외 측에 둘 때에는 벽체의 평균온도가 상승하여 복사열에 의한 난방효과의 감소율이 작아진다.

② 보온재를 외기 측에 둘 때에는 습기를 흡수함으로써 열전도율이 증가하고 단열성능이 저하함으로써 손실열량이 증가한다.

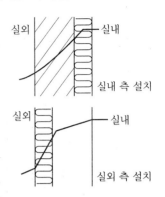

다음과 같은 조건의 벽체에서 ①, ② 부분의 온도 t_1, t_2를 구하시오.

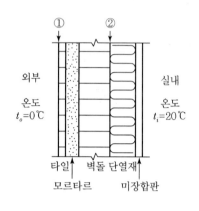

구분	열전달률 α (kcal/m²·h·℃)	두께 (m)	열전도율 λ (kcal/m·h·℃)
외부 벽면	20		
실내 벽면	8		
타일		0.005	0.91
모르타르		0.015	0.93
벽돌		0.20	0.55
단열재		0.05	0.03
미장합판		0.006	0.13

$$q = \frac{1}{R} \cdot A(t_i - t_o) = \frac{1}{R_{i-2}} \cdot A(t_i - t_2) = \frac{1}{R_{1-o}} A(t_1 - t_o)$$

여기서, R : 전 저항

R_{i-2} : 실내에서 ②까지 저항

R_{1-o} : ①에서 외부까지 저항

① $R = \dfrac{1}{K} = \dfrac{1}{20} + \dfrac{1}{8} + \dfrac{0.005}{0.91} + \dfrac{0.015}{0.93} + \dfrac{0.20}{0.55} + \dfrac{0.05}{0.03} + \dfrac{0.006}{0.13} = 2.27\,\text{m}^2 \cdot \text{h} \cdot \text{℃/kcal}$

$\therefore K = 0.44$

② $R_{i-2} = \dfrac{1}{8} + \dfrac{0.006}{0.13} + \dfrac{0.05}{0.03} = 1.837 = 1.84\,\text{m}^2 \cdot \text{h} \cdot \text{℃/kcal}$

$\therefore K' = 0.543$

③ $R_{1-o} = \dfrac{1}{20} = 0.05\,\text{m}^2 \cdot \text{h} \cdot \text{℃/kcal}$

$\therefore K'' = 20$

④ $0.44 \times (20 - 0) = 0.543 \times (20 - t_2) = 20 \times (t_1 - 0)$

$\therefore t_1 = 0.44\,\text{℃}, \quad t_2 = 3.79\,\text{℃}$

A와 B 지점의 압력차를 베르누이 정리를 써서 구하시오.(단, A와 B 지점의 높이는 10m이고, 물의 비중은 1,000kg/m³이며, 엘보 및 리듀서의 상당장은 각각 2m이다.)

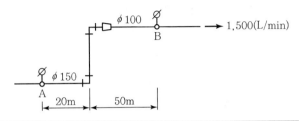

① A와 B 지점의 유속

A 지점 유속 $V_A = \dfrac{4 \times 1,500}{\pi \times 0.15^2 \times 1,000 \times 60} = 1.41\,\mathrm{m/sec}$

B 지점 유속 $V_B = V_A \left(\dfrac{dA}{dB}\right)^2 = 1.41 \times \left(\dfrac{150}{100}\right)^2 = 3.17\,\mathrm{m/sec}$

② A−B 구간의 마찰손실수두

$$h_{A-B} = 0.02 \times \frac{20+10+2+2+2}{0.15} \times \frac{1.41^2}{2 \times 9.8} + 0.02 \times \frac{50}{0.1} \times \frac{3.17^2}{2 \times 9.8} = 5.61\,\mathrm{m}$$

③ A와 B 지점의 압력차

A와 B 지점 사이에 베르누이 방정식을 적용하면

$$\frac{P_A}{\gamma} + \frac{V_A^{\,2}}{2g} + Z_A = \frac{P_B}{\gamma} + \frac{V_B^{\,2}}{2g} + Z_B + h_{A-B}$$

$$P_A - P_B = \gamma\left[\frac{V_B^{\,2} - V_A^{\,2}}{2g} + (Z_B - Z_A) + h_{A-B}\right]$$

$$= 1,000\left[\frac{3.17^2 - 1.41^2}{2 \times 9.8} + 10 + 5.61\right]$$

$$= 16,021\,\mathrm{kg/m^2} = 1.6\,\mathrm{kg/cm^2}$$

다음 그림의 기준 수평면 AB에서 1m 높이에 있는 지점 1의 내경 15cm인 관이 점차로 커져서 지점 2에서 내경 30cm로 되어 있다. 지점 1에서의 압력 $P_1 = 2$ kg/cm²이라고 할 때 지점 2에서의 압력 P_2를 구하시오.(단, 이 관을 흐르는 유량은 300L/sec이고 마찰손실은 일체 없다고 가정한다.)

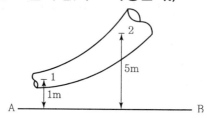

① 유량 $Q = A_1 V_1 = \dfrac{\pi}{4} d_1^2 V_1$

$$V_1 = \frac{4Q}{\pi d_1^2} = \frac{4 \times 300}{\pi \times 0.15^2 \times 1,000} = 17\,\text{m/sec}$$

$$V_2 = \frac{4 \times 300}{\pi \times 0.3^2 \times 1,000} = 4.25\,\text{m/s}$$

② 베르누이 방정식을 적용하면

$$\frac{P_1}{\gamma} + \frac{V_1^2}{2g} + Z_1 = \frac{P_2}{\gamma} + \frac{V_2^2}{2g} + Z_2$$

$$P_2 = P_1 + \gamma \cdot \frac{V_1^2 - V_2^2}{2g} + \gamma(Z_1 - Z_2)$$

$$= 2 \times 10^4 + \frac{1,000(17^2 - 4.25^2)}{2 \times 9.8} + 1,000(1 - 5)$$

$$= 29,823\,\text{kg/m}^2 = 3\,\text{kg/cm}^2$$

다음 그림과 같은 덕트 계통에서 각 구간별 덕트 크기와 송풍기 동력을 덕트 설계법에 따라 구하시오.
1) 등속법
2) 등압법

− 조건 −

- A−B 구간 풍속(Fan 토출풍속)은 10m/sec로 한다.
- 송풍기 흡입 측 전압은 −30mmAq이다.
- 곡관부 상당길이는 2m이고 각 취출구 저항은 5mmAq이다.
- 송풍기 정압효율은 50%이다.
- 덕트는 사각덕트로 하되 A−B 구간에 대해서만 사각덕트로 환산하고 나머지 구간은 등가지름으로 구한다. 단, A−B 구간의 Aspect Ratio는 2로 한다.

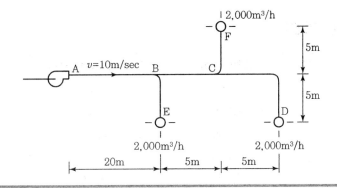

1 등속법

구간	풍량(m³/h)	속도(m/sec)	원형덕트경(cm)	마찰손실(mmAq/m)
A−B	6,000	10	46	0.23
B−C	4,000	10	37	0.3
C−D	2,000	10	26.5	0.45
B−E	2,000	10	26.5	0.45
C−F	2,000	10	26.5	0.45

덕트 마찰손실 선도에서 덕트 각 구간의 풍량과 풍속으로 원형덕트경과 마찰손실을 구할 수 있다.

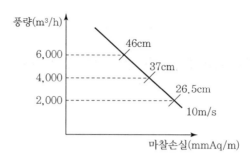

송풍기 전압 $P_T = 30 + 0.23 \times 20 + 0.3 \times 5 + 0.45(5 + 5 + 2) + 5 = 46.5\,\text{mmAq}$

송풍기 정압 $P_S = 46.5 - \dfrac{1.2 \times 10^2}{2 \times 9.8} = 40.38\,\text{mmAq}$

송풍기 동력 $L_{kW} = \dfrac{40.38 \times 6,000}{102 \times 0.5 \times 3,600} = 1.32\,\text{kW}$

2 등마찰손실법(등압법)

구간	풍량(m³/h)	마찰손실(mmAq/m)	원형덕트경(cm)
A−B	6,000	0.23	46
B−C	4,000	0.23	39
C−D	2,000	0.23	30.5
B−E	2,000	0.23	30.5
C−F	2,000	0.23	30.5

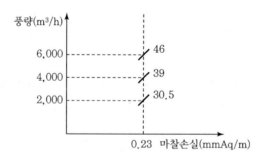

송풍기 전압 $P_T = 30 + 0.23(20 + 5 + 5 + 5 + 2) + 5 = 43.51\,\text{mmAq}$

송풍기 정압 $P_S = P_T - P_{V2} = 43.51 - \dfrac{1.2 \times 10^2}{2 \times 9.8} = 37.39\,\text{mmAq}$

송풍기 동력 $L_{kW} = \dfrac{37.39 \times 6,000}{102 \times 0.5 \times 3,600} = 1.22\,\text{kW}$

공기 1,215m³/min을 전압 250Pa로 송풍하기 위한 전동기 출력(kW)을 구하시오.
(단, 송풍기의 전압효율은 75%, 전동방식은 V벨트전동이다.)

$$L_a = \frac{Q \cdot \Delta P}{60} = \frac{1,215 \times 250}{60} \fallingdotseq 5,063 \text{W} \fallingdotseq 5.1 \text{kW}$$

$$L_s = \frac{L_a}{\eta_f} = \frac{5.1}{0.75} = 6.8 \text{kW}$$

따라서 전동기 출력 L_d는

$$L_d = \frac{L_s(1+\alpha)}{\eta_t} = L_d = \frac{6.8(1+0.15)}{0.95} \fallingdotseq 8.2 \text{kW}$$

500kVA의 변압기 3대를 수용하는 변전실의 필요환기량을 구하시오.(단, 변압기 최대 출력 시의 효율 η는 98m, 최대 전력 시 건물 전체의 전기기기의 역률 ϕ는 96%로 한다. 또, 설계용 외기온도 조건은 32.5℃, 변전실의 설계온도는 40℃로 한다.)

변압기의 출력 kW=kVA×역률이며 변압기 효율이 98%이므로

방열량 q는

$$q = 500 \times 3 \times 0.96 \times (1 - 0.98) \times 860 = 24,768 \, \text{kcal/h}$$

따라서 필요환기량 Q는

$$Q = \frac{24,768}{0.29(40 - 32.5)} = 11,388 \, \text{m}^3/\text{h}$$

100명이 재실하는 실의 필요환기량을 구하시오.(단, 실내 허용 이산화탄소 농도는 빌딩관리법에서 정하는 1,000ppm, 외기의 이산화탄소 농도는 표준 대기조성의 300ppm, 1인당 이산화탄소 발생량은 0.022m³/h(극 경작업 시)로 한다.)

조건에서 $C_r = 0.001\,\mathrm{m^3/m^3}$, $C_o = 0.0003\,\mathrm{m^3/m^3}$, $G = 0.022 \times 100 = 2.2\,\mathrm{m^3/h}$이므로

필요환기량 Q는

$$Q = \frac{2.2}{(0.001 - 0.0003)} = 3,140\,\mathrm{m^3/h}$$

1인당 환기량 q는

$$q = \frac{3,140}{100} = 31.4\,\mathrm{m^3/인\cdot h}$$

다음 그림은 90℃의 환수를 보일러에 급수하는 장치이다. 여기서, 환수탱크의 수위는 펌프로부터 얼마나 높게 설치해야 하는지 구하시오.(단, 펌프의 토출량은 1.5m³/min, 양정은 60m, 회전수는 1,500rpm인 3단 볼류트 펌프이고, 흡입관의 마찰저항은 3m로 한다. 또한, 90℃ 온수의 비중량은 0.965kg/L이고, 포화증기압은 7,150kg/m²이다.)

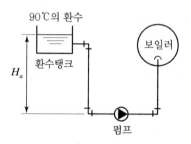

① 펌프의 임펠러 1단에 대한 양정 H는

$$H = \frac{60}{3} = 20\text{mAq}$$

② 비교회전수 N_s는

$$N_s = N\frac{Q^{\frac{1}{2}}}{H^{\frac{3}{4}}} = 1,500 \times \frac{1.5^{\frac{1}{2}}}{20^{\frac{3}{4}}} = 194\text{rpm} \cdot \text{m}^3/\text{min} \cdot \text{m}$$

③ $N_s = 194$일 때 토마의 캐비테이션계수 $\sigma = 0.09$를 식에 대입하면

NPSH$= \sigma \cdot H = 0.09 \times 20 = 1.8\text{mAq}$

④ 한편, 이용가능한 NPSH(H_{av})는 NPSH의 1.3배를 취하면

$$H_{av} = 1.3 \times 1.8 = 2.34\text{mAq}$$

⑤ 주어진 조건들을 다음 식에 대입하면

$$H_{av} = \frac{P_a}{\gamma} - \left(\frac{P_{ap}}{\gamma} \pm H_a + H_{fs}\right)$$

$$2.34 = \frac{10,332}{965} - \left(\frac{7,150}{965} \pm H_a + 3\right)$$

$\therefore H_a = -2.04\text{mAq}$(즉, 압입높이가 2.04m 이상 필요하다.)

원심펌프의 특성은 회전수에 의하여 변경되어 에너지 절약기법이 응용되고 있다. 동일 원심펌프의 회전수를 100%에서 80%로 변경하였을 때 펌프의 특성변화를 작도하고 설명하시오. 또한, 펌프의 회전수가 100%일 때 양정이 10kg/cm², 수동력이 100kW였다면, 회전수 80%에서 양정 및 수동력은 얼마인지 계산하시오.

① 회전수 변화에 따른 유량, 양정, 동력 변화

$$Q_2 = Q_1\left(\frac{N_2}{N_1}\right),\ H_2 = H_1\left(\frac{N_2}{N_1}\right)^2,\ L_d = L_{d1}\left(\frac{N_2}{N_1}\right)^3$$

여기서, $Q_1,\ H_1,\ L_{d1}$: 회전수 N_1rpm일 때 토출량(m³/min), 양정(m), 축동력(PS, kW)

$Q_2,\ H_2,\ L_{d2}$: 회전수 N_2rpm일 때 토출량(m³/min), 양정(m), 축동력(PS, kW)

② 회전수가 80%에서 양정 및 수동력 계산

회전수가 80%로 감소하면 유량과 양정, 수동력은 다음 식에 의해 변화한다.

$$\frac{Q_1}{Q} = \frac{N_1}{N} = 0.8$$

$$\frac{H_1}{H} = \left(\frac{N_1}{N}\right)^2 = 0.8^2 = 0.64$$

$$\frac{L_1}{L} = \left(\frac{N_1}{N}\right)^3 = 0.8^3 = 0.51$$

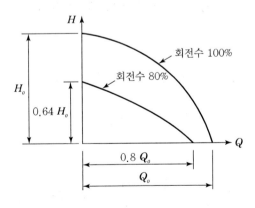

즉, 유량은 80%, 양정은 64%, 동력은 51%로 감소한다.

$$\text{양정}\ H_2 = H\left(\frac{N_1}{N}\right)^2 = 10 \times 0.64 = 6.4\text{kg/cm}^2$$

$$\text{수동력}\ L_2 = L\left(\frac{N_1}{N}\right)^3 = 100 \times 0.51 = 51\text{kW}$$

다음 그림과 같은 개방계 회로에서 조건을 참조하여 물음에 답하시오.

─조건─

• 배관의 단위길이당 마찰손실은 흡입 측, 토출 측 모두 50mmAq/m로 한다.
• 흡입속도는 1m/sec, 흡입관경은 100A, 토출 측 수속은 2m/sec로 한다.
• 직관부 이외의 손실은 무시한다.

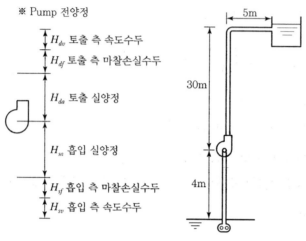

$$H = H_{sf} + H_{sv} + H_a(H_{sa} + H_{da}) + H_{df} + H_{dv}$$

1) 펌프 전양정(m)을 구하시오.
2) 흡입압력계(연성계) 눈금(mmHgV)을 구하시오.
3) 토출 측 압력계 지시값(kg/cm²)은 얼마인지 쓰시오.

---

① 펌프 전양정=펌프 실양정+배관 계통 마찰손실수두+토출 측 속도수두

$$H = 4 + 30 + 50(4 + 30 + 5) \times 10^{-3} + \frac{2^2}{2 \times 9.8} = 36.15\text{m}$$

② 흡입 측 연성계 눈금

$$P_s = \left(4 + 50 \times 4 \times 10^{-3} + \frac{1^2}{2 \times 9.8}\right) \times \frac{760}{10,332} = 312.7\text{mmHgV}$$

③ 토출 측 압력계 지시값

$$P_d = 30 + (30 + 5) \times 50 \times 10^3 = 31.75\text{m} = 31.8\text{kg/cm}^2$$

이론 냉동사이클로 작동하는 R – 134a 냉동기의 냉동능력이 5kW이고 증발기 입구, 출구에서 냉매의 엔탈피가 각각 241.46kJ/kg, 388.32kJ/kg이고 응축기 입구에서 냉매의 엔탈피가 420.00kJ/kg이다. 증발온도가 – 15℃, 응축온도가 30℃일 때 다음을 구하시오.

1) 냉동효과   2) 냉매 순환량
3) 소요동력   4) 성적계수

1 냉동효과

$h_1 = h_2 = 241.46\text{kJ/kg}$, $h_3 = 388.32\text{kJ/kg}$이므로 냉동효과 q_L은

$$q_L = h_3 - h_1 = 388.32 - 241.46 = 146.86\text{kJ/kg}$$

2 냉매 순환량

냉동능력이 $Q_L = 5\text{kW}$이므로 냉매순환량 $\dot{m}$은

$$\dot{m} = \frac{Q_L}{q_L} = \frac{5}{146.86} = 0.034\text{kg/s}$$

3 소요동력

$h_4 = 420.00\text{kJ/kg}$이므로 소요동력 W는

$$W = \dot{m}w = \dot{m}(h_4 - h_3) = 0.034 \times (420.00 - 388.32) = 1.077\text{kW}$$

4 성적계수

$$COP = \frac{q_L}{w} = \frac{h_3 - h_1}{h_4 - h_3} = \frac{388.32 - 241.46}{420.00 - 388.32} = 4.636$$

또는, $COP = \dfrac{q_L}{w} = \dfrac{\dot{m}q_L}{\dot{m}w} = \dfrac{Q_L}{W} = \dfrac{5}{1.077} = 4.643$

암모니아 냉동기가 −15℃의 증발온도와 35℃의 응축온도로 매분 500kg의 브라인(비열 0.8)을 냉각하면서 운전하고 있다. 냉매액은 과랭이 없고, 증발기 출구는 포화증기이며, 압축은 등엔탈피 과정이다. 이에 대한 다음 물음에 답하시오.

1) 압력−엔탈피 선도를 나타내시오.
2) 냉매의 순환량(kg/min)을 구하시오.
3) 응축기의 발열량(kcal/min)을 구하시오.
4) 성능계수(Coefficient of Performance)를 구하시오.

1 $P-h$ 선도

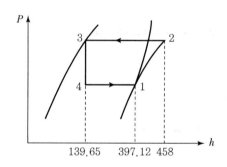

2 냉매의 순환량(kg/min)

Brine 입 · 출구 온도차를 5℃로 가정하면

냉동능력$= G(h_1 - h_4) = G_B C_B (t_{B1} - t_{B2})$

∴ 냉매 순환량 $G = \dfrac{500 \times 0.8 \times 5}{397.12 - 139.65} = 7.77\,\text{kg/min}$

3 응축기의 발열량(kcal/min)

응축기 발열량$= 7.77 \times (458 - 139.65) = 2{,}473.58\,\text{kcal/min}$

4 성능계수

$$COP = \frac{397.12 - 139.65}{458 - 397.12} = 4.23$$

냉동효과가 147.91kJ/kg인 R – 134a 건압축 냉동기의 실제 냉동능력이 200kW 이다. 압축기 입구에서 냉매의 비체적이 0.18030m³/kg이고 체적효율이 80%일 때 압축기의 이론 피스톤배출량과 실제 피스톤배출량을 구하시오.

1 이론 피스톤배출량

$q_L = 147.91\,\text{kJ/kg}$, $Q_L = 200\,\text{kW}$, $v = 0.18030\,\text{m}^3/\text{kg}$이므로 냉매순환량 $\dot{m}$은

$$\dot{m} = \frac{Q_L}{q_L} = \frac{200}{147.91}\,\text{kg/s} = \frac{200 \times 3,600}{147.91}\,\text{kg/h} = 4,867.83\,\text{kg/h}$$

이론 피스톤배출량 V_{act}는

$$V_{act} = \dot{m}v = 4,867.83 \times 0.18030 = 877.67\,\text{m}^3/\text{h}$$

2 실제 피스톤배출량

체적효율이 $\eta_c = 0.8$이므로 압축기의 실제 피스톤배출량 V_{act}는

$$V_{act} = V\eta_c = 877.67 \times 0.8 = 702.14\,\text{m}^3/\text{h}$$

압축기 흡입냉매의 비체적이 0.14641m³/kg이고 실제 피스톤배출량이 300m³/h 인 R-134a 건압축 냉동기의 냉동효과가 150.98kJ/kg이다. 체적효율이 78%라 면 이 냉동기의 이론 냉동능력은 몇 kW인지 구하시오.

① $V_{act} = 300\,\mathrm{m^3/h}$이고 $\eta_c = 0.78$이므로 이론 피스톤배출량 V는

$$V = \frac{V_{act}}{\eta_c} = \frac{300}{0.78} = 384.62\,\mathrm{m^3/h}$$

② $v = 0.14641\,\mathrm{m^3/kg}$이므로 압축기로 유입되는 냉매량 $\dot{m}$은

$$\dot{m} = \frac{V}{v} = \frac{384.62}{0.14641} = 2{,}627.01\,\mathrm{kg/h}$$

③ $q_L = 150.98\,\mathrm{kJ/kg}$이므로 이론 냉동능력 Q_L은

$$Q_L = \dot{m}q_L = 2{,}627.01 \times 150.98\,\mathrm{kJ/h} = \frac{2{,}627.01 \times 150.98}{3{,}600}\,\mathrm{kW} = 110.17\,\mathrm{kW}$$

냉동능력이 50kW이고 성적계수가 4인 냉동기의 압축효율이 80%이고 기계효율이 88%라면 압축기를 구동시키는 전동기의 동력은 얼마인지 구하시오.

$Q_L = 50\,\mathrm{kW}$, $COP = 4$이므로 압축기의 이론 소요동력 W는

$$W = \frac{Q_L}{COP} = \frac{50}{4} = 12.5\,\mathrm{kW}$$

$\eta_c = 0.8$, $\eta_m = 0.88$이므로 전동기 동력 W_m은

$$W_m = \frac{W}{\eta_c \eta_m} = \frac{12.5}{0.8 \times 0.88} = 17.76\,\mathrm{kW}$$

냉동능력이 7kW인 냉동기에서 수랭식 응축기의 냉각수 입·출구 온도차가 8℃일 때 냉각 유량을 구하시오.(단, 물의 비열은 $4.2\,\mathrm{kJ/kg\cdot K}$이고, 소요동력은 2kW이다.)

$Q_L = 7\,\mathrm{kW}$, $t_o - t_i = 8\,℃$, $W = 2\,\mathrm{kW}$이므로 냉각수량 $\dot{m}_w$은

$$\dot{m}_w = \frac{Q_H}{4.2(t_o - t_i)} = \frac{Q_L + W}{4.2(t_o - t_i)} = \frac{7+2}{4.2 \times 8} = 0.268\,\mathrm{kg/s} = 964\,\mathrm{kg/h}$$

또는

$$\dot{m}_w = \frac{Q_L + W}{4,200(t_o - t_i)} = \frac{7+2}{4,200 \times 8} = 0.268 \times 10^{-3}\,\mathrm{kg/s} = 0.964\,\mathrm{m^3/h}$$

전열면적이 30m²인 수랭식 응축기에서 응축에 필요한 열량이 139.5kW이다. 냉각수량이 0.33m³/min이고 냉각수 입구온도가 23℃일 때 산술평균온도차를 이용하여 응축온도를 구하시오.(단, 열관류율은 930W/m² · ℃이다.)

① 물의 비체적이 $v_w = 0.001\,\mathrm{m^2/kg}$이므로 냉각수 질량유량 $\dot{m}_w$은

$$\dot{m}_w = \frac{0.33}{0.001 \times 60} = 5.5\,\mathrm{kg/s}$$

② 물의 비열이 약 $C_p = 4.2\,\mathrm{kJ/kg \cdot ℃}$이고 $Q_H = 139.5\,\mathrm{kW}$, $t_i = 23\,℃$이므로 냉각수 출구온도는

$$t_o = t_i + \frac{Q_H}{\dot{m}_w C_p} = 23 + \frac{139.5}{5.5 \times 4.2} = 29.04\,℃$$

③ 응축온도를 t_c라 하면 응축기 입구와 출구에서의 온도차는

$$\Delta t_i = t_c - t_i, \ \Delta t_o = t_c - t_o$$

④ $A = 30\,\mathrm{m^3}$, $K_t = 930\,\mathrm{W/m^2 \cdot ℃}$이므로

$$Q_H = K_t A \Delta t_m = K_t A \frac{\Delta t_i + \Delta t_o}{2} = K_t A \frac{(t_c - t_i) + (t_c - t_o)}{2} = K_t A \left(t_c - \frac{t_i + t_o}{2} \right)$$

$$t_c = \frac{t_i + t_o}{2} + \frac{Q_H}{K_t A} = \frac{23 + 29.04}{2} + \frac{139.5}{0.93 \times 30} = 31.02\,℃$$

암모니아용 수랭식 응축기에서 조건이 다음과 같을 때 열관류율을 구하시오.

－조건－

- 냉각관의 두께 : 2.8mm
- 냉각관의 열전도계수 : 43W/m · ℃
- 냉각관 표면에서 냉각수 측의 열전달계수 : 3,490W/m² · ℃
- 냉각관 표면에서 냉매 측의 열전달계수 : 4,420W/m² · ℃
- 물때의 두께 : 0.15mm
- 물때의 열전도계수 : 1.163W/m · ℃
- 유막의 두께 : 0.01mm
- 유막의 열전도계수 : 0.151W/m · ℃

냉각수 측의 전열면적과 냉수 측의 전열면적이 같은 것으로 간주하면 열관류율 K_t는

$$K_t = \cfrac{1}{\cfrac{1}{\alpha_w} + \cfrac{A_w}{A_m}\cfrac{\delta}{k} + \cfrac{A_w}{A_r}\cfrac{\delta_o}{k_o} + \cfrac{A_w}{A_r}\cfrac{1}{\alpha_r} + \cfrac{\delta_s}{k_s}}$$

$$= \cfrac{1}{\cfrac{1}{3,490} + \cfrac{0.0028}{43} + \cfrac{0.00001}{0.151} + \cfrac{1}{4,420} + \cfrac{0.00015}{1.163}}$$

$$= 1,293.5\,\text{W/m}^2 \cdot ℃$$

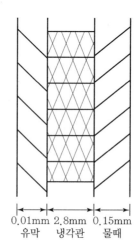

0.01mm 2.8mm 0.15mm
유막   냉각관   물때

풍량 20,000m³/h, 풍속 10m/s인 원형 덕트가 있다. 장방형 덕트로 환산할 때 장변과 단변을 구하시오.(단, 종횡비 $n=2$)

원형 덕트 직경 $D_e = \sqrt{\dfrac{Q\times 4}{V\times\pi}} = \sqrt{\dfrac{20,000\times 4}{3,600\times 10\times\pi}}$

$\qquad\qquad\qquad = 0.841\text{m} = 84.1\text{cm}$

종횡비가 2이므로 $b=2a$

$D_e = 1.3\left[\dfrac{(a\cdot 2a)^5}{(a+2a)^2}\right]^{\frac{1}{8}}$

$84.1 = 1.3\left[\dfrac{(2a^2)^5}{(3a)^2}\right]^{\frac{1}{8}}$

$\left[\dfrac{2^5\cdot a^{10}}{9a^2}\right]^{\frac{1}{8}} = \dfrac{84.1}{1.3}$

$\left(\dfrac{32}{9}\right)^{\frac{1}{8}}\cdot a = \dfrac{84.1}{1.3}$

$\therefore\ a = 55.2\,\text{cm},\ b = 110.4\,\text{cm}$

양 경 엽

◎ 주요경력
- 서울과학기술대학교 졸업
- 인천종합에너지㈜ 근무(현)
- ㈜삼천리 근무
- ㈜우대기술단 근무
- 유한대학교 건축설비공학과 겸임교수
- 인하공업전문대학교 기계과 겸임교수

◎ 자격사항
- 공조냉동기계기술사
- 공조냉동기계기사
- 에너지관리기사
- 가스기사

공조냉동기계기술사
문제풀이

발행일 | 2021. 1. 15   초판발행

저 자 | 양경엽
발행인 | 정용수
발행처 | 예문사

주 소 | 경기도 파주시 직지길 460(출판도시) 도서출판 예문사
T E L | 031) 955-0550
F A X | 031) 955-0660
등록번호 | 11-76호

정가 : 30,000원

ISBN 978-89-274-3791-8 13530

이 도서의 국립중앙도서관 출판예정도서목록(CIP)은 서지정보유통지원시스템 홈페이지(http://seoji.nl.go.kr)와 국가자료종합목록 구축시스템(http://kolis-net.nl.go.kr)에서 이용하실 수 있습니다.
(CIP제어번호 : CIP2020052103)